高职高专规划教材

岩　石　力　学

杨建中　主　编
韩延清　副主编

北　京
冶金工业出版社
2024

内 容 提 要

本书详细阐述了岩石力学的基本概念和基本理论,对岩石力学在硐室工程、地下采场工程、边坡工程、岩基工程中的应用作了重点论述。取材注重实际应用,力求使读者尽快掌握岩石力学的基本概念和分析解决实际工程问题的基本思路与方法。

本书为高职高专院校矿业类专业的教学用书,可供工程地质、道桥等相关专业使用,也可供从事岩体工作的工程技术人员参考。

图书在版编目(CIP)数据

岩石力学/杨建中主编. —北京:冶金工业出版社,2008.7(2024.1 重印)
高职高专规划教材
ISBN 978-7-5024-4583-6

Ⅰ. 岩… Ⅱ. 杨… Ⅲ. 岩石力学—高等学校:技术学校—教材
Ⅳ. TU45

中国版本图书馆 CIP 数据核字(2008)第 099246 号

岩石力学

出版发行	冶金工业出版社	电　话	(010)64027926
地　址	北京市东城区嵩祝院北巷 39 号	邮　编	100009
网　址	www. mip1953. com	电子信箱	service@ mip1953. com

责任编辑　杨　敏　宋　良　美术编辑　彭子赫　版式设计　张　青
责任校对　白　迅　责任印制　禹　蕊
北京富资园科技发展有限公司印刷
2008 年 7 月第 1 版,2024 年 1 月第 7 次印刷
787mm×1092mm 1/16;12.5 印张;328 千字;186 页
定价 **26.00** 元

投稿电话　(010)64027932　投稿信箱　tougao@cnmip. com. cn
营销中心电话　(010)64044283
冶金工业出版社天猫旗舰店　yjgycbs. tmall. com
(本书如有印装质量问题,本社营销中心负责退换)

前　言

　　岩石力学是应用力学的一个分支，也是一门年轻的学科。随着经济建设的不断发展，在各行各业的建设和生产过程中，不断出现的岩体工程灾害一直影响着经济建设和生产的正常进行，威胁着人民的生命财产。众多的专家、学者对岩石力学的研究，取得了卓有成效的成果。国内外有关岩石力学的教材、专著甚多，其深度、层次和适应范围各不相同。

　　本教材为冶金教育学会确定的高职高专矿业类专业"十一五"规划教材，主要是为高职高专矿业类专业学生学习岩石力学课程而编写的。教材编写中考虑到工程地质和道桥等专业的适用性，特增加了"岩石力学在岩基工程中的应用"一章内容。书中内容的选择，既考虑了比较全面系统反映本学科基本知识、基本理论和发展现状，也考虑了解决岩体工程的生产与技术管理中出现的岩石力学问题的实际需要，并着力体现高职高专教学的针对性和应用性。鉴于本书读者基础理论知识不足，故本书的编写着眼于通过从感性到理性的引导，使初学者尽快掌握岩石力学学科的基本概念和分析解决实际工程问题的基本思路、基本方法，而不是着眼在用数学和力学方法的严密论证和推导。为便于初学者理清思路、明确基本概念，本书在内容编排上作了一定的梳理，前4章为岩石力学的基本概念和基本理论，后4章为岩石力学在岩体工程中的应用。教学中，教师可根据不同专业的要求进行内容的取舍，如矿业类专业，在教学中可不讲授"岩石力学在岩基工程中的应用"；工程地质、道桥专业可不讲授"岩石力学在地下采场中的应用"一章。

　　本教材以杨建中老师多年从事岩石力学教学的教案和讲稿为蓝本，在内容上作了补充和修改。编写分工如下：第1章、第3章~第6章、第8章由昆明冶金高等专科学校杨建中编写；第7章由辽宁科技学院韩延清编写；第2章由昆明冶金高等专科学校杨平编写。

全书由杨建中担任主编，韩延清担任副主编。

由于作者水平所限，加之时间仓促，书中难免有不足之处，恳请读者批评指正。

编　者

2008 年 3 月

目　　录

1 绪 论

1.1 概述

岩石力学是运用力学原理和方法来研究岩石（体）在各种力场作用下变形和破坏规律的应用性很强的一门新兴学科。它不仅与国民经济基础建设、资源开发、环境保护、减灾防灾有密切联系，具有重要的实用价值，而且也是力学和地学相结合的一门基础学科。

岩石力学的发生与发展与其他学科一样，是与人类的生产活动紧密相关的。早在远古时代，我们的祖先就在洞穴中繁衍生息，并利用岩石做工具和武器，出现过"石器时代"。公元前2700年左右，古代埃及的劳动人民修建了金字塔。公元前6世纪，巴比伦人在山区修建了"空中花园"。公元前613～591年我国人民在安徽淠河上修建了历史上第一座拦河坝。公元前256～251年，在四川岷江修建了都江堰水利工程。公元前254年左右（秦昭王时代）开始出现钻探技术。公元前218年，在广西开凿了沟通长江和珠江水系的灵渠，筑有砌石分水堰。公元前221～206年在北部山区修建了万里长城。在20世纪初，我国杰出的工程师詹天佑主持建成了北京—张家口铁路上一座长约1km的八达岭隧道等等。

在人类工程活动的历史中，由于岩体变形和失稳酿成事故的例子是屡见不鲜的。

1980年6月3日5点35分，湖北远安盐池河磷矿发生岩崩，摧毁整个盐池河矿务局，死亡284人。

2000年4月6日，武汉烽火村乔木湾发生地面塌陷，4h内发生大小陷坑19处，2栋楼房塌进陷坑，16栋楼房不同程度开裂、破损，为1977年来武汉市内发生的6起塌陷中规模最大的一次。

2000年4月9日20时，在西藏易贡发生巨型滑坡，历时10min，滑程8km，滑体3亿 m^3，堵塞了易贡藏布河道，形成15 km^2 的湖区，使4000多人被困，直接经济损失达1.4亿多元，危及318国道通麦大桥。

2001年5月1日20点30分，重庆武隆县发生了一起基岩滑坡，造成79人死亡，摧毁1栋9层楼房。

1985年6月12日3点52分，由于后部岩崩加载，导致新滩滑坡复活，所幸的是由于预报准确，新滩镇全镇1371人全部安全转移。

马尔帕塞薄拱坝，坝高60m，坝基为片麻岩，1959年左坝肩沿一个倾斜的软弱面滑动，造成溃坝惨剧，400余人丧生。

瓦依昂双曲拱坝，坝高261.6m，坝基为断裂十分发育的灰岩。1963年大坝上游左岸山体发生大滑坡，约有2.7亿～3.0亿 m^3 的岩体突然下塌，水库中有5000万 m^3 的水被挤出，击起250m高的巨大水浪，高150m的洪波溢过坝顶，死亡3000余人。

在人类发展的历程中，我们的祖先创造了无数辉煌灿烂的文明，人类也承受了太多太多的灾难。然而只要人类发展不停，工程活动将无休止，要想科学地利用、开发、保护地球，我们必须首先掌握岩土体的性质，尤其是它们的力学性质。

随着生产力水平及工程建筑事业的迅速发展，提出了大量的岩体力学问题。诸如高坝坝基岩体及拱坝拱座岩体的变形和稳定性；大型露天采坑边坡、库岸边坡及船闸、溢洪道等边坡的稳定性；矿床地下开采和地下硐室围岩变形及地表塌陷；高层建筑、重型厂房和核电站等地基岩体的变形和稳定性；以及岩体性质的改善与加固技术等等。对这些问题能否做出正确的分析和评价，将会对工程建设和生产的安全性与经济性产生显著的影响，甚至带来严重的后果。

近年来，虽然岩石力学得到突飞猛进的发展，但与岩体失稳有关的大坝崩溃，边坡滑动，矿山瓦斯爆炸，围岩地下水灾害等惨剧仍时有发生。诸如此类的工程实例，都充分说明能否安全经济地进行工程建设，在很大程度上取决于人们是否能够运用近代岩石力学的原理和方法去解决工程上的问题。当前世界上正建和拟建的一些巨型工程及与地学有关的重大项目都把岩石力学作为主要研究对象。

1.2 岩石力学的研究任务与内容

岩石力学服务的对象非常广泛，它涉及到国民经济的许多领域（如水利水电、采矿、能源开发、交通、国防和工业与民用建筑等）及地学基础理论研究领域（如地球动力学、构造地质学等）。不同的服务对象，对岩石力学的要求不尽相同，其研究的内容也不同。例如，重力坝和拱坝，对坝基和拱座岩体不均匀变形和水平位移限制比较严格，而路堑边坡、露天矿坑边坡等岩体边坡，在保证岩体不致产生滑动失稳的条件下，往往允许发生一定的变形；许多国防工程对岩体动态性能研究要求比较高，而非地震区的一般工程，却常常只需要研究岩体的静态性能等。

岩体力学的研究对象，不是一般的人工材料，而是在天然地质作用下形成的地质体。由于岩体中具有天然应力、地下水等，并发育有各种结构面，所以它不仅具有弹性、脆性、塑性和流变性，而且还具有非线性弹性、非连续性，以及非均质和各向异性等特征。对于这样一种复杂的介质，不仅研究内容非常复杂，而且其研究方法和手段也应与连续介质力学有所不同。

1.2.1 岩石力学的研究任务

岩石力学研究的任务主要有以下四个方面：

（1）基本原理方面。岩石和岩体的力学模型和本构关系，岩石和岩体的连续介质和不连续力学原理；岩石和岩体的破坏、断裂、蠕变、损伤的机理及力学原理；岩石和岩体计算力学；深部岩体的力学规律研究相关的基本原理。

（2）试验方面。室内和现场的岩石和岩体的力学试验原理、内容和方法；模拟试验；动静荷载作用下的岩石和岩体力学性能的反应，各种岩石和岩体物理力学指标的统计和分析，试验设备与技术的改进。

（3）实际应用方面。地下工程、采矿工程、地基工程、斜坡工程、岩石破碎和爆破工程、地震工程、岩体加固等方面的应用。

（4）监测方面。通常量测岩体应力和变形变化、蠕变、断裂、损伤以及承载能力和稳定性等项目及其各自随着时间的延长而变化的特性，预测各项岩体力学数据。

综上所述，岩石力学要解决的任务是很广泛的，且具有相当大的难度。要完成这些任务，必须从生产实践中总结岩体工程方面的经验，提高理论知识，再回到实践中去，解决生产实践中提出的有关岩体工程问题，这就是解决岩体力学任务的最基本的原则和方法。

1.2.2 岩石力学的研究内容

由于岩石力学服务对象的广泛性和研究对象的复杂性，决定了岩石力学研究的内容也必然是广泛而复杂的。从工程观点出发，大致可归纳为以下几方面的内容。

（1）岩块、岩体地质特征的研究。岩块与岩体的许多性质，都是在其形成的地质历史过程中形成的。因此，岩块与岩体地质特征的研究是岩石力学分析的基础。主要包括：1）岩石的物质组成和结构特征；2）结构面特征及其对岩石力学性质的影响；3）岩体结构及其力学特征；4）岩体工程分类。

（2）岩石与岩体的物理力学性质方面。岩石与岩体的物理力学性质指标是评价岩体工程的稳定性最重要的依据。为了全面了解岩体的力学性质，或者在岩体力学性质接近于岩块力学性质的条件下，可通过岩块力学性质的研究，减少或替代原位岩体力学试验研究。内容包括：1）岩块在各种力作用下的变形和强度特征以及力学参数的室内实验技术；2）荷载条件、时间等对岩块变形和强度的影响；3）岩块的变形破坏机理及其破坏判据。

（3）岩体的地质力学模型及其特征方面。这是岩石力学分析的基础和依据。研究岩石和岩体的成分、结构、构造、地质特征和分类；研究结构面的空间分布规律及其地质概化模型；研究岩体在自重应力、构造应力、工程应力作用下的力学响应及其对岩体的静、动力学特性的影响；研究赋存于岩体中的各类地质因子，如水、气、温度以及时间、化学因素等相互的耦合作用。

（4）结构面力学性质的研究。结构面力学性质是岩石力学最重要的研究内容。内容包括：1）结构面在法向压应力及剪应力作用下的变形特征及其参数确定；2）结构面剪切强度特征及其测试技术与方法。

（5）岩体力学性质的研究。岩体力学性质是岩石力学最基本的研究内容。内容包括：1）岩体的变形与强度特征及其原位测试技术与方法；2）岩体力学参数的弱化处理与经验估算；3）荷载条件、时间等因素对岩体变形与强度的影响；4）岩体中地下水的赋存、运移规律及岩体的水力学特征。

（6）岩体中天然应力分布规律及其量测的理论与方法的研究。

（7）边坡岩体、地基岩体及地下硐室围岩等工程岩体的稳定性研究。这是岩石力学实际应用方面的研究，内容包括：1）各类工程岩体中重分布应力的大小与分布特征；2）各类工程岩体在重分布应力作用下的变形破坏特征；3）各类工程岩体的稳定性分析与评价等。

（8）岩体性质的改善与加固技术的研究。包括岩体性质、结构的改善与加固，地质环境（地下水、地应力等）的改良等。

（9）各种新技术、新方法与新理论在岩石力学中的应用研究。

（10）工程岩体的模型、模拟试验及原位监测技术的研究。模型模拟试验包括数值模型模拟、物理模型模拟和离心模型模拟试验等，这是解决岩体力学理论和实际问题的一种重要手段。而原位监测既可以检验岩体变形与稳定性分析成果的正确与否，同时也可及时地发现问题。

1.3　岩石力学的研究方法

岩石力学是一门新兴的学科，又是一门应用性很强的交叉学科和边缘学科，是用力学的观点对自然存在的岩石和岩体进行研究，为岩体工程的设计与施工提供有利于岩体稳定的方案和理论依据。主要研究方法为：

（1）工程地质研究法。研究岩块和岩体的地质与结构特征，为岩石力学的进一步研究提供地质模型和地质资料。

（2）试验法。为岩体变形和稳定性分析计算提供必要的物理力学参数。

（3）数学力学分析法。通过建立岩体力学模型和利用适当的分析方法，预测岩体在各种力场作用下的变形与稳定性，为设计和施工提供定量依据。

（4）综合分析法。采用多种方法考虑各种因素（包括工程的、地质的及施工的等）进行综合分析和综合评价，得出符合实际情况的正确结论。

1.4 岩石力学的产生及其发展

岩石力学是应岩土工程建设的需要产生和发展起来的，它是应用力学一个独立的力学分支，它的理论和技术是岩体工程学科的专业基础。

在古代，最早的岩体工程是采矿窿洞、道路和石桥。这些工程规模小，且大多处于地表或地壳浅处，工程稳定问题不突出，可凭感性认识和经验进行处理，加之相关学科的发展水平尚低，岩石力学研究不可能提到议事日程上来。

在近代，随着高层建筑的出现，地表不均匀沉降和倾斜的防治越来越重要；随着地下空间的开发利用的发展，大跨度、高边墙的地下工程的稳定问题越来越突出；随着交通运输业的发展，公路、铁路穿山越岭，路堑边坡、隧洞、桥基稳定问题逐渐显露出来；随着水利水电事业的发展，许多拦河大坝横江而立，坝基稳定问题悬系着许多人的心；随着采矿工业的发展，机械化采矿的出现，矿山岩体工程结构转入系统化，开采深度逐年延伸，采出矿岩的体积越来越大，地下矿山的地压问题、露天矿山的边坡稳定问题，不断干扰矿山生产的正常进行和危及矿山工人的安全。人们在这些岩体工程的设计、开挖、支护、加固和破坏控制的实践中，逐步认识了岩石力学研究的重要性，在工程地质研究的基础上，开始了岩石力学的研究。特别是一些重大的岩体工程事故的发生，一系列惨痛的教训，唤起了国内外工程界人士对岩体力学研究的高度重视，大大地推动了岩石力学的发展。我国在 20 世纪 70 年代中后期岩石力学的发展进入了一个崭新的时期，岩石力学研究室在煤炭、冶金、铁道、水电等部门迅速成立，岩石力学作为一门独立的学科登上大学讲台。

自 20 世纪 30 ~ 40 年代开始，在大半个世纪的时间里，岩石力学的发展大致可分为三个阶段，即材料力学阶段、裂隙岩体力学阶段和岩体结构力学阶段。这三个阶段的发展进程，是与人们对岩石的认识发展水平密切相关的。

早期，人们把岩石当做一种连续体，用孤立的岩块的力学性质代替岩体的力学效应，直接运用经典力学知识解决岩体工程的实际问题。人们熟视岩体中普遍存在的断层、节理等不连续面，但对其力学作用没有足够的认识。这是岩石力学发展的第一阶段——材料力学阶段。

从 20 世纪 50 年代开始，工程技术人员和岩石力学工作者逐步认识到岩体中不连续面的力学作用，推动岩石力学发展进入了第二阶段——裂隙岩体力学阶段。在这一阶段，奥地利学派起了很大的推动作用。1974 年缪勒（L. Müller）主编的《岩石力学》文集总结了这一阶段的研究方法、方向和基本成果，是岩石力学发展第二个阶段的代表作。

认识岩体是不连续的裂隙介质，是岩石力学发展的第一次突破。但是，对裂隙和被裂隙切割的岩体的力学效应的认识还不足。在我国，以谷德振为代表的一批工程地质工作者参加了岩石力学研究，将岩石力学的发展推向了第三个阶段，即岩体结构力学阶段。他们认为，岩体不是一块岩石所能代表的，它是地质体的一部分，处于一定的地质环境中。岩体中的断层、节理等不连续面，以及被它们所切割成的岩石块体，组成了一定的岩体结构；岩体的力学效应，是一种结构效应，并提出了"结构控制论"的思想。在国际上，岩石力学的发展也大致在相同的时期进入了第三阶段。虽然对岩体结构的表述方法有所不同，但对岩体结构的力学效应的认识是基本一致的。今天，岩石力学的理论分析、数值计算、模拟实验乃至现场测试，都无例外地考虑了岩体结构构造的影响。

思考题及习题

1-1　叙述岩石力学的定义。

1-2　岩石力学的研究对象是什么，你能举出几个岩体变形破坏的事例？

1-3　岩石力学的研究方法有哪些，有什么区别？

1-4　你对岩石力学的形成与发展有哪些了解？

2 岩石的基本物理力学性质

2.1 概述

岩石的基本物理力学性质是岩体最基本、最重要的性质之一，也是整个岩石力学中研究最早、最完善的力学性质。作为描述完整岩石的物理力学性质的参数，从其大类上说，大致有岩石的质量指标、水理性质指标、描述岩石抗风化能力的指标以及完整岩石的单轴抗压强度、抗拉强度、剪切强度、三向压缩强度和与各种受力状态相对应的变形特性等。在获得这些参数时，试验方法和环境的不同将对这些参数产生较大的影响。加载的速率、试验机的刚度、岩石试件的形状和尺寸等甚至会改变岩石的力学性状。而刚性试验机的诞生，应力 – 应变全过程曲线的获得，对岩石的变形特性的认识，进入了一个全新的阶段。有人甚至说这是岩石力学试验上的一次革命。

对于岩石力学特性的认识，最终将体现在如何描述应力 – 应变的关系上。由于岩石介质的特殊性，在本构方程的研究上，相对比较薄弱。根据目前的研究现状，只能采用简化的方法，表述岩石的变形特性，包括其流变性。

作为判别岩石是否破坏的各种强度理论，是岩石的力学特性在工程中应用的体现。完整岩石的破坏，有其自身的规律，无论是四大经典强度理论，还是莫尔强度理论、格里菲斯强度理论和 E. T. Brown 的经验强度理论，都存在着一定的缺陷，都不能将所有岩石的强度规律涵盖。这就是目前岩石力学研究的现状。

随着岩体工程建设的发展，将开发出新的研究领域，需要采用新的研究方法，才能使岩石力学的理论更加完善。例如，不同加载路径对岩石力学特性的影响；深埋岩体中，岩石在高温、高压或者低温等条件下的力学特性，都将成为新的研究方向和课题。

2.2 岩石的基本物理性质

岩石按其成因可分为：岩浆岩、沉积岩和变质岩三大类。这三大岩类有着很明显的区别，各类岩石由于各种矿物的组成成分、结构构造和成岩条件的不同，对岩石的物理力学性质有很大的影响。

2.2.1 岩石的密度指标

2.2.1.1 岩石的密度

岩石的密度是指岩石试件的质量与试件的体积之比，即单位体积（包括岩石中孔隙体积）内岩石的质量。岩石是由固相（由矿物、岩屑等组成）、液相（充填于岩石孔隙中的液体组成）和气相（由孔隙中未被液体充满的剩余体积中的气体组成）组成的。很明显，这三相物质在岩石中所含的比例不同，矿物岩屑的成分不同，密度也会发生变化。

根据岩石试样的含水情况不同岩石的密度可分为天然密度（ρ）、干密度（ρ_d）和饱和密度（ρ_{sat}），一般未说明含水状态时指天然密度。

（1）天然密度 ρ（kg/m^3）。天然密度是指岩石在自然条件下，单位体积的质量，即

$$\rho = \frac{m}{V} \tag{2-1}$$

式中 m——岩石试件的总质量；

V——该试件的总体积。

（2）饱和密度 ρ_{sat}（kg/m³）。饱和密度是指岩石中的孔隙都被水充填时单位体积的质量，即

$$\rho_{sat} = \frac{m_s + V_V \rho_w}{V} \tag{2-2}$$

式中 m_s——岩石中固体的质量；

V_V——孔隙的体积；

ρ_w——水的密度。

（3）干密度 ρ_d（kg/m³）。干密度是指岩石孔隙中的液体全部被蒸发，试件中仅有固体和气体的状态下，其单位体积的质量，即

$$\rho_d = \frac{m_s}{V} \tag{2-3}$$

密度试验通常用称重法。在进行天然密度的实验时，首先应该保持被测岩石的含水量，其次要注意岩石中是否含有遇水溶解、遇水膨胀的矿物成分，若有类似的物质应该采用水下称重的方法进行试验，即先将试件的外表涂上一层厚度均匀的石蜡，然后放在水中称物体的重量，并计算天然密度；饱和密度可采用48h浸水法、抽真空法或者煮沸法使岩石试件饱和，然后再称重；而干密度的测试方法是先把试件放入105～110℃烘箱中，将岩石烘至恒重（一般约为24h左右），再进行称重试验。

2.2.1.2　重力密度

重力密度 γ（kN/m³）是指单位体积中岩石的重量，通常简称为重度。

$$\gamma = \rho g \tag{2-4}$$

式中 g——重力加速度，m/s²。

2.2.1.3　岩石的颗粒密度

岩石的颗粒密度 ρ_s（kg/m³）是指岩石固体物质的质量（m_s）与固体的体积之比值。其公式为

$$\rho_s = \frac{m_s}{V_s} \tag{2-5}$$

式中 V_s——为固体的体积。

岩石的颗粒密度可采用比重瓶法测得。

2.2.2 岩石的孔隙性

岩石所具有孔隙和裂隙的特性，统称为岩石的孔隙性，是反映微裂隙发育程度的指标。通常用孔隙率和孔隙比两个指标来表征。

2.2.2.1　岩石的孔隙比

岩石的孔隙比（e）是指孔隙的体积 V_V 与固体体积 V_s 之比。其公式为

$$e = \frac{V_V}{V_s} \tag{2-6}$$

2.2.2.2　岩石的孔隙率

岩石的孔隙率（n）也称孔隙度，是指孔隙的体积 V_V 与试件总体积 V 的比值，以百分率表示。其公式为

$$n = \frac{V_V}{V} \times 100\% = \frac{V - V_s}{V} \times 100\% \qquad (2-7)$$

根据试件中三相组成的相互关系，孔隙比 e 与孔隙率 n 存在着如下关系式

$$e = \frac{n}{1 - n} \qquad (2-8)$$

孔隙性参数可利用特定的仪器使孔隙中充满水银而求得。但是，在一般情况下，可通过有关的参数推算而得。如

$$n = 1 - \frac{\rho_d}{\rho_s} \qquad (2-9)$$

2.2.3　岩石的水理性质

2.2.3.1　岩石的含水性质

A　岩石的含水率

岩石的含水率（ω）是指天然状态下岩石孔隙中含水的质量 m_w 与固体质量之比的百分率，即

$$\omega = \frac{m_w}{m_s} \times 100\% \qquad (2-10)$$

B　岩石的吸水率

岩石的吸水率（ω_a）是指干燥岩石试样在一个大气压和室温条件下吸入水的质量与试件固体的质量之比的百分率，即

$$\omega_a = \frac{m_0 - m_s}{m_s} \times 100\% \qquad (2-11)$$

式中　m_0——试件浸水 48h 的质量。

岩石吸水率的大小取决于岩石中孔隙数量多少和细微裂隙的连通情况。一般，孔隙愈大、愈多，孔隙和细微裂隙连通情况愈好，则岩石的吸水率愈大，岩石的力学性能愈差。

C　岩石的饱水率

岩石的饱水率（ω_{sat}）是指干燥岩样在强制状态（真空、煮沸或高压）下，岩样的最大吸入水的质量与岩样的烘干质量之比的百分率，即

$$\omega_{sat} = \frac{m_p - m_s}{m_s} \times 100\% \qquad (2-12)$$

式中　m_p——试件经煮沸或真空抽气饱和后的质量。

岩石饱水率反映岩石中张开型裂隙和孔隙的发育情况，对岩石的抗冻性有较大的影响。

D　岩石的饱水系数

岩石的饱水系数（k_w）是指岩石吸水率（ω_a）与饱水率（ω_{sat}）比值的百分率，即

$$k_w = \frac{\omega_a}{\omega_{sat}} \times 100\% \qquad (2-13)$$

一般岩石的饱水系数在 50% ~80% 之间。试验表明，当 $k_w < 91\%$ 时，可免遭冻胀破坏。

2.2.3.2　岩石的渗透性

岩石的渗透性是指岩石在一定的水力坡度（压力差）作用下，岩石能被水穿透的性能。

它间接地反映了岩石中裂隙间相互连通的程度。当水流在岩石的空隙中流动时，大多数表现为层流状态，因此，用其渗透系数（K）来表征岩石透水性能的大小。

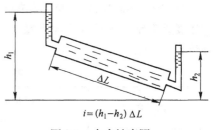

$$K = -\frac{v}{i} \qquad (2\text{-}14)$$

式中　v——地下水渗透速度；

　　　i——水力坡度（压力差），见图2-1；

$$i = (h_1 - h_2) \Delta L$$

图2-1　水力坡度图

2.2.3.3　岩石的软化性

岩石的软化性是指岩石与水相遇作用时强度降低的特性。通常用软化系数（η）来表征。软化系数（η）是指岩石饱和单轴抗压强度 R_{cw} 与干燥状态下的单轴抗压强度 R_{cd} 的比值，即

$$\eta = \frac{R_{cw}}{R_{cd}} \qquad (2\text{-}15)$$

软化系数 η 是一个小于或等于1的系数，该值越小，则表示岩石受水的影响越大。岩石的软化系数大小差别很大，主要取决于岩石的矿物成分和风化程度。主要岩石的软化系数参见表2-1。

表2-1　部分岩石的单轴抗压强度与软化系数

岩石名称	抗压强度/MPa		软化系数 η
	干抗压强度 R_{cd}	饱和抗压强度 R_{cw}	
花岗岩	40.0 ~ 220.0	25.0 ~ 205.0	0.75 ~ 0.97
闪长岩	97.7 ~ 232.0	68.8 ~ 159.7	0.60 ~ 0.74
辉绿岩	118.1 ~ 272.5	58.0 ~ 245.8	0.44 ~ 0.90
玄武岩	102.7 ~ 290.5	102.0 ~ 192.4	0.71 ~ 0.92
石灰岩	13.4 ~ 206.7	7.8 ~ 189.2	0.58 ~ 0.94
砂岩	17.5 ~ 250.8	5.7 ~ 245.5	0.44 ~ 0.97
页岩	57.0 ~ 136.0	13.7 ~ 75.1	0.24 ~ 0.55
黏土岩	20.7 ~ 59.0	2.4 ~ 31.8	0.08 ~ 0.87
凝灰岩	61.7 ~ 178.5	32.5 ~ 153.7	0.52 ~ 0.86
石英岩	145.1 ~ 200.0	50.0 ~ 176.8	0.96
片岩	59.6 ~ 218.9	29.5 ~ 174.1	0.49 ~ 0.80
千枚岩	30.1 ~ 49.4	28.1 ~ 33.3	0.69 ~ 0.96
板岩	123.9 ~ 199.6	72.0 ~ 149.6	0.52 ~ 0.82

2.2.3.4　岩石的崩解性

岩石的崩解性是指岩石与水相互作用时失去粘结性并变成完全丧失强度的松散物质的性能，用耐崩解性指数来表征。岩石耐崩解性指数（I_d）是通过对岩石试件进行烘干、浸水循环试验来测得。耐崩解性指数的试验是将经过烘干的试块（质量约500g，且分成10块左右），放入一个带有筛孔的圆筒内，使该圆筒在水槽中以20r/min的速度，连续旋转10min，然后将留在圆筒内的岩块取出再次烘干称重。如此反复进行两次后，按式（2-16）求得耐崩解性指数

$$I_{d2} = \frac{m_r}{m_s} \times 100\% \qquad (2\text{-}16)$$

式中　I_{d2}——经两次循环试验所求得的耐崩解性指数，该指数在 0 ~ 100% 之间；

　　　m_s——试验前试块的烘干质量；

　　　m_r——两次循环试验后，残留在圆筒内试块的烘干质量。

甘布尔（Gamble）认为：耐崩解性指数与岩石成岩的地质年代无明显的关系，而与岩石的密度成正比，与岩石的含水量成反比。并列出了表 2-2 的分类，对岩石的耐崩解性进行评价。

表 2-2　甘布尔崩解耐久性分类

组　名	一次 10min 旋转后留下的百分数（按干重计）/%	两次 10min 旋转后留下的百分数（按干重计）/%
极高的耐久性	>99	>98
高耐久性	98～99	95～98
中等高的耐久性	95～98	85～95
中等的耐久性	85～95	60～85
低耐久性	60～85	30～60
极低的耐久性	<60	<30

2.2.3.5　岩石的膨胀性

岩石的膨胀性是指岩石浸水后体积增大的性质。有黏土矿物的岩石，遇水后会发生膨胀现象。这是因为黏土矿物遇水后，当水分子加入发生"水楔作用"，促使其颗粒间的水膜增厚所致。因此，对于含有黏土矿物的岩石，掌握经开挖后遇水膨胀的特性是十分必要的。岩石的膨胀特性一般用岩石的膨胀率和膨胀力等来表述。

A　岩石的自由膨胀率

岩石的自由膨胀率是指岩石试件在无任何约束的条件下浸水后所产生膨胀变形与试件原尺寸的比值，这一参数适用于评价不易崩解的岩石。常用的有岩石的径向自由膨胀率（V_D）和轴向自由膨胀率（V_H）：

$$V_H = \frac{\Delta H}{H} \times 100\% \qquad (2\text{-}17)$$

$$V_D = \frac{\Delta D}{D} \times 100\% \qquad (2\text{-}18)$$

式中　ΔH，ΔD——分别为浸水后岩石试件轴向、径向膨胀变形量；

　　　H，D——分别为岩石试件试验前的高度、直径。

B　岩石的侧向约束膨胀率

对于遇水后易崩解的岩石则用侧向约束膨胀率来表征。与岩石自由膨胀率不同，岩石侧向约束膨胀率是将具有侧向约束的试件浸入水中，使岩石试件仅产生轴向膨胀变形而求得的膨胀率（H_{HP}）。其计算式如下

$$V_{HP} = \frac{\Delta H_{HP}}{H} \times 100\% \qquad (2\text{-}19)$$

式中　ΔH_{HP}——为有侧向约束条件下所测得的轴向膨胀变形量。

C　膨胀压力

膨胀压力是指岩石试件浸水后，使试件保持原有体积所施加的最大压力。其试验方法为先加预压 0.01MPa，岩石试件的变形稳定后，将试件浸入水中，当岩石遇水膨胀的变形量大于 0.001mm 时，施加一定的压力，使试件保持原有的体积，经过一段时间的实验，测量试件保持不再变化（变形趋于稳定）时的最大压力。

上述 3 个参数从不同的角度反映了岩石遇水膨胀的特性，进而可利用这些参数，评价建造于含有黏土矿物岩体中的硐室的稳定性，并为这些工程的设计提供必要的参数。

2.2.4 岩石的其他特性

2.2.4.1 岩石的抗冻性

岩石抵抗冻融破坏的性能称为岩石的抗冻性。岩石的抗冻性通常用抗冻系数来表征。

岩石的抗冻性系数（c_f）是指岩样在 ±25℃的温度区间内，反复降温、冻结、升温、融解多次后，岩样单轴抗压强度的下降值与冻融前抗压强度的比值，用百分率表示，即

$$c_f = \frac{R_c - R_{cf}}{R_c} \times 100\% \quad (2-20)$$

式中　R_{cf}——岩石冻融后的抗压强度；

　　　R_c——岩石冻融前的抗压强度。

岩石在冻融条件下单轴抗压强度的损失主要的原因有两个：一是各种矿物的膨胀系数的差异，当温度变化时胀缩不均而导致岩石结构破坏；二是当温度降到0℃以下时，岩石孔隙中的水结冰产生很大的膨胀压力，使岩石结构发生改变，直至破坏。

2.2.4.2 岩石的碎胀性

岩石破碎后体积增大的特性，通常用碎胀系数来表征，即

$$\xi = \frac{V_1}{V_0} \quad (2-21)$$

式中　ξ——岩石碎胀系数；

　　　V_1——岩石破碎后的松散体积；

　　　V_0——岩石的原有体积。

以上所叙述的是岩石常用的物理性质指标。除此以外，有关影响岩石可钻性的岩石硬度，影响硐室冷、热流体的储存和地热回收的热传导性、热容量以及体膨胀系数等特性，由于这些指标对于地下工程（隧道、井巷、采场、地下厂房等）而言，并不十分重要。因此，不在此作深入具体的介绍。

2.3 岩石的变形特性

岩石在载荷作用下，首先发生的物理现象是变形，根据构成岩石的矿物成分及矿物颗粒的结合方式，可表现为弹性或塑性变形。随着载荷的不断增加或在恒定载荷作用下，随时间其变形将逐渐增大，最终导致岩石破坏。地下工程或采场周围岩体所表现出的地压现象，就是地下工程或采场周围岩石变形与破坏的结果。因此，研究岩石的变形特性对评价地压活动有着重要意义。

2.3.1 岩石在单向压缩应力作用下的变形特性

2.3.1.1 岩石单向受压的应力－应变关系

为了获得岩石在单向压缩条件下应力－应变关系，可采用圆柱形或方柱形试件（其规格 $h = 2d$）。在普通材料试验机上，采用一次连续加载，并借助于试件上两组互相垂直的应变片量测不同应力条件下，试件轴向及横向应变值。将所测得数据绘于 σ-ε 坐标图上，便得出如图 2-2所示应力应变曲线。图中 ε_a、ε_1 两条曲线分别表示试件横向及轴向应力－应变关系。同时根据弹性理论，线应变之和与体应变相等（$\varepsilon_x + \varepsilon_y + \varepsilon_z = \varepsilon_v$），可得出在单向压缩条件下线应变与体应变关系为

$$\varepsilon_1 - 2\varepsilon_a = \varepsilon_v$$

按上述关系可绘出岩石单向压缩时试件体积应力－应变曲线 ε_{v}（图 2-2）。从图 2-2 所示试件轴向（ε_{1}）、体积（ε_{v}）应力－应变曲线可看出，试件受载后直到破坏历经以下四个阶段：

（1）微裂隙压密阶段（O—A）。此阶段反映出岩石试件受载后，内部已存裂隙受压闭合，应力应变曲线上凹，说明在小的应力梯度下，所得应变梯度较大。在此阶段试件横向膨胀较小，试件体积随载荷增大而减小，伴有少量声发射出现。

（2）弹性变形阶段（A—B）。在此阶段应力－应变曲线保持线性关系，服从虎克定律。试件中原有裂隙继续被压密，体积变形表现继续被压缩。对坚硬岩石（花岗岩）这两个阶段内所施加载荷相当于破坏载荷的 0～50%。

（3）裂隙发生和扩展阶段（B—C）。从图 2-2 ε_{v} 曲线可以看出，过 B 点后，随载荷增加，曲线 ε_{v} 偏离直线。此时声发射频度明显增大，反映有新的裂隙产生。但这些裂隙呈稳定状态发展，受施加应力控制。此时，试件相对于单位应力的体积压缩量减小。在此阶段轴向（ε_{1}）曲线仍保持近于直线。此阶段施加载荷为破坏载荷的 50%～75%。

（4）裂隙不稳定发展直到破裂阶段（C—D）。从图 2-2 ε_{v} 曲线看出，C 点切线斜率为无穷大（$\mathrm{d}\sigma/\mathrm{d}\varepsilon_{\mathrm{v}}=\infty$），是 ε_{v} 曲线的拐点。过 C 点后，随施加载荷增加试件横向应变值明显增大，试件体积增大（应变反号）。这说明试件内斜交或平行加载方向的裂隙扩展迅速，裂隙进入不稳定发展阶段，其发展不受所施加应力控制。裂隙扩展接交形成滑动面，导致岩石试件完全破坏。此阶段所施加载荷为破坏载荷 75%～100%。

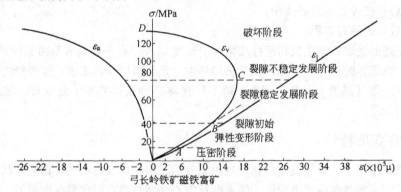

图 2-2　岩石受单向压缩时横向、轴向及体积应力－应变曲线

从上述可看，受载岩石试件随载荷增加直到破坏，试件体积不是减小而是增加。这种体积增大现象称为扩容，即岩石受载破坏历经一个扩容阶段。

2.3.1.2　岩石应力－应变曲线形态的类型

缪勒（L. Müller）用普通材料试验机做 28 种岩石的单轴压缩试验，将岩石的应力－应变曲线分为 6 类，如图 2-3 所示。

类型 I：应力－应变曲线近于直线，直到试件发生突然破坏，曲线不发生明显弯曲，即近于线弹性变形特征。玄武岩、石英岩、辉绿岩、白云岩和非常坚硬的石灰岩等致密、坚硬的岩石表现出这种变形特征。

类型 II：应力－应变曲线开始为直线，当应力增大到一定值后，曲线向下弯曲，其斜率随应力增大而减小，直至试件发生破坏，即表现为弹塑性变形特征。石灰岩、粉砂岩、凝灰岩等一些致密但岩性较软的岩石表现出这种变形特征。

类型 III：应力－应变曲线开始上凹，而后变为直线，直至破坏，称之为塑弹性变形特征。

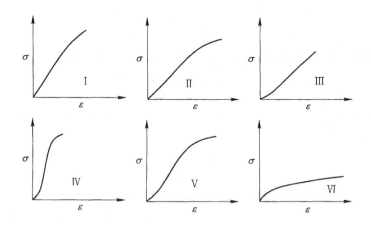

图 2-3 岩石的 6 种单轴应力 – 应变曲线

Ⅰ—弹性；Ⅱ—弹塑性；Ⅲ—塑弹性；Ⅳ—塑-弹-塑性；Ⅴ—塑-弹-塑性；Ⅵ—弹-塑-蠕变

花岗岩、砂岩等具有孔隙和微裂隙的坚硬岩石反映出这种变形特征。应力 – 应变曲线开始段的上凹部分是孔隙和微裂隙逐渐压密的反映。

类型Ⅳ：应力 – 应变曲线呈 S 形，中部有一较陡并较长的直线段，两端曲线段较短，这种变形特征叫塑 – 弹 – 塑性特征。一些比较坚硬、致密的变质岩，如大理岩、片麻岩等表现出这种变形特征。

类型Ⅴ：应力 – 应变曲线也呈 S 形，但与类型Ⅳ相比，直线段较短，斜率较小，两端曲线段较长。一般压缩性较高的岩石，如片岩在垂直片理方向受压时，表现出这种变形特征，也叫塑-弹-塑性特征。

类型Ⅵ：应力 – 应变曲线开始有一段直线，接着便是非弹性变形和连续的蠕变，称之为弹 – 塑 – 蠕变特征。岩盐就具有这种变形特征。

上述 6 类应力 – 应变曲线代表了不同岩性及其结构构造对变形特征的影响，定性地反映了岩石的变形特征。

2.3.1.3 变形参数的确定

根据各类应力 – 应变曲线，可以确定岩石的变形模量和泊松比等变形参数。

A 变形模量（modulus of deformation）

变形模量是指单轴压缩条件下，轴向压应力与轴向应变之比。

当岩石的应力 – 应变为直线关系时，岩石的变形模量 E（MPa）为

$$E = \frac{\sigma_i}{\varepsilon_i} \tag{2-22}$$

式中 σ_i，ε_i——分别为应力 – 应变曲线上任一点的轴向应力和轴向应变。

这种情况下岩石的变形模量为一常量，数值上等于直线的斜率（图 2-4a），由于其变形多为弹性变形，所以又称为弹性模量（modulus of elasticity）。

当应力 – 应变为非直线关系时，岩石的变形模量为一变量，即不同应力段上的模量不同，常用的有如下几种（图 2-4b）。

（1）初始模量 E_0。指曲线原点处的切线斜率，即

$$E_0 = \frac{\sigma_i}{\varepsilon_i} \tag{2-23}$$

（2）切线模量（E_t）。是指曲线上任一点处切线的斜率，在此特指中部直线段的斜率，即

$$E_t = \frac{\sigma_2 - \sigma_1}{\varepsilon_2 - \varepsilon_1} \tag{2-24}$$

（3）割线模量（E_s）。指曲线上某特定应力点与原点连线的斜率。一般规定特定应力为极限强度 σ_c 的50%，即

$$E_s = \frac{\sigma_{50}}{\varepsilon_{50}} \tag{2-25}$$

式（2-23）~式（2-25）中符号，意义如图2-4b 所示。

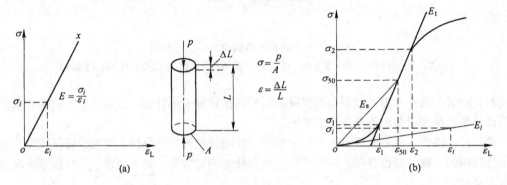

图2-4　岩石变形模量 E 确定方法示意图

B　泊松比（μ）（Poisson's ratio）

泊松比是指在单轴压缩条件下，横向应变（ε_d）与轴向应变（ε_l）之比，即

$$\mu = \frac{\varepsilon_d}{\varepsilon_l} \tag{2-26}$$

在实际工作中，常采用 $\sigma_c/2$ 处的 ε_d 与 ε_l 来计算岩石的泊松比。

岩石的变形模量和泊松比受岩石矿物组成、结构构造、风化程度、空隙性、含水率、微结构面及其与荷载方向的关系等多种因素的影响，变化较大。

试验研究表明，岩石的变形模量与泊松比常具有各向异性。当垂直于层理、片理等微结构方向加载时，变形模量最小，而平行微结构面加载，其变形模量最大。两者的比值，沉积岩一般为1.08~2.05，变质岩为2.0左右。

2.3.1.4　循环荷载条件下的变形特征

岩石在循环荷载作用下的应力－应变关系，随加、卸荷方法及卸荷应力大小的不同而异，如图2-5。当在同一荷载下对岩块加、卸荷时，如果卸荷点（P）的应力低于岩石的弹性极限（A），则卸荷曲线将基本上沿加荷曲线回到原点，表现为弹性恢复（图2-5a）。但应当注意，多数岩石的大部分弹性变形在卸荷后能很快恢复，而小部分（约10%~20%）需经一段时间才能恢复，这种现象称为弹性后效。如果卸荷点（P）的应力高于弹性极限（A），则卸荷曲线偏离原加荷曲线，也不再回到原点，变形除弹性变形（ε_e）外，还出现了塑性变形（ε_p）（图2-5b）。这时岩块的弹性模量 E_c 和变形模量 E 可用下式确定：

$$E_c = \frac{\sigma}{\varepsilon_e} \tag{2-27}$$

$$E = \frac{\sigma}{\varepsilon_e + \varepsilon_p} = \frac{\sigma}{\varepsilon} \tag{2-28}$$

在反复加荷、卸荷条件下，可得到如图 2-5c、图 2-5d 所示的应力－应变曲线。由图可知：

（1）逐级一次循环加载条件下，其应力－应变曲线的外包络线与连续加载条件下的曲线基本一致（图 2-5c），说明加、卸荷过程并未改变岩块变形的基本特性，这种现象也称为岩石记忆。

（2）每次加荷、卸荷曲线都不重合，且围成一环形面积，称为回滞环。

（3）当应力在弹性极限以上某一较高值下反复加荷、卸荷时，由图 2-5c 可见，卸荷后的再加荷曲线随反复加、卸荷次数的增加而逐渐变陡，回滞环的面积变小。残余变形逐次增加，岩块的总变形等于各次循环产生的残余变形之和，即累积变形。

（4）由图 2-5d 可知，岩块的破坏产生在反复加、卸荷曲线与应力－应变全过程曲线相交点，这时的循环加、卸荷试验所给定的应力，称为疲劳强度。它是一个比岩石单轴抗压强度低，且与循环持续时间等因素有关的值。

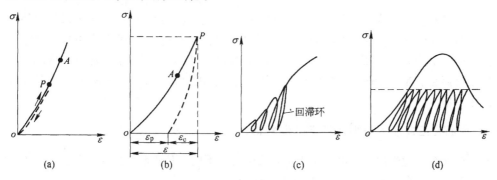

图 2-5 循环加荷卸荷的应力－应变曲线
（a）卸荷点在弹性极限点以下；（b）卸荷点在弹性极限点以上；
（c）逐级循环加、卸载；（d）常应力循环加、卸载

2.3.1.5 应力－应变全过程曲线

前面我们所得到的应力－应变关系，是应用普通材料试验机试验获得的岩石试件破坏前的应力－应变曲线。这一曲线没有反映出试件在破坏后的应力－应变关系。但工程岩体在破坏后仍具有承载能力，故破坏后岩石仍具有它的变形与强度特征。因此，必须了解岩石破坏后应力－应变关系。

目前在实验室所测得的结果与岩石所表现不一致的主要原因，在于现在普遍使用的材料试验机加载系统刚度（$K_M = 0.88 \times 10^4 \text{kN/m}$）小于试件刚度。为获得试件破坏后应力－应变曲线，必须采用具有大于试件刚度（$K_M > K_R$）的刚性试验机。采用配有伺服控制系统的刚性试验机，采用配有伺服控制系统的刚性试验机，保证试件在受载过程中，始终处于受试验机加载。这样便可获得受载后直到破坏的应力－应变全过程曲线，如图 2-6 所示。

图 2-6 是一条典型的应力－应变全过程曲线，从该曲线可知，曲线除可分成 OA、AB、BC（如前所述分别为压密阶段、弹性阶段、塑性阶段）三个阶段之外，当应力过了峰值 C 点之后还存在着另外一个阶段。

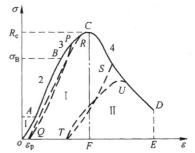

图 2-6 应力－应变全过程曲线

CD 区段，从 C 点开始，曲线斜率为负。ST 为卸载曲线，TU 为重新加载曲线。U 点永远低于 S 点，即再加载时，加载曲线总在低于 S 点处与原曲线相遇。CD 曲线反映出承载能力随变形的增加而减小的性质，这种性质称为脆性。岩石在 CD 段的发展过程称为破坏过程，破裂逐渐发展直至完全失去承载能力时岩石才算破坏。破坏过程起始于 C 点，即破裂开始于 C 点，破裂不断发展直到最终破坏。由于普通的柔性试验机的不稳定性，岩石试件常常在 CD 段上某点突然发生脆性破坏，破坏大多数发生在靠近 C 点处。岩石某截面上凝聚力全部丧失称为破裂。

全应力－应变曲线的工程意义：

（1）峰值右侧的曲线反映岩石破裂后的力学性质，这是普通试验机所得不到的。过去人们用峰值左侧的曲线表示岩体应力－应变关系，以峰值应力为岩体强度，超过峰值就认为岩体已经破坏，不能再起承载作用。现在看来这是不符合实际的，也是保守的。从右侧图形可看出，曲线不与水平轴相交，表明岩石即使在破裂且变形很大的情况下，也具有一定的承载能力。

（2）从全应力－应变曲线（图 2-6）可以看出，达到岩石强度时，积蓄于试件内部的应变能等于峰值左侧曲线所包围的面积 OCF，试件从破裂到破坏这个过程所消耗的能量等于峰值右侧曲线所包围的面积 $CDEF$，若Ⅰ＞Ⅱ，说明岩石破坏后尚剩余一部分能量，这部分变形能突然释放可能会引起"岩爆"。若Ⅰ＜Ⅱ，说明应变能在变形过程中全部释放，故此类岩石不可能产生岩爆。

2.3.2　岩石在三向压缩应力作用下的变形特性

在三向压缩应力作用下，由于作用于岩石的围压不同，其变形特性也将产生一定差异。

2.3.2.1　在等围压条件下岩石的变形特性

在 $\sigma_2 = \sigma_3$ 的条件下，即为经常所说的假三轴的试验条件下，由于侧向的压力相同，岩石的变形特性仅受到围压所给予的影响。图 2-7a 是在 $\sigma_2 = \sigma_3$ 的条件下所获得的试验曲线，图中的一组曲线，显示了岩石变形特性具有以下几条规律：

（1）随着围压的增加，岩石的屈服应力将随之提高。

（2）总体来说，岩石的弹性模量变化不大，有随围压增大而增大的趋势。

（3）随着围压的增加，峰值应力所对应的应变值有所增大，岩石的变形特性明显地表现出低围压下的脆性特性向高围压的塑性特性转变的规律。

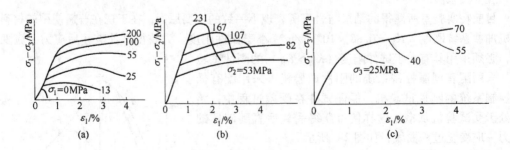

图 2-7　岩石在三轴压缩状态下的应力－应变曲线

（a）$\sigma_2 = \sigma_3$ 时的围压效应；（b）$\sigma_3 =$ 常数时的 σ_2 的影响（$\sigma_3 = 55\mathrm{MPa}$）；

（c）$\sigma_2 =$ 常数时的 σ_3 的影响（$\sigma_2 = 108\mathrm{MPa}$）

2.3.2.2 在真三轴条件下岩石的变形特性

在 $\sigma_2 \neq \sigma_3$ 的条件下，通常被称作真三轴试验。此时的变形特性将同时受到 σ_2、σ_3 的影响。

（1）当 σ_2 为常数时，在不同的 σ_3 作用下，岩石的变形特性具有以下的特点（仅从图 2-7c的试验结果）：

1）随着 σ_2 的增大，岩石的屈服应力有所提高；

2）弹性模量基本不变，不受 σ_2 变化的影响；

3）当 σ_2 不断增大时，岩石的变形特性由塑性逐渐向脆性过渡。

（2）当 σ_3 为常数时，在不同的 σ_2 作用下，岩石的变形特性如图 2-7b 所示，主要表现为以下几点：

1）岩石的屈服应力几乎不变；

2）岩石的弹性模量也基本不变；

3）岩石在如此的应力状态下，始终保持着塑性破坏的特性。

2.4 岩石的流变特性

岩石的变形不仅表现出弹性和塑性，而且也具有流变性质。所谓流变性质就是岩石在力的作用下，其应力－应变关系与时间相关的性质。岩石的流变性包含蠕变、松弛和弹性后效。所谓的蠕变是指岩石在恒定的外力作用下，应变随时间的增长而增长的特性，也称作徐变；松弛是指在应变保持恒定的情况下，岩石的应力随时间的增长而减小的特性；弹性后效是指在卸载过程中弹性应变滞后于应力的现象。当前岩石流变力学主要研究蠕变、松弛和长期强度。

2.4.1 岩石的蠕变性质

岩石的蠕变分为稳定蠕变与不稳定蠕变两类。

2.4.1.1 稳定蠕变

当作用在岩石上的恒定载荷较小时，初始阶段的蠕变速度较快，但随时间的延长，岩石的变形趋近一稳定的极限值而不再增长，这就是稳定蠕变。

2.4.1.2 不稳定蠕变

当载荷超过某一临界值时，蠕变的发展将导致岩石的变形不断发展，直到破坏，这就是不稳定蠕变。它的发展分成三个阶段，见图 2-8。

（1）过渡蠕变阶段（I）。在施加外荷载并当外荷载维持一定的时间后，岩石将产生一部分随时间而增大的应变，此时的应变速率将随时间的增长逐渐减小，蠕变曲线呈下凹型，并向直线状态过渡。在此阶段，若卸去外荷载，则最先恢复的是岩石的瞬时应变，如图中的 PQ 段；之后，随着时间的增加，其剩余应变亦能逐渐地恢复，如图中的 QR 段。QR 段曲线的存在，说明岩石

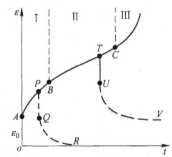

图 2-8 典型的蠕变曲线

具有随时间的增长应变逐渐恢复的特性，这一特性被称作为弹性后效。

（2）稳定蠕变阶段（II）。在这一阶段最明显的特点是应变与时间的关系近似呈直线变化，应变速率为一常数。若在第二阶段也将外荷载卸去，则同样会出现与第一阶段卸载时一样的现象，部分应变将逐渐恢复，弹性后效仍然存在，但是此时的应变已无法全部恢复，存在着部分不能恢复的永久变形。第二阶段的曲线斜率与作用在试件上的外荷载大小和岩石的黏滞系

数 η 有关。通常可利用岩石的蠕变曲线，推算岩石的黏滞系数。

（3）加速蠕变阶段（Ⅲ）。当应变达到 C 点后，岩石将进入非稳态蠕变阶段。这时 C 点为一拐点，之后岩石的应变速率剧烈增加，整个曲线呈上凹型，经过短暂时间后试件将发生破坏。C 点往往被称作蠕变极限应力，其意义类似于屈服应力。

2.4.1.3　影响岩石蠕变的主要因素

岩石蠕变的影响因素除了组成岩石矿物成分的不同而造成一定的变形差异之外，还将受到试验环境给予的影响，主要表现为以下几个方面。

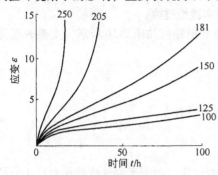

图 2-9　不同的应力水平
作用下雪花石膏的蠕变曲线

A　应力水平对蠕变的影响

在不同的应力水平作用下的雪花石膏的蠕变曲线如图 2-9 所示。由这一组曲线可知：当在稍低的应力作用下，蠕变曲线只存在着前两个阶段，并不产生非稳态蠕变。它表明了在这样的应力作用下，试件不会发生破坏。变形最后将趋向于一个稳定值。相反，在较高应力作用下，试件经过短暂的第二阶段，立即进入非稳态蠕变阶段，直至破坏。而只有在中等应力水平（大约为岩石峰值应力的 60% ~ 90%）的作用下，才能产生包含三个阶段完整的蠕变曲线。这一特点对于进行蠕变试验而言，是极为重要的，据此选择合理的应力水平是保证蠕变试验成功与否的重要条件。

B　温度、湿度对蠕变的影响

不同的温度将对蠕变的总变形以及稳定蠕变的曲线斜率产生较大的影响。有人在相同荷载、不同温度条件下进行了蠕变对比试验，得出了如下的结论：第一，在高温条件下，总应变量低于较低温度条件下的应变量；第二，蠕变曲线第二阶段的斜率则是高温条件下要比低温时小得多。不同的湿度条件同样对蠕变特性产生较大的影响。通过试验可知，饱和试件的第二阶段蠕变应变速率和总应变量都将大于干燥状态下试件的试验结果。

此外，对于岩石蠕变试验来说，由于试验时所测得的应变量级都很小，故要求严格控制试验的温度和湿度，以免由于环境和二次仪器等变化而改变了岩石的蠕变特性。

2.4.2　岩石的松弛性质

松弛是指在保持恒定变形条件下应力随时间逐渐减小的性质，用松弛方程 $f(\sigma = \text{const}, \varepsilon, t) = 0$ 和松弛曲线表示，如图 2-10 所示。

松弛特性可划分为三种类型：

（1）立即松弛——变形保持恒定后，应力立即消失到零，这时松弛曲线与 σ 轴重合，如图 2-10 中 ε_6 曲线。

（2）完全松弛——变形保持恒定后，应力逐渐消失，直到应力为零，如图 2-10 中 ε_5、ε_4 曲线。

（3）不完全松弛——变形保持恒定后，应力逐渐松弛，但最终不能完全消失，而趋于某一定值，如图 2-10 中 ε_3、ε_2 曲线。

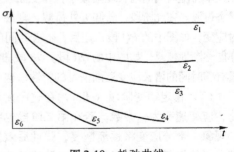

图 2-10　松弛曲线

此外，还有一种极端情况：变形保持恒定后应力始终不变，即不松弛，松弛曲线平行于 t 轴，如图 2-10 中 ε_1 曲线。

在同一变形条件下，不同材料具有不同类型的松弛特性。同一材料，在不同变形条件下也可能表现为不同类型的松弛特性。

2.4.3　岩石的长期强度

一般情况下，当荷载达到岩石瞬时强度时，岩石发生破坏。在岩石承受荷载低于瞬时强度的情况下，如果荷载持续作用的时间足够长，由于流变特性岩石也可能发生破坏。因此，岩石的强度是随外荷载作用时间的延长而降低的，通常把作用时间 $t \to \infty$ 的强度 S_∞ 称为岩石的长期强度。

长期强度的确定方法：长期强度曲线即强度随时间降低的曲线，可以通过各种应力水平长期恒载试验获取。设在荷载 $\tau_1 > \tau_2 > \tau_3 > \cdots$ 试验的基础上，绘出非衰减蠕变的曲线簇，并确定每条曲线加速蠕变达到破坏前的应力 τ 及荷载作用所经历的时间，如图 2-11a 所示。然后以纵坐标表示破坏应力 τ_1，τ_2，τ_3，$\cdots$，横坐标表示破坏前经历的时间 t_1，t_2，t_3，$\cdots$，作破坏应力和破坏前经历时间的关系曲线，如图 2-11b 所示，称为长期强度曲线。所得曲线的水平渐近线在纵轴上的截距就是所求的长期强度。

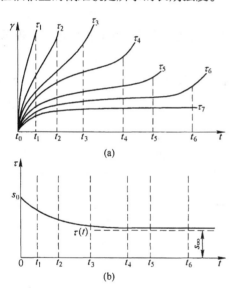

(a)

(b)

图 2-11　岩石蠕变曲线和长期强度曲线

岩石长期强度曲线如图 2-12 所示，可用指数型经验公式表示，即

$$\sigma_t = A + B e^{-\alpha t} \tag{2-29}$$

由 $t = 0$ 时，$\sigma_t = s_0$，得 $s_0 = A + B$；由 $t \to \infty$ 时，$\sigma \to s_\infty$，得 $s_\infty = A$；故得 $B = S_0 - A = s_0 - s_\infty$。因此式（2-29）可写成

$$\sigma_t = s_\infty + (s_0 - s_\infty) e^{-\alpha t} \tag{2-30}$$

式中　α——由试验确定的另一个经验常数。

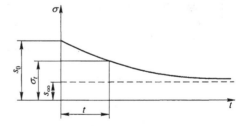

图 2-12　长期恒载破坏试验确定长期强度

由式（2-30）可确定任意 t 时刻的岩石强度 σ_t。岩石长期强度是一个极有价值的时间效应指标。当衡量永久性的和使用期长的岩石工程的稳定性时，不应以瞬时强度而应以长期强度作为岩石强度的计算指标。

在恒定荷载长期作用下，岩石会在比瞬时强度小得多的情况下破坏，根据目前试验资料，对于大多数岩石，长期强度与瞬时强度之比（s_∞ / s_0）为 $0.4 \sim 0.8$，软岩和中等坚固岩石为 $0.4 \sim 0.6$，坚固岩石为 $0.7 \sim 0.8$。

2.4.4　岩石介质力学模型

综上所述，岩石具有黏性材料、弹性材料及塑性材料的综合性质，是一种复杂的流变性材料。为了便于深入理论分析，预测岩石变形随时间而发展的状况，有必要对变形过程作出数学描述。通常采用流变学中的基本力学模拟元件来组合岩石材料的力学模型，并借以作出岩石流变性的数学描述。

2.4.4.1　基本模型元件

流变模型由以下三种基本元件构成：

（1）虎克体（弹簧元件）。这种模型是线性弹性的，完全服从虎克定律，所以也称虎克体，如图2-13a所示。因为在应力作用下应变瞬时发生，而且应力与应变成正比关系，应力 σ 与应变 ε 的关系为：$\sigma = E\varepsilon$。由于弹性模量 E 为常数，于是有

$$\frac{\mathrm{d}\sigma}{\mathrm{d}t} = E\frac{\mathrm{d}\varepsilon}{\mathrm{d}t} \tag{2-31}$$

（2）库仑体（摩擦元件）。这种模型是理想的塑性体，力学模型常用摩擦元件来表示，如图2-13b所示。当材料所受的应力小于屈服极限时，物体内虽有应力存在，但不产生变形；应力达到屈服极限后，即使应力不再增加，变形仍会不断增长。这就是库仑体的特性，它与摩擦体的力学性质相同。塑性摩擦元件服从库仑摩擦定律。

$$\left. \begin{array}{ll} \varepsilon = 0 & \sigma < \sigma_0 \\ \varepsilon \to \infty & \sigma \geqslant \sigma_0 \end{array} \right\} \tag{2-32}$$

式中　σ_0——岩石应力的屈服极限。

（3）牛顿体（阻尼元件）。如图2-13c所示，这种模型完全服从牛顿黏性定律，它表示应力与应变速率成比例，即

$$\sigma = \eta\,\dot{\varepsilon} \quad 或者 \quad \sigma = \eta\frac{\mathrm{d}\varepsilon}{\mathrm{d}t} \tag{2-33}$$

式中　t——时间；

　　　　η——流体的黏性系数。

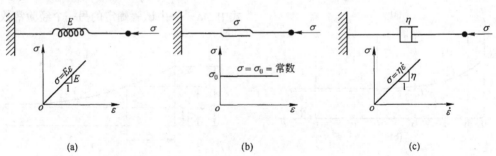

图2-13　基本力学模型模拟元件及其变形特性

（a）弹簧元件；（b）摩擦元件；（c）阻尼元件

2.4.4.2　复合力学模型

将上述三种基本元件组合成复合体，可用来模拟各种岩石的力学性质。组合方式为串联、并联、串并联及并串联等。同电路相似，在串联体中，复合体的总应力等于其中每个元件的应力，总应变则等于各元件的应变之和；在并联体中，总应力等于各元件的应力之和，总应变则等于其中每个元件应变。在图2-14中列举了三种复合体的组成及力学性质。

（1）圣维南体。如图2-14a所示，圣维南体本构关系为

当 $\sigma < \sigma_0$ 时，　　　　$\varepsilon = \varepsilon_1 + \varepsilon_2 = 0 + \dfrac{\sigma}{E} = \dfrac{\sigma}{E}$ \tag{2-34}

当 $\sigma \geqslant \sigma_0$ 时，

$$\varepsilon = \infty + \varepsilon_2 = \infty + \frac{\sigma}{E} = \infty \qquad (2-35)$$

（2）马克斯韦尔（Maxwell）模型。如图 2-14b 所示，这种模型是用弹性元件与阻尼元件串联而成的复合体。因为串联元件的应变之和等于总应变，故有

$$\frac{\mathrm{d}\varepsilon}{\mathrm{d}t} = \frac{\mathrm{d}\varepsilon_1}{\mathrm{d}t} + \frac{\mathrm{d}\varepsilon_2}{\mathrm{d}t} = -\frac{1}{E} \times \frac{\mathrm{d}\sigma}{\mathrm{d}t} + \frac{\sigma}{\eta} \qquad (2-36)$$

上式就是马克斯韦尔本构方程。

（3）凯尔文模型。如图 2-14c 所示，凯尔文模型是两个模型元件并联的复合体，根据两个基本力学模型元件并联的力学特性，有下列关系式

$$\sigma = \sigma_1 + \sigma_2 = E\varepsilon + \eta\frac{\mathrm{d}\varepsilon}{\mathrm{d}t} \qquad (2-37)$$

如果当 $t=0$；$\sigma = \sigma_0$，则有

$$\sigma_0 = E\varepsilon + \eta\frac{\mathrm{d}\varepsilon}{\mathrm{d}t}$$

求解此微分方程，可获得凯尔文模型的应变方程

$$\varepsilon = \frac{\sigma_0}{E}(1 - \mathrm{e}^{-\frac{E}{\eta}t}) \qquad (2-38)$$

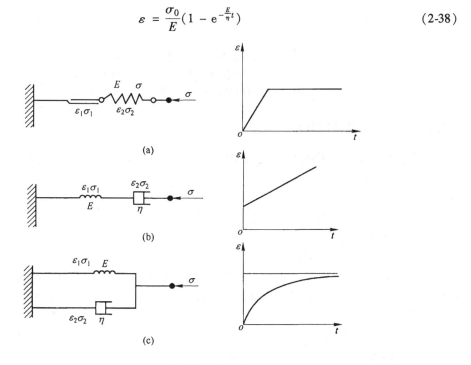

图 2-14 复合体的力学模型

（a）圣维南体；（b）马克斯韦尔体；（c）凯尔文体

2.5 岩石的强度特性

岩石的强度是指岩石抵抗外力作用的能力。当外力增加时，岩石的应力也相应增大，直至岩石破坏，岩石破坏时可能承受的最大应力称为岩石的强度。岩石的强度不仅取决于岩石的性质，还取决于同内部应力有关的量。因此只有首先确定受力状态，才能讨论岩石强度的概念。例如，岩石强度随外力的性质（静载荷和动载荷）及加载方式而变化，故拉伸、压缩、剪切

的强度相差甚远；单向压缩、双向压缩、三向压缩的强度也相差很大。所以岩石有抗压、抗拉、抗剪等强度。

2.5.1 岩石的破坏形式

岩石在各种应力状态下的破坏方式如图 2-15 所示。在单轴压缩条件下，观察到不规则的纵向裂缝（图 2-15a）；在中等围压条件下，发生剪切破坏，破坏面与最大主平面夹角大于 45℃（图 2-15b）；在高围压下，出现 X 形剪切滑移线，形成剪切破裂网（图 2-15c）；在单轴拉伸条件下，垂直于拉应力发生断裂（图 2-15d）；在线载荷作用下，发生垂直于线载荷的拉伸破裂。归纳起来，岩石有两种破坏方式，即剪切破坏和拉伸破坏。

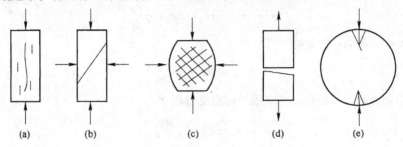

图 2-15 岩石在各种应力状态下的破坏方式
(a) 单轴压缩中的纵向破裂；(b)、(c) 剪切破裂；
(d) 单轴拉伸破裂；(e) 由线载荷产生的拉伸破裂

2.5.2 岩石的单轴抗压强度

所谓岩石的单轴抗压强度是指岩石试件在单轴压力作用下达到破坏的极限，即

$$R_c = \frac{P}{A} \tag{2-39}$$

式中 R_c——单轴抗压强度，有时也称作无侧限强度；

P——破坏荷载；

A——试件受力截面面积。

岩石的单轴抗压强度值，可用规则的圆柱形、方柱形、立方体形试件测定。试验时，试验机按每秒 0.5 ~ 1.0MPa 的速度加压直至试件破坏。此外，对试件的加工也有一定的要求，采用立方体试件时，其尺寸一般为 5cm × 5cm × 5cm 或 7cm × 7cm × 7cm，采用圆柱形或方柱形试件时，其高度为直径或边长的 2.0 ~ 2.5 倍，试件两端面的不平整度不得大于 0.05mm，两端面应垂直于试件轴线，最大偏差不得大于 0.25°。

2.5.3 岩石的抗拉强度

岩石的抗拉强度是指岩石试件在受到轴向拉应力后其试件发生破坏时的单位面积所能承受的拉力。

由于岩石是一种具有许多微裂隙的介质。在进行抗拉强度试验时，岩石试件的加工和试验环境的易变性，使得试验的结果不是很理想，经常出现一些意外的现象。人们不得不对其试验方法进行了大量的研究，提出了多种求得抗拉强度值的方法。以下就目前常用的方法作一介绍。

2.5.3.1 直接拉伸法

直接拉伸法是将岩石加工成棒状，并利用岩石试件的两端与试验机夹具之间的粘结力或摩擦力，对岩石试件直接施加拉力来测试岩石抗拉强度的一种方法。通过试验，可按下式求得其抗拉强度指标（R_t）

$$R_t = \frac{P}{A} \tag{2-40}$$

式中　P——实验中试件能承受的最大拉力；

　　　A——试件垂直于拉应力的截面积。

岩石试件与夹具连接的方法见图2-16。进行直接拉伸法试验的关键在于：一是岩石试件与夹具间必须有足够的粘结力或者摩擦力；二是所施加的拉力必须与岩石试件同轴心。否则，就会出现岩石试件与夹具脱落，或者由于偏心荷载，使试件的破坏断面不垂直于岩石试件的轴心等现象，致使试验失败。由于对岩石试件和加载的要求很高，使得这个试验难度较大，因此，在实际的实验中很少采用。

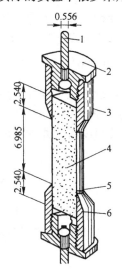

图2-16　直接拉伸法试验

1—飞机钢索（不扭动的）和带花的球；2—螺旋连接器；3—环；4—岩芯试件（直径1cm）；5—束带（环氧树脂）；6—粘结物（环氧树脂）

2.5.3.2 劈裂法（巴西法）

劈裂法也称作径向压裂法，因为是由南美巴西人杭德罗斯（Hondros）提出的试验方法，故也称为巴西法。这种试验方法是：用一个实心圆柱形试件，使它承受径向压缩线荷载至破坏，间接地求出岩石的抗拉强度（图2-17）。该方法具有一定的理论依据，按照布辛奈斯克（Boussinesq）半无限体上作用着集中力的解析解的叠加，可求得岩石的抗拉强度。由于该方法试件加工方便，试验简单，是目前最常用的抗拉强度的试验

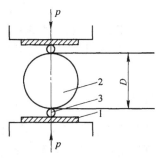

图2-17　劈裂法试验示意图

1—承压板；2—试件；3—钢丝

方法。按我国工程岩体试验方法标准规定：试件的直径宜为 4.8 ~ 5.4cm、其厚度宜为直径的 0.5 ~ 1.0 倍。根据试验结果，求得试件破坏时作用在试件中心的最大拉应力为

$$R_t = \frac{2P}{\pi D t} \tag{2-41}$$

式中　R_t——试件中心的最大拉应力，即为抗拉强度；

　　　P——试件破坏时的极限压力；

　　　D——试件的直径；

　　　t——试件的厚度。

根据解析解分析的结果，要求试验时所施加的线荷载必须通过试件圆心，并与加载的两点

连成一直径，要求在破坏时其破裂面亦通过该试件的直径，否则，试验结果将存在较大的误差。

2.5.3.3　点荷载试验

点荷载试验法是在 20 世纪 70 年代发展起来的一种简便的现场试验方法（图 2-18）。该试验方法最大的特点是可利用现场取得的任何形状的岩块，可以是 5cm 的钻孔岩芯，也可以是开挖后掉落下的不规则岩块，不作任何岩样加工直接进行试验。该试验装置是一个极为小巧的设备，其加载原理类似于劈裂法，不同的是劈裂法所施加的是线荷载，而点荷载法所施加的是点荷载。该方法所确定的试验值，可用点荷载强度指数 I_s 来表示，可按下式求得：

$$I_s = \frac{P}{D^2} \tag{2-42}$$

式中　P——试验时所施加的极限荷载；
　　　D——试验时两个加载点之间的距离。

经过大量试验数据的统计分析，提出了表征一个点荷载强度指数与岩石抗拉强度之间的关系如下：

$$R_t = 0.096 \frac{P}{D^2} = 0.096 I_s \tag{2-43}$$

由于点荷载试验的结果离散性较大，因此，要求每组试验必须达到一定的数量，通常进行 15 个试件的试验。最终按其平均值求得其强度指数并推算出岩石的抗拉强度。

$$R_t = \frac{1}{15} \sum_{i=1}^{15} 0.096 I_s \tag{2-44}$$

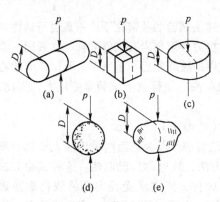

图 2-18　点荷载及其试验方法示意图
(a)、(e) 径向加载；(b)、(c) 轴向加载；
(d) 径向、轴向加载均可

最近，由于许多岩体工程分类中都采用了点荷载强度指数作为一个定量的指标，因此，有人建议采用直径为 5cm 的钻孔岩芯作为标准试样进行试验，使点荷载试验的结果更趋合理，且具有较强的可比性。

2.5.4　岩石的抗剪强度

岩石的抗剪强度是指岩石在一定的应力条件下（主要指压应力）所能抵抗的最大剪应力，通常用 τ 表示。该强度是在复杂应力作用下的强度，与岩石的抗压、抗拉强度不同，需要用一组岩石的试验结果来描述岩石的抗剪强度。因此，岩石的抗剪强度通常用以下的函数式表示：

$$\tau = f(\sigma) \tag{2-45}$$

岩石的剪切强度的试验方法有三种：直接剪切试验、变角剪切试验和三轴压缩试验。

2.5.4.1　直接剪切试验

直剪试验是在直剪仪（图 2-19a）上进行的。试验时，先在试件上施加法向压力 N，然后在水平方向逐级施加水平剪力 T，直至试件破坏。用同一组岩样（4~6 块），在不同法向应力 σ 下进行直剪试验，可得到不同 σ 下的抗剪断强度 τ，且在 τ-σ 坐标中绘制出岩块强度包络线。试验研究表明，该曲线不是严格的直线，但在法向应力不太大的情况下，可近似地视为直线（图 2-19b）。这时可按库仑定律求岩块的剪切强度参数 C、ϕ 值，即

$$\tau = \sigma \tan\phi + C \tag{2-46}$$

式中　σ——作用破坏面上的正应力；

ϕ——岩石的内摩擦角；

C——岩石的内聚力。

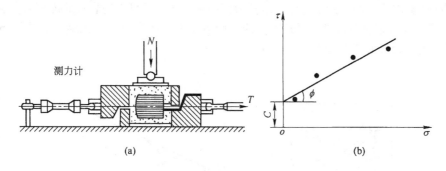

图 2-19　直接剪切试验示意图

（a）直剪试验装置图；（b）C、ϕ 值的确定示意图

2.5.4.2　变角剪切试验

抗剪断试验在室内进行时，通常采用具有不同 α 值的夹具进行试验，一般采用 α 角度为 30°～70°（以采用较大的角度为好），参见图 2-20a。在单向压缩试验机上求得所施加的极限荷载。作用在剪切面上的正应力 σ 和剪应力 τ 可按下式求得

$$\sigma = \frac{P}{A}(\cos\alpha + f\sin\alpha)$$
$$\tau = \frac{P}{A}(\sin\alpha - f\cos\alpha)$$

(2-47)

式中　P——试验机所施加的极限荷载；

　　　f——滚珠排与上下压板的摩擦系数；

　　　A——剪切破坏面的面积；

　　　α——夹具的倾斜角。

按上式求出相应的 σ 及 τ 值就可以在坐标纸上作出它们的关系曲线，如图 2-20b 所示，岩石的抗剪强度关系曲线是一条弧形曲线，一般它简化为直线形式（图 2-20b）。这样，就可确定岩石的抗剪强度内聚力 C 和内摩擦角 ϕ。

从严格的意义上说，抗剪的试验方法存在着一定的弊端。首先，从试验的结果看，岩石试件的破坏强制规定在某个面上，它的破坏并不能真正反映岩石的实际情况；其次，剪切作用时的破坏面上的应力状态极为复杂。因此，虽然工程岩体试验方法标准中也将其推荐为试验方法之一，但是，作为抗剪强度的试验，目前最常用的还是通过三向压缩应力试验而求得强度。

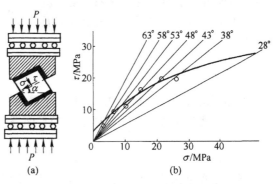

图 2-20　变角剪切试验示意图

（a）变角剪切仪示意图；（b）变角剪切试验结果

2.5.4.3　三轴压缩试验

岩石三轴压缩试验采用岩石三轴压力仪进行，三轴试验设备如图 2-21a 所示。在进行三轴试验时，先将试件施加侧压力，即小主

应力 σ'_3，然后逐渐增加垂直压力，直至破坏，得到破坏时的大主应力 σ'_1，从而得到一个破坏时的莫尔应力圆。采用相同的岩样，改变侧压力为 σ''_3，施加垂直压力直至破坏，得 σ''_1，从而又得到一个莫尔应力圆。绘出这些莫尔应力圆的包络线，即可求得岩石的抗剪强度曲线，如图2-21b所示。如果把它看作是一根近似直线，则可根据该线在纵轴上的截距和该线与水平线的夹角求得内聚力 C 和内摩擦角 ϕ。

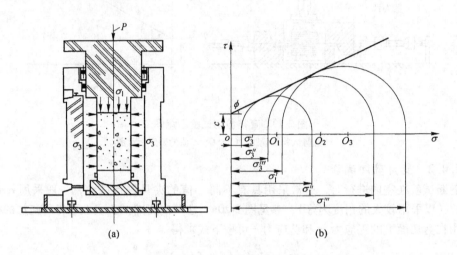

图 2-21　三轴压缩试验示意图

（a）三轴试验装置图；（b）三轴试验破坏时的莫尔圆

2.6　岩石的破坏判据

岩石力学的基本问题之一就是关于岩石的强度理论（破坏准则），即如何去确定岩石破坏时的应力状态。岩石力学研究表明，岩石破坏有两种基本类型：一是脆性破坏，它的特点是岩石达到破坏时不产生明显的变形；二是塑性破坏，破坏时会产生明显的塑性变形而不呈现明显的破坏面。通常认为，岩石的脆性破坏是由于应力条件下岩石中裂隙的产生和发展的结果；而塑性破坏通常是在塑性流动状态下发生的，这是由于组成物质颗粒间相互滑移所致。

目前的强度理论多数是从岩石在各种应力状态下发生的破坏现象和破坏方式出发，建立岩石破坏时的应力和应变的关系，称之为岩石的破坏判据或破坏准则。本节介绍几种常用的岩石破坏判据。

2.6.1　最大拉应变理论

人们为了解释物体的拉伸破坏，提出了最大拉应变理论。该理论认为，当岩石的最大拉伸应变 ε 达到一定的极限 ε_t 时，岩石发生拉伸断裂，其强度条件为

$$\varepsilon = \varepsilon_t = \frac{\sigma_t}{E} \tag{2-48}$$

显然，在单轴拉伸条件下式（2-48）可直接引用。对于在单轴压缩条件下的纵向劈裂破坏，横向拉伸应变为

$$\varepsilon = -\mu \frac{\sigma_c}{E} \tag{2-49}$$

当这个拉伸应变达到极限时，强度条件为

$$\varepsilon = \varepsilon_t = -\mu \frac{\sigma_c}{E} = \frac{\sigma_t}{E} \quad 即 -\mu\sigma_c = \sigma_t \qquad (2\text{-}50)$$

在三轴压缩条件下，根据广义虎克定律，在 σ_3 方向应变为

$$\varepsilon_3 = \frac{1}{E}[\sigma_3 - \mu(\sigma_1 + \sigma_2)] \qquad (2\text{-}51)$$

如果 $\sigma_3 < \mu(\sigma_1 + \sigma_2)$，则为拉应变，显然，强度条件为

$$\varepsilon_3 = \varepsilon_t = \frac{1}{E}[\sigma_3 - \mu(\sigma_1 + \sigma_2)] \qquad (2\text{-}52)$$

此处的极限拉应变 ε_t 就是单轴拉伸破坏时的极限应变

$$\varepsilon_t = \frac{\sigma_t}{E}$$

因此，这时的强度条件又可写成

$$\sigma_3 - \mu(\sigma_1 + \sigma_2) = \sigma_t \qquad (2\text{-}53)$$

在常规三轴条件下，强度条件变为

$$\sigma_3(1 - \mu) - \mu\sigma_1 = \sigma_t \qquad (2\text{-}54)$$

2.6.2　莫尔判据及莫尔－库仑判据

莫尔判据和莫尔－库仑判据是目前用得最广的两种岩石破坏判据。它们是根据岩石的宏观破坏方式，并结合岩石破坏时的应力状态而提出来的。

最大拉应变理论可以解释拉伸破坏，但不能解释岩石在压缩条件下发生剪切破坏。莫尔（O. Mohr，1900 年）提出一个岩石破坏准则，其基本观点是：当材料中某截面上的剪应力达到一个与该面上的正应力有关的某一定值时，材料发生剪切破坏。该准则一方面认为材料剪切破坏时的极限剪应力是剪切面上正应力的函数，即

$$\tau = f(\sigma) \qquad (2\text{-}55)$$

另一方面，这个极限剪应力是材料性质的反映，即与材料的强度特征有关。换句话说，与材料在各种应力状态下的强度有关，即强度曲线是各种应力条件下极限应力圆的包络线。这些极限应力圆就是以各种极限应力状态下最大主应力和最小主应力之差为直径的应力圆，如图2-22所示。

由图 2-22 可知，如果测定了岩石的单轴抗拉强度 σ_t，单轴抗压强度 σ_c 以及在不同围压条件下的极限应力 σ_1，即三轴抗压强度，就可以作出莫尔包络线。这条包络线从受拉区向受压区张开，反映了岩石抗拉强度小于抗压强度的特点；它与 σ 轴在受拉区相交并且与以抗拉强度为直径的应力圆相切于 σ_t 点反映了岩石受拉时破坏面的实际。在受压区，包络线与极限应力圆有两个切点，符合岩石在压应力状态下发生单面剪切破坏或共轭剪切破坏的情况，并且剪切面与最大主平面夹角 $\alpha > 45°$。包络线上的切点，就是剪切破坏时的极限应力点（σ，

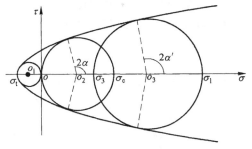

图 2-22　莫尔强度曲线

τ）。如果代表岩石所处应力状态的应力圆与包络线相切，则岩石会发生破坏，如果应力圆在包络线以内，不与包络线相切，则岩石不发生破坏。因此，莫尔强度理论是基本符合岩石的强

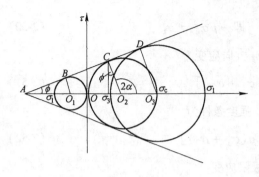

图 2-23　莫尔 – 库仑强度曲线

度特征的。

　　为了应用的方便，人们依据岩石强度的实验数据，对莫尔强度包络线进行各种数学处理，整理成各种数学表达式，如抛物线、双曲线、摆线、直线及其他形式经验曲线。这些曲线都不同程度地逼近了实测曲线。大多数岩石力学工作者认为，在应力不大的情况下，采用直线型的莫尔强度曲线是可行的，如图 2-23 所示。

　　由图 2-23 可见，直线型的莫尔强度曲线与 τ 轴有一截距，与 σ 轴有一夹角，因此，可用库仑方程式来表示：

$$\tau = C + \sigma\tan\phi \tag{2-56}$$

式中　C——强度曲线与 τ 轴的截距，叫内聚力；

　　　　ϕ——强度曲线与 σ 轴的夹角，称为内摩擦角。

　　人们通常将式（2-56）叫做莫尔 – 库仑准则或莫尔 – 库仑强度曲线。

　　据图 2-23 中的几何关系，由 ΔABO_1、ΔABO_2、ΔABO_3 有：

$$\sigma_t = \frac{2C\cos\phi}{1 + \sin\phi} \tag{2-57}$$

$$\sigma_c = \frac{2C\cos\phi}{1 - \sin\phi} \tag{2-58}$$

$$\sigma_1 = \frac{1 + \sin\phi}{1 - \sin\phi}\sigma_3 + \frac{2C\cos\phi}{1 - \sin\phi} \tag{2-59}$$

　　结合式（2-58）和式（2-59）知

$$\sigma_1 = \frac{1 + \sin\phi}{1 - \sin\phi}\sigma_3 + \sigma_c = k\sigma_3 + \sigma_c \tag{2-60}$$

式中　$k = \frac{1 + \sin\phi}{1 - \sin\phi}$

　　式（1-57）、式（1-58）和式（1-59）是在 σ-τ 坐标系中岩石单轴抗拉强度、单轴抗压强度和三轴抗压强度的数值与强度参数 C、ϕ 和应力状态的关系。

　　据图 2-23 中的几何关系可得：

　　（1）破坏面与主平面的夹角 α 为

$$\alpha = 45° + \frac{\phi}{2} \tag{2-61}$$

　　（2）破坏面上的正应力 σ_α 和剪应力 τ_α 为

$$\sigma_\alpha = \frac{\sigma_1 + \sigma_3}{2} + \frac{\sigma_1 - \sigma_3}{2}\cos2\alpha \tag{2-62}$$

$$\tau_\alpha = \frac{\sigma_1 - \sigma_3}{2}\sin2\alpha \tag{2-63}$$

　　值得指出的是，不能把莫尔 – 库仑准则简单地看做是莫尔准则的简化。它们的基本假定相同，但是方程式不同，因而具有如下重要区别：

　　（1）莫尔强度曲线是各种应力状态下的极限应力圆的包络线，因而可以解释拉伸破坏，也可以解释剪切破坏。而莫尔 – 库仑准则在本质上不适用于拉应力状态。

（2）莫尔强度曲线是岩石在各种应力状态下强度特征的真实逼近，在压应力区，抗剪强度并不随剪切面上的正应力线性地增大；剪切面与最大主平面夹角也随应力状态而变化。而莫尔-库仑强度曲线是一条斜直线，即认为岩石抗剪强度随剪切面上压应力线性地增大，并且在各种应力状态下破坏面与最大主平面夹角一致，即 $45° + \phi/2$。

（3）莫尔准则没有明确的强度参数的概念，对不同的岩石，可用不同的强度曲线来逼近其强度特征，而莫尔 – 库仑准则，明确地将粘结力 C 和内摩擦角 ϕ 叫做岩石的强度参数。

但是，由于莫尔 – 库仑准则简单明确，具有通用性，因而比莫尔准则获得更广泛的应用。

最后应当指出，莫尔准则和莫尔 – 库仑准则都没有考虑中间主应力 σ_2 的影响，许多学者的实验表明，忽略 σ_2 的作用，大约会产生 10% 的误差。

2.6.3　格里菲斯判据及修正的格里菲斯判据

1921 年格里菲斯（A. A. Griffith）在研究玻璃时发现，玻璃的实际强度比分子间的理论强度小得多。通过显微镜观察，发现其中有许多张开的细微裂纹。于是他假定玻璃的破坏是由于微裂纹尖端附近的拉应力集中，当这种拉应力集中超过该处玻璃材料的抗拉强度时，裂纹端部便发生分支，然后逐渐扩展，最后导致玻璃宏观破坏。

1924 年，格里菲斯将微裂纹近似地简化为扁平的椭圆孔，从二维应力状态下椭圆孔周边切向应力的弹性解出发，推导了在二维应力 σ_1、σ_3 作用下的破坏准则。

岩石也是一种脆性材料，与玻璃相似，内部含有许多细微裂纹，岩石从受力到破坏，也是一个微裂纹进一步发生、扩展，相互搭接，最后形成宏观破裂面的过程。因此，人们将格里菲斯理论引入岩石力学领域。

下面介绍原始的格里菲斯判据和麦克·克林托克（F. A. Mcclintock）、瓦尔西（J. B. Walsh）以及布勒斯（W. F. Brace）等人对格里菲斯判据的修正。

2.6.3.1　原始的格里菲斯判据

假定材料中的许多细微张开裂纹随机分布，各自处于不同方位，相互隔绝，互不影响，其长轴方向长度比短轴长度大得多，则每一细微裂纹可作为半无限弹性介质中一个扁平椭圆孔看待，并假定裂纹长轴与最大主应力方向夹角为 θ，以裂纹长轴方向为 x 轴，短轴方向为 y 轴，如图 2-24 所示。

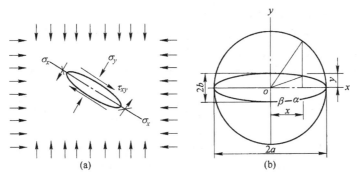

图 2-24　椭圆孔附近应力状态示意图

根据弹性理论，椭圆孔周边任意点应力的公式，导出裂纹尖端附近发生分支的条件为

$$\frac{(\sigma_1 - \sigma_3)^2}{\sigma_1 + \sigma_3} = -8\sigma_t \quad (\sigma_1 + 3\sigma_3 \geqslant 0) \tag{2-64}$$

或 $\qquad\qquad\qquad\qquad \sigma_3 = \sigma_1(\sigma_1 + 3\sigma_3 < 0)$ $\qquad\qquad$ (2-65)

2.6.3.2　修正的格里菲斯判据

原始的格里菲斯理论是在张开裂纹的假定下建立的。麦克·克林托克和瓦尔西认为，在压应力的作用下，裂纹必然要闭合，裂纹闭合后裂纹就能承受正应力，同时摩擦阻力也会增加，使裂纹岩石强度有所提高，从而对原始的格里菲斯理论进行了修正（1962 年）。最后得到修正的格里菲斯准则为

$$\sigma_1\left[\sqrt{f^2+1}-f\right] - \sigma_3\left[\sqrt{f^2+1}+f\right] = -4\sigma_t \qquad (2\text{-}66)$$

式中　f——裂纹面的滑动摩擦系数，$f = 1/\tan 2\theta$，θ 为裂纹长轴与最大主应力方向的夹角。

思考题及习题

2-1　岩石有哪些物理力学性质？

2-2　影响岩石强度特性的主要因素有哪些？

2-3　何谓岩石的应力 – 应变全过程曲线？

2-4　简述岩石刚性试验机的工作原理？

2-5　试比较莫尔强度理论、格里菲斯强度理论和 E. Hoek 和 E. T. Brown 提出的经验强度理论的优缺点。

2-6　典型的岩石蠕变曲线有哪些特征？

2-7　有哪三种基本的力学介质模型？

2-8　说明基本介质模型的串联和并联的力学特征有何不同。

2-9　岩石在单轴和三轴压缩应力作用下，其破坏特征有何异同？

2-10　一个 5cm×5cm×10cm 试样，其质量为 678g，用球磨机磨成岩粉并进行风干，天平称得其质量为 650g，取其中岩粉 60g 做颗粒密度实验，岩粉装入李氏瓶前，煤油的读数为 0.5cm³，装入岩粉后静置 0.5h，得读数为 20.3cm³，求：该岩石的天然密度、干密度、颗粒密度、岩石天然孔隙率（不计煤油随温度的体积变化）。

2-11　有一云母岩试件，其力学性能在沿片理方向 A 和垂直片理方向 B 出现明显的各向异性，试问：

　　（1）岩石试件分别在 A 向和 B 向受到相同的单向压力时，表现的变形哪个更大，弹性模量哪个大，为什么？

　　（2）岩石试件的单轴抗压强度哪个更大，为什么？

2-12　已知岩石单元体 A～E 的应力状态如图 2-25 所示，并已知岩石的 $C = 4\text{MPa}$，$\phi = 35°$，试求：

　　（1）各单元体的主应力的大小、方向，并作出莫尔应力图。

　　（2）判断在此应力下，岩石单元体按莫尔 – 库仑理论是否会破坏？（单位：MPa）

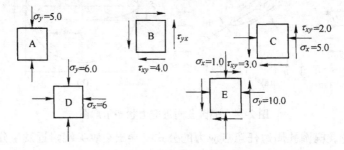

图 2-25

2-13　对某种砂岩做一组三轴压缩实验得到如表 2-3 所示峰值应力。

表 2-3

序　号	1	2	3	4
σ_3/MPa	1.0	2.0	9.5	15.0
σ_1/MPa	9.6	28.0	48.7	74.0

试求：

（1）该砂岩峰值强度的莫尔包络线；

（2）求该岩石的 C、ϕ 值；

（3）根据格里菲斯理论，预测岩石抗拉强度为多少？

2-14　将某一岩石试件进行单轴压缩实验，其压应力达到 28.0MPa 时发生破坏。破坏面与水平面的夹角为 60°，设其抗剪强度为直线型。

试计算：

（1）该岩石的 C，ϕ 值；

（2）破坏面上的正应力和剪应力；

（3）在正应力为零的面上的抗剪强度；

（4）在与最大主应力作用面成 30°的面上的抗剪强度。

2-15　某砂岩地层，砂岩的峰值强度参数 $C = 1.2MPa$，$\phi = 40°$。某一点的初始应力状态为：$\sigma_3 = 8.97MPa$，$\sigma_1 = 34.5MPa$，由于修建水库岩石孔隙水压力增大，试求该点岩石当孔隙水压力为多大时会使砂岩破坏？

2-16　某种岩石，其各项指标与题 15 中的砂岩地层相同。设主应力比 $\sigma_3/\sigma_1 = K_P$，问当 K_P 超过多大时，岩石在三向受力时不会产生破裂？

2-17　已知某水库库址附近场地应力为：$\sigma_1 = 12MPa$，$\sigma_3 = 4MPa$。该水库位于多孔性石灰岩区域内，该灰岩三轴实验结果为 $C = 1.0MPa$，$\phi = 35°$。试问：能修多深的水库而不致因地下水水位升高增加孔隙水压力而导致岩石破坏？

2 岩石的基本物理力学性质

地球的表层称为地壳，它的上部最基本的物质是由岩石构成的，人类的一切生活和生产实践活动都局限在地壳的最表层范围内。

构成地壳的岩石主要为岩浆岩（占地壳组成物质的98%），但在大陆上分布最广的是沉积岩。从我国已进行的区域地质测量的面积来看，沉积岩占77%，而岩浆岩与变质岩则仅占23%。这些岩石在成岩建造之初是连续的，而我们今天所看到的山峦起伏的地表，则是在漫长的地质年代中，地壳遭受无数次构造运动改造的结果。这种使地壳产生构造运动的力称构造力。在构造应力作用下，在地壳中留下了各种地质构造形迹——褶皱、断层、破碎带、节理、裂隙和层理等不连续面或软弱面，地质上习惯地称为结构面。岩体被这些结构面切割成既连续又不连续的裂隙体。显然，软弱结构面的存在必然会使前面所讨论的岩石固有的力学性质发生改变。缪勒（Müller）曾指出其降低系数可达到1/300。因此，在评价工程岩体稳定性时，必须充分考虑结构面的影响。所以要研究岩体结构及岩体力学性质。

3.1 岩石、岩体与岩体结构

3.1.1 岩石与岩体区别

岩石是组成地壳的基本物质，它是由矿物或碎屑在地质作用下按一定规律凝聚而成的自然地质体。例如，我们通常见到的花岗岩、石灰岩、片麻岩，都是指具有一定成因、一定矿物成分及结构的岩石。岩石可由单种矿物组成，例如，洁白的大理岩由方解石组成；而多数的岩石则是由两种以上的矿物组成，例如，花岗岩主要由石英、长石、云母三种矿物组成。按成因，岩石可分为三大类，即：岩浆岩、沉积岩和变质岩。岩石的成因类型及特点本处不再赘述。

岩体是指一定工程范围内的自然地质体，它经历了漫长的自然历史过程，经受了各种地质作用，并在地应力的长期作用下，在其内部保留了各种永久变形和各种各样的地质构造形迹，例如不整合、褶皱、断层、层理、节理、劈理等不连续面。岩石与岩体的重要区别就是岩体包含若干不连续面。由于不连续面的存在，岩体的强度远低于岩石强度。因而，对于设置在岩体上或岩体中的各种工程所关心的岩体稳定问题来说，起决定作用的是岩体强度，而不是岩石强度。

前面已指出，成岩建造之初是连续的岩体，由于遭受地质构造运动的改造而变成为既连续又不连续的裂隙体。从而可以看出，岩石与岩体既有联系，又有区别，岩石是构成岩体的物质，岩体是由结构面及结构体（结构面所包围的岩块）两个基本单元构成。岩石的物理力学性质和水理性质取决于构成岩石的矿物成分，而岩体的物理力学性质则取决于结构面的力学性质和岩石块体（结构体）的力学性质。

总的来讲，岩体具有以下几方面特点：

（1）岩体是一种预应力体。即在岩体中早已存在由各种原因形成（上覆岩层自重、构造应力等）的应力场。在岩体中进行工程开挖时，外载荷使岩体产生的应力必然叠加到预应力场上。

（2）岩体是一种多介质的连续体。在自然界岩体有时表现为散体状，有时表现为碎裂状或整体状，因而形成由松散体—弱面体—连续体的一个系列。弱面体存在有两种极端状态：一种是岩体中弱面很少或几乎没有，则基本上可看做是均质连续体；另一种是岩体内部弱面充分发育，将岩体切割成碎块状，可视为松散体。通常，弱面体处于上述两种状态之间，或靠近连续体一端，或靠近松散体一端。由于岩体的这种多变性，我们将这一由连续到不连续的系列，按其力学特征划分为几种力学介质，例如连续介质、块体介质、松散（散体）介质等。在进行工程设计时，必须首先判断施工地段岩体归属的力学介质类型，而后分别选用适当的数学、力学方法求解，而不应忽视岩体结构类型采用不相适应的方法。

（3）岩体是地质体的一部分，它的边界条件就是周围的地质体。这说明岩体位于一定的地质物理环境之中，如水、空气与地温等。它们不仅对岩体的物理力学性质有很大影响，而且本身往往是使工程岩体不稳定的重要因素，在评定岩体稳定性时不容忽视。

此外，岩体是地质体还说明，在岩石力学中不仅要研究岩体的现状，而且还要研究岩体形成的历史。

岩石是构成岩体的物质，是从被结构面所包围的结构体中取得的。由于生成条件的不同并同样伴随岩体经历各种地质构造运动，岩石身上同样会有各种构造运动的烙印，如晶格内部的各种缺陷、晶体的各向异性等。这说明岩石具有微观上的各向异性、不均匀性与不连续性。但岩石材料摆脱了结构面切割岩体所带来的宏观不连续性和各向异性。因此，当研究问题扩大到岩体规模时，可以相对地把岩石看成是均质和各向同性的材料。

3.1.2 岩体结构

岩体结构（rockmass structure）是指岩体中结构面与结构体的排列组合特征，反映结构面的切割程度，以及结构面在空间组合切割岩体形成的结构体的排列方式。因此，岩体结构应包括两个要素或称结构单元，即结构面和结构体。也就是说不同的结构面与结构体之间，以不同方式排列组合形成了不同的岩体结构。大量的工程失稳实例表明，工程岩体的失稳破坏，往往主要不是岩石材料本身的破坏，而是岩体结构失稳引起的。所以，不同结构类型的岩体，其物理力学性质、力学效应及其稳定性都是不同的。下面就结构体特征及岩体结构类型进行讨论。

3.1.2.1 结构体特征

结构体（structural element）是指岩体中被结构面切割围限的岩石块体。有的文献上把结构体称为岩块，但岩块和结构体应是两个不同的概念。因为不同级别的结构面所切割围限的岩石块体（结构体）的规模是不同的。如Ⅰ级结构面所切割的Ⅰ级结构体，其规模可达数平方公里，甚至更大，称为地块或断块；Ⅱ、Ⅲ级结构面切割的Ⅱ、Ⅲ级结构体，规模又相应减小；只有Ⅳ级结构面切割的Ⅳ级结构体，才被称为岩块，它是组成岩体最基本的单元体。所以，结构体和结构面一样也是有级序的，一般将结构体划分为4级。其中以Ⅳ级结构体规模最小，其内部还包含有微裂隙、隐节理等Ⅴ级结构面。较大级别的结构体是由许许多多较小级别的结构体所组成，并存在于更大级别的结构体之中。结构体的特征常用其规模、形态及产状等进行描述。

结构体的规模取决于结构面的密度，密度愈小，结构体的规模愈大。常用单位体积内的Ⅳ级结构体数（块度模数）来表示，也可用结构体的体积表示。结构体的规模不同，在工程岩体稳定性中所起的作用也不同。

结构体的形态极为复杂，常见的形状有：柱状、板状、楔形及菱形等（图3-1）。在强烈破碎的部位，还有片状、鳞片状、碎块状及碎屑状等形状。结构体的形状不同，其稳定性也不同。一般来说，板状结构体比柱状、菱形状的更容易滑动，而楔形结构体比锥形结构体稳定性差。但是，结构体的稳定性往往还需结合其产状及其与工程作用力方向和临空面间的关系作具体分析。

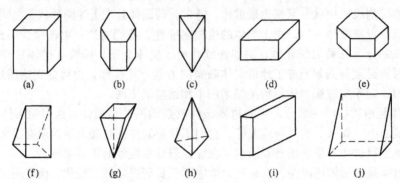

图 3-1　结构体形状典型类型示意图

(a)，(b) 柱状结构体；(d)，(e) 菱形或板状结构体；(c)，(g)，(h)，(j)，(f) 楔、锥形结构体；(i) 板状结构体

结构体的产状一般用结构体的长轴方向表示。它对工程岩体稳定性的影响需结合临空面及工程作用力方向来分析。比如，一般来说，平卧的板状结构体与竖直的板状结构体的稳定性不同，前者容易产生滑动，后者容易产生折断或倾倒破坏；又如，在地下硐室中，楔形结构体尖端指向临空方向时，稳定性好于其他指向；其他形状的结构体也可作类似的分析。

3.1.2.2　岩体的结构类型划分

由于组成岩体的岩性，遭受的构造变动及次生变化的不均一性，导致了岩体结构的复杂性。为了概括地反映岩体中结构面和结构体的成因、特征及其排列组合关系，将岩体结构划分为 5 大类。各类结构岩体的基本特征列于表 3-1。由表可知：不同结构类型的岩体，其岩石类型、结构体和结构面的特征不同，岩体的工程地质性质与变形破坏机理也都不同。但其根本的区别还在于结构面的性质及发育程度，如层状结构岩体中发育的结构面主要是层面、层间错动；整体状结构岩体中的结构面呈断续分布，规模小且稀疏；碎裂结构岩体中的结构面常为贯通的且发育密集，组数多；而散体状结构岩体中发育有大量的随机分布的裂隙，结构体呈碎块状或碎屑状等。因此，我们在进行岩石力学研究之前，首先要弄清岩体中结构面的情况、岩体结构类型及其力学属性和岩体力学模型，使岩体稳定性分析建立在可靠的基础上。

表 3-1　岩体结构类型划分表（引自《岩土工程勘察规范》GB 50021—94，1995）

岩体结构类型	岩体地质类型	主要结构体形状	结构面发育情况	岩土工程特征	可能发生的岩土工程问题
整体状结构	均质、巨块状岩浆岩、变质岩，巨厚层沉积岩、正变质岩	巨块状	以原生构造节理为主，多呈闭合型，裂隙结构面间距大于 1.5m，一般不超过 1~2 组，无危险结构面组成的落石掉块	整体性强度高，岩体稳定，可视为均质弹性各向同性体	不稳定结构体的局部滑动或坍塌，深埋硐室的岩爆
块状结构	厚层状沉积岩、正变质岩、块状岩浆岩、变质岩	块状柱状	只具有少量贯穿性较好的节理裂隙，裂隙结构面间距 0.7~1.5m。一般为 2~3 组，有少量分离体	整体强度较高，结构面互相牵制，岩体基本稳定，接近弹性各向同性体	

岩体结构类型	岩体地质类型	主要结构体形状	结构面发育情况	岩土工程特征	可能发生的岩土工程问题
层状结构	多韵律的薄层及中厚层状沉积岩、副变质岩	层状板状透镜体	有层理、片理、节理，常有层间错动面	接近均一的各向异性体，其变形及强度特征受层面及岩层组合控制，可视为弹塑性体，稳定性较差	不稳定结构体可能产生滑塌，特别是岩层的弯张破坏及软弱岩层的塑性变形
碎裂状结构	构造影响严重的破碎岩层	碎块状	断层、断层破碎带、片理、层理及层间结构面较发育，裂隙结构面间距 0.25~0.5m，一般在 3 组以上，由许多分离体形成	完塑性破坏较大，整体强度很低，并受断裂等软弱结构面控制，多呈弹塑性介质，稳定性很差	易引起规模较大的岩体失稳，地下水加剧岩体失稳
散体状结构	构造影响剧烈的断层破碎带，强风化带，全风化带	碎屑状颗粒状	断层破碎带交叉，构造及风化裂隙密集，结构面及组合错综复杂，并多充填黏性土，形成许多大小不一的分离岩块	完整性遭到极大破坏，稳定性极差，岩体属性接近松散体介质	易引起规模较大的岩体失稳，地下水加剧岩体失稳

3.2 结构面的特征及类型

结构面（structural Plane）是指地质历史发展过程中，在岩体内形成的具有一定的延伸方向和长度，厚度相对较小的地质界面或带，它包括物质分界面和不连续面，如层面、不整合面、断层、节理面、片理面等。国内外一些文献中又称为不连续面（discontinuities）或节理（joint）。在结构面中，那些规模较大、强度低、易变形的结构面又称为软弱结构面。

结构面对工程岩体的完整性、渗透性、物理力学性质及应力传递等都有显著的影响，是造成岩体非均质、非连续、各向异性和非线弹性的本质原因之一。因此，全面深入细致地研究结构面的特征是岩石力学中的一个重要课题。

3.2.1 结构面的成因类型

3.2.1.1 地质成因类型

结构面按照地质成因的不同，可划分为原生结构面、构造结构面和次生结构面三类，各类结构面的主要特征见表 3-2。

表 3-2 岩体结构面的类型及特征

成因类型	地质类型	主要特征			工程地质评价
		产状	分布	性质	
原生结构面	沉积结构面	1. 层理层面 2. 软弱夹层 3. 不整合面、假整合面 4. 沉积间断面	一般与岩层产状一致，为层间结构面	海相岩层中此类结构面分布稳定，陆相岩层中呈交错状，易尖灭	层面、软弱夹层等结构面较为平整；不整合面及沉积间断面多由碎屑泥质物构成，且不平整	国内外较大的坝基滑动及滑坡很多由此类结构面所造成，如奥斯汀、圣·弗朗西斯、马尔帕塞坝的破坏，瓦依昂水库附近的巨大滑坡

成因类型		地质类型	主 要 特 征			工程地质评价
			产 状	分 布	性 质	
原生结构面	岩浆岩结构面	1. 侵入体与围岩接触面 2. 岩脉岩墙接触面 3. 原生冷凝节理	岩脉受构造结构面控制,而原生节理受岩体接触面控制	接触面延伸较远,比较稳定,而原生节理往往短小密集	与围岩接触面可具熔合及破碎两种不同的特征,原生节理一般为张裂面,较粗糙不平	一般不造成大规模的岩体破坏,但有时与构造断裂配合,也可形成岩体的滑移,如有的坝肩局部滑移
	变质结构面	1. 片理 2. 片岩软弱夹层 3. 片麻理 4. 板理及千枚理	产状与岩层或构造方向一致	片理短小,分布极密,片岩软弱夹层延展较远,具固定层次	结构面光滑平直,片理在岩层深部往往闭合成隐蔽结构面,片岩软弱夹层具片状矿物,呈鳞片状	在变质较浅的沉积岩,如千枚岩等路堑边坡常见塌方。片岩夹层有时对工程及地下洞体稳定也有影响
构造结构面		1. 节理(X形节理、张节理) 2. 断层(冲断层、掀断层、横断层) 3. 层间错动 4. 羽状裂隙、劈理	产状与构造线呈一定关系,层间错动与岩层一致	张性断裂较短小,剪切断裂延展较远,压性断裂规模巨大,但有时为横断层切割成不连续状	张性断裂不平整,常具次生充填,呈锯齿状,剪切断裂较平直,具羽状裂隙,压性断层具多种构造岩,成带状分布,往往含断层泥、糜棱岩	对岩体稳定影响很大,在上述许多岩体破坏过程中,大都有构造结构面的配合作用。此外常造成边坡及地下工程的塌方、冒顶等
次生结构面		1. 卸荷裂隙 2. 风化裂隙 3. 风化夹层 4. 泥化夹层 5. 次生夹泥层	受地形及原始结构面和临空面产状控制	分布上往往呈不连续状,透镜状,延展性差,且主要在地表风化带内发育	一般为泥质物充填,水理性质很差	在天然斜坡及人工边坡上造成危害,有时对坝基、坝肩及浅埋隧洞等工程亦有影响,但一般在施工中予以清基处理

A 原生结构面

这类结构面是岩体在成岩过程中形成的结构面,其特征与岩体成因密切相关,因此又可分为沉积结构面、岩浆结构面和变质结构面三类。

(1)沉积结构面。指沉积岩在沉积和成岩过程中形成的,包括层理面、软弱夹层、沉积间断面或不整合面等。

(2)岩浆结构面。指岩浆侵入及冷凝过程中形成的结构面,包括岩浆岩体与围岩的接触面、各期岩浆岩之间的接触面和原生冷凝节理等。

(3)变质结构面。指受变质作用形成的结构面,包括片理、片麻理以及各种片岩软弱夹层如云母片岩、滑石片岩、绿泥片岩等。岩体的片理对岩体强度起控制作用。

B 构造结构面

构造结构面是岩体形成后在构造应力作用下形成的各种破裂面或破碎带,包括断层、节理、劈理和层间错动面等。这种结构面对岩体的稳定性影响较大,在一般应力状态下,大部分岩体在破坏过程中,都受构造结构面控制。地下岩体工程中发生片帮、冒顶,以及露天滑坡、滚石等,多发生在构造结构面出没的地段。

C 次生结构面

次生结构面是岩体形成后在外营力作用下产生的结构面,包括卸荷裂隙、风化裂隙、次生夹泥层和泥化夹层等。

（1）卸荷裂隙。主要因表部被剥蚀卸荷造成应力释放和调整而产生的，产状与临空面近于平行，并具张性特征。

（2）风化裂隙。一般仅限于地表风化带内，常沿原生结构面和构造结构面叠加发育，使其性质进一步恶化。新生成的风化裂隙，延伸短，方向紊乱，连续性差。

（3）泥化夹层。原生软弱夹层在构造及地下水共同作用下形成的；次生夹泥层则是地下水携带的细颗粒物质及溶解物沉淀在裂隙中形成的。它们的性质一般都很差，属软弱结构面。

3.2.1.2　力学成因类型

一个应力场可能存在三种应力（压应力、剪应力、拉应力），每种应力作用都可能产生结构面。从前面阐述的强度理论分析知，只有剪应力和拉应力能产生破裂结构面，而压应力只能产生挤压结构面。因此按生成力学机制结构面可分为：压性结构面（图3-2）、张性结构面（图3-3）、扭性结构面（图3-4a、b、d）、压扭性结构面（图3-4e）和张扭性结构面（图3-4c）。各种结构面的主要特征见表3-3。

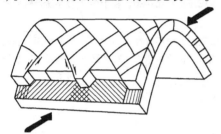

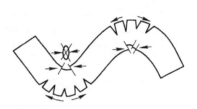

图3-2　压性结构面　　　　　　　　　　　图3-3　张性结构面

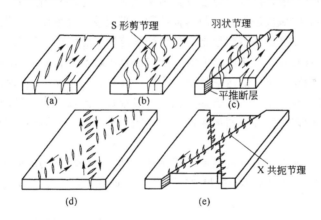

图3-4　扭性结构面

（a），（b），（d）纯剪作用产生扭性结构面；（c）张性结构面；（e）压扭性结构面

表3-3　结构面的主要特征

类　型	主　要　特　征	构造形式
压性结构面	结构面两边岩石是挤压状态，主要片理面与结构面平行，岩石多呈片状，在压性破裂结构面一侧或两侧，往往由于强烈挤压使岩层发生直立倒转、片理化或形成压碎带，伴生构造岩； 　　结构面一般光滑，呈舒缓坡状，沿走向和倾向都具有这种特征，并且在结构面上可见到擦痕	褶皱轴面、片理面、劈理面、压性节理面及剖面上的破劈理面等

类　型	主　　要　　特　　征	构造形式
张性结构面	单纯张裂面的表面粗糙，不甚整齐，有时呈锯齿状，单纯的张裂面很少出现擦痕，平行的张裂面往往形成张裂带，一般宽度较大，每一个张裂面延伸不远即行消失；张裂带中有时有破碎角砾，角砾多棱角大小不一；张性断裂面附近往往出现次生断裂	张裂面，张节理面（纵节理、横节理），张裂口及俯冲断裂面等
扭性结构面	扭性结构面常很光滑，且有大量擦痕出现，并显示出两侧岩层相对滑动方向；扭裂面一侧或两侧常有扭性或张性的羽状节理或断裂出现，这些节理和断裂与扭裂面呈一定方位，但不穿过扭裂面；平行的扭裂面常成群出现形成扭裂带，扭裂面也常成对出现，两者相互交切	X 形（平移）断裂面、平面上的 X 形破劈理等
压扭性结构面	既有压性特征，也有扭性特征。哪一种成分为主导，那种特性就显著结构面多呈倾斜状态的舒缓波状，具有斜冲擦痕，次生结构面与主面交线和擦痕方向垂直，轴线斜向的牵引褶皱，往往成群出现，组成压扭性结构带，在带内有破碎角砾组成的角砾岩带	牵引褶皱，压扭性构造带断裂面
张扭性结构面	张扭性结构面兼有扭性与张性结构面的双重特性；张扭性断裂面往往是不对称的，形成一边长，一边短的锯齿状，两侧岩石有的被拉开，有的被错断；在断面上，有的有斜向擦痕；成群出现的张扭性断裂形成张扭断裂带	断裂面、歪斜牵引褶皱、张扭断裂带等

3.2.2　结构面的规模与分级

结构面的规模大小不仅影响岩体的力学性质，而且影响工程岩体力学作用及其稳定性。按结构面延伸长度、切割深度、破碎带宽度及其力学效应，可将结构面分为如下 5 级。

Ⅰ级　指大断层或区域性断层，一般延伸约数公里至数十公里以上，破碎带宽约数米至数十米乃至几百米以上，直接关系着建设地区的地壳稳定性，影响山体稳定性及岩体稳定性。所以，一般的工程应尽量避开，如不能避开时，也应认真进行研究，采取适当的处理措施。

Ⅱ级　指延伸长而宽度不大的区域性地质界面，如较大的断层、层间错动、不整合面及原生软弱夹层等。其规模贯穿整个工程岩体，长度一般数百米至数千米，破碎带宽数十厘米至数米。常控制工程区的山体稳定性或岩体稳定性，影响工程布局，具体建筑物应避开或采取必要的处理措施。

Ⅲ级　指长度数十米至数百米的断层、区域性节理、延伸较好的层面及层间错动等。宽度一般数厘米至 1m 左右。它主要影响或控制工程岩体，如地下硐室围岩及边坡岩体的稳定性等等。

Ⅳ级　指延伸较差的节理、层面、次生裂隙、小断层及较发育的片理、劈理面等。长度一般数十厘米至 20～30m，小者仅数厘米至十几厘米，宽度为零至数厘米不等。是构成岩块的边界面，破坏岩体的完整性，影响岩体的物理力学性质及应力分布状态。

Ⅴ级　又称微结构面。指隐节理、微层面、微裂隙及不发育的片理、劈理等，其规模小，连续性差，常包含在岩块内，主要影响岩块的物理力学性质。

3.2.3　结构面的空间分布

3.2.3.1　结构面的产状

结构面的产状常用走向、倾向和倾角表示。结构面倾向指结构面总体倾斜方向的水平投影线的方位角。结构面走向指结构面总体走向的方位角。倾向和走向方位角都按顺时针方向从地理北起算，一般以倾向角表示结构面的方位。倾角是指结构面总体倾斜方向线与水平面的夹角。结构面的形状可以用倾向和倾角唯一表示。

结构面与最大主应力间的关系控制着岩体的破坏机理与强度。

3.2.3.2 结构面的连续性（延展性）

结构面的连续性反映结构面的贯通程度，常用线连续性系数和面连续性系数（或称切割度）表示。

线连续性系数（K_l）是指沿结构面延伸方向上，结构面各段长度之和（$\sum a$）与测线长度的比值（图 3-5），即

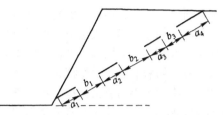

$$K_l = \frac{\sum a}{\sum a + \sum b} \qquad (3-1)$$

式中　$\sum a + \sum b$——结构面及完整岩石长度之和。

K_l 变化在 0～1 之间，K_l 值愈大说明结构面的连续性愈好，当 $K_l = 1$ 时，结构面完全贯通。

图 3-5　结构面的线连续性系数计算图

3.2.3.3 结构面的密度

结构面的密度反映结构面发育的密集程度，常用线密度、间距等指标表示。

（1）结构面的线密度（K_d）。指结构面法线方向单位测线长度上交切结构面的条数（条/m）。

$$K_d = \frac{n}{l} \qquad (3-2)$$

（2）间距（d）。指同一组结构面法线方向上两相邻结构面的平均距离。K_d 与 d 互为倒数关系，即

$$d = \frac{1}{K_d} \qquad (3-3)$$

按以上定义，则要求测线沿结构面法线方向布置，但在实际结构面量测中，由于露头条件的限制，往往达不到这一要求。如果测线是水平布置的，且与结构面法线的夹角为 α，结构面的倾角为 β 时，则 K_d 可用下式计算

$$K_d = \frac{n}{l \sin\alpha \cos\beta} \qquad (3-4)$$

当岩体上有几组不同方向的节理时，裂隙度可按下述原理求得。如图 3-6 所示，有两组节理 K_{a1}、K_{a2} 和 K_{b1}、K_{b2}。沿取样线上 K_{a1}、K_{a2} 和 K_{b1}、K_{b2} 的节理平均间距 m_{ax} 和 m_{bx}，可根据节理平均垂直间距 d_a、d_b 以及节理的垂线与取样线的夹角 ξ_a、ξ_b 按下式求得

$$m_{ax} = \frac{d_a}{\cos\xi_a}, m_{bx} = \frac{d_b}{\cos\xi_b} \qquad (3-5)$$

该取样线上的线密度（K_d）为各组节理的线密度（K_{da}、K_{db}）之和，即

$$K_d = K_{da} + K_{db} \qquad (3-6)$$

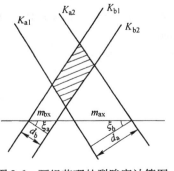

图 3-6　两组节理的裂隙度计算图

式中　　$K_{da} = \dfrac{n_a}{l} = \dfrac{1}{m_{ax}}, K_{db} = \dfrac{n_b}{l} = \dfrac{1}{m_{bx}}$

整理得到　　$$K_d = \frac{1}{m_{ax}} + \frac{1}{m_{bx}} \qquad (3-7)$$

3.2.3.4 结构面的张开度

结构面的张开度是指结构面两壁面间的垂直距离。结构面的张开度愈大，岩体将愈松散，地下水的渗透性愈好。

3.2.4 软弱结构面

以上讨论的主要是Ⅳ级及部分Ⅲ级结构面（硬性结构面）的特征及其力学影响。这里再简要地讨论一下软弱结构面的特征及其力学影响。

软弱结构面就其物质组成及微观结构而言，主要包括原生软弱夹层、构造及挤压破碎带、泥化夹层及其他夹泥层等。它们实际上是岩体中具有一定厚度的软弱带（层），与两盘岩体相比具有高压缩和低强度等特征，在产状上多属缓倾角结构面。因此，软弱结构面在工程岩体稳定性中具有很重要的意义，往往控制着岩体的变形破坏机理及稳定性，如我国葛洲坝电站坝基及小浪底水库坝肩岩体中都存在着泥化夹层问题，极大地影响着水库大坝的安全，需特殊处理。其中最常见、危害较大的是泥化夹层，故作重点讨论。

泥化夹层是含泥质的软弱夹层经一系列地质作用演化而成的。它多分布在上下相对坚硬而中间相对软弱刚柔相间的岩层组合条件下。在构造运动作用下产生层间错动、岩层破碎、结构改组，并为地下水渗流提供了良好的通道。水的作用使破碎岩石中的颗粒分散、含水量增大，进而使岩石处于塑性状态（泥化），强度大为降低，水还使夹层中的可溶盐类溶解，引起离子交换，改变了泥化夹层的物理化学性质。

泥化夹层具有以下特性：（1）由原岩的超固结胶结式结构变成了泥质散状结构或泥质定向结构；（2）黏粒含量很高；（3）含水量接近或超过塑限，密度比原岩小；（4）常具有一定的胀缩性；（5）力学性质比原岩差，强度低，压缩性高；（6）由于其结构疏松，抗冲刷能力差，因而在渗透水流的作用下，易产生渗透变形。以上这些特性对工程建设，特别是对水工建筑物的危害很大。

对泥化夹层的研究，应着重于研究其成因类型、存在形态、分布，所夹物质的成分和物理力学性质以及这些性质在条件改变时的变化趋势等。

3.3 结构面的剪切强度特性

结构面的受力特点与完整岩石不同，通常只讨论其抵抗剪切的能力。结构面的剪切强度与其形态特征有着密切的联系。通常表征结构面剪切强度指标是沿结构面的抗剪强度和摩擦强度。

3.3.1 结构面的抗剪强度

结构面抗剪强度指标可在现场或实验室内测定。将试件按图3-7设置，在垂直结构面方向施加恒定载荷，沿结构面方向施加水平推力。当试件在水平推力作用下，沿结构面破坏滑移突然加速，无法继续增加水平推力，或水平推力反而下降时，便可认为试件沿结构面剪坏。破坏瞬时施加的最大水平推力 T 除以剪断面积 A，便得结构面抗剪强度 τ。

根据不同的垂直载荷 P 所测得的一组抗剪强度值，可作出结构面强度曲线（图 3-7c 曲线 Ⅰ），其表达式为

$$\tau = C + \sigma \tan\phi \tag{3-8}$$

式中 τ——结构面抗剪强度；

C——结构面内聚力；

ϕ——结构面内摩擦角；

σ——作用在结构面上的正应力。

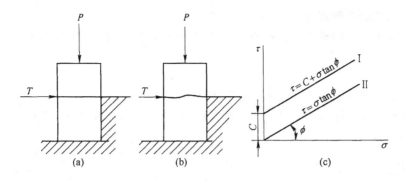

图 3-7 结构面强度曲线

（a）抗剪强度试验；（b）抗摩擦强度试验；（c）强度曲线

3.3.2 结构面的抗摩擦强度

结构面抗摩擦强度，实质上是结构面内聚力为零时的结构面抗剪切强度。其测定方法为在实验室利用已做完抗剪强度的试件，再重复做一次抗剪切验。以 τ_0 表示摩擦强度。理论上摩擦强度曲线为一通过原点的斜直线，如图 3-7c 曲线 II 所示，其表达式为：

$$\tau_0 = \sigma\tan\phi \tag{3-9}$$

3.3.2.1 规则结构面的抗摩擦强度

实际剪断面并非光滑，而是凹凸不平，甚至是互相嵌合的。因而对粗糙结构面测得的摩擦强度曲线为图 3-8 中 OA 与 AB 两段直线组成。

在进行结构面的强度计算中，有一种做法，即将起伏不平的结构面表面简化为具有相同角度的规则齿形，在此基础上分析结构面的强度特性。

当施加于结构面上的正应力较小时，滑移过程岩体向上膨胀，于是表面凸出部分互相骑越，则抗摩擦强度特征由图 3-8 中 OA 段直线表示，其表达式为

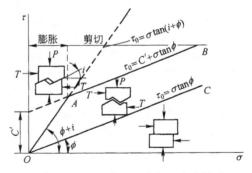

图 3-8 粗糙面剪切强度与正应力关系

$$\tau_0 = \sigma\tan(\phi + i) \tag{3-10}$$

式中 i——粗糙角（或起伏角），其余符号同前。

式（3-10）可按照规则的锯齿状表面情况求得。设施加于结构面上的垂直压力为 P，水平推力为 T，则作用于结构面上的正应力 $\sigma = \dfrac{P}{A}$，剪应力 $\tau = \dfrac{T}{A}$。于是作用于单位齿面上的正应力 σ_i、剪应力 τ_i 为

$$\sigma_i = \sigma\cos i + \tau\sin i$$

$$\tau_i = \tau\cos i - \sigma\sin i$$

当处于极限平衡状态时（$\sigma = \sigma_0, \tau = \tau_0$），则根据 $\tau_i = \sigma_i\tan\phi$ 得

$$\tau_0\cos i - \sigma_0\sin i = (\sigma_0\cos i + \tau_0\sin i)\tan\phi$$

将上式展开移项得

$$\tau_0 = \sigma_0\frac{\sin i + \cos i\tan\phi}{\cos i - \sin i\tan\phi}$$

将上式按三角关系化简则可得式（3-10）。

当正应力大时，剪切滑移使粗糙表面的凸出部分被剪掉，此时摩擦强度曲线由图3-8中 AB 段直线表示，其表达式为

$$\tau_0 = C' + \sigma\tan\phi \tag{3-11}$$

式中　C'——因粗糙表面的凸出部分被剪断而呈现的似内聚力。

如果重复进行沿此结构面的抗摩擦强度试验，则由于齿凸已被剪掉，于是又得到 OC 段直线表示的强度曲线（图3-8）。

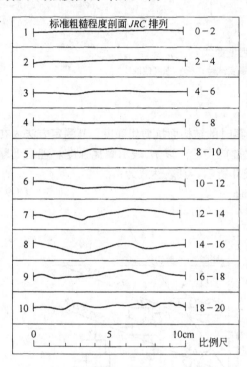

图 3-9　标准粗糙程度剖面的 JRC

3.3.2.2　不规则齿形结构面的摩擦强度

天然的节理面，一般都呈不规则齿状起伏，其起伏状态通常可用节理面表面的起伏度和粗糙度加以描述。1977 年，巴顿（N. Barton）根据大量的试验，在统计分析的基础上提出了经验公式，同时考虑了正应力和不规则结构面表面特征给予剪切强度的影响。可以说是目前应用最为广泛的强度公式。该公式包含三个参数：节理面粗糙度系数（JRC）；节理面壁的抗压强度（JCS）；基本内摩擦角 ϕ_b（相当于平整节理面的摩擦角）。巴顿结构面抗剪强度 τ 的经验公式如下：

$$\tau = \sigma\tan\left[JRC\lg\left(\frac{JSC}{\sigma_n}\right) + \phi_b\right] \tag{3-12}$$

式中　σ_n——作用于节理面上的正应力。

经过大量的统计分析，巴顿将节理粗糙度系数按其粗糙程度划分成 10 级（图3-9），JRC 分别取值为 0～20。而图 3-9 所示的是标准的粗糙程度剖面线，其长度为 10cm。在进行粗糙度评价时，将相同长度的被测结构面的表面形态与这标准剖面线进行比较，选取最接近的 JRC 为其取值。JCS 是结构面的面壁强度，该值的选取通常根据其表面的风化程度而定。

3.4　结构面的力学效应

在工程中往往要求既对完整岩石又要对包含有结构面的岩体进行力学特性的评价。本节主要介绍由于结构面的存在，岩体在力学特性方面表现的强度效应。

3.4.1　单节理的力学效应

设岩体中有一个与最大主平面的外法线成 β 角的节理，如图 3-10 所示。岩体受力后可能产生两种不同的破坏方式：产生完整岩石的破坏和沿结构面发生破坏。假定完整岩石和结构面的强度特性都满足莫尔－库伦直线的强度理论，即可按下式求得二者的抗剪强度：

$$\tau = C + \sigma\tan\phi \quad （岩石） \tag{3-13}$$

$$\tau = C_j + \sigma\tan\phi_j \quad （结构面） \tag{3-14}$$

式中，C_j 和 ϕ_j 分别为结构面的粘结力和内摩擦角。

岩体发生何种破坏主要取决于结构面的外法线与最大主应力的夹角 β。图 3-10a 表示该试

件的受力状态。作用于试件上的力与结构面强度线的力学关系可用莫尔应力圆来表示，如图3-10b所示。所谓某个面上的强度，通常应该满足两个条件：一是作用在该面上的剪应力应该大于或等于该面的极限剪应力；二是该面与最大主应力的夹角与所讨论的作用面的方位角相同。根据上述的条件来分析带有单一结构面的强度特征。

图3-10a中所示的岩石试件的应力状态可用一个莫尔应力圆表示，如图3-10b中的应力圆。根据应力圆的原理可知，应力圆上的一点，代表了岩石试件相应面上的应力状态。而表示单一结构面的岩体试件的应力圆中，只有一个点代表了作用在结构面上的应力状态，即半径与正应力轴的正向夹角为2β，并与应力圆相交的点所表示的应力状态。因此，如果试件沿结构面发生破坏，此时，作用在结构面上的剪应力应该与在该作用面上正应力作用下的极限剪应力相等。从应力圆的图形上看，应该是结构面的强度线与表示结构面的应力状态的点相交。因此，沿结构面破坏时，绝大多数的情况下极限的应力圆应该与结构面的强度线相割。

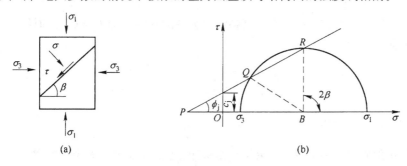

图3-10 节理面上的力学分析

根据结构面的强度线与极限应力圆的几何关系，可推得用σ_1、σ_3表示结构面的强度公式：

$$\sigma_1 = \frac{\sigma_3\cos(\beta - \phi_{\mathrm{j}})\sin\beta + C_{\mathrm{j}}\cos\phi_{\mathrm{j}}}{\cos\beta\sin(\beta - \phi_{\mathrm{j}})} \tag{3-15}$$

同样，可利用几何关系推得公式的另一种表现形式：

$$\sigma_1 - \sigma_3 = \frac{2\sigma_3\tan\phi_{\mathrm{j}} + 2C_{\mathrm{j}}}{(1 - \tan\phi_{\mathrm{j}}\cot\beta)\sin2\beta} \tag{3-16}$$

由式（3-15）可获得有关结构面与最大主应力面的夹角β对最大主应力的影响。根据式（3-15）或式（3-16）可得，可能沿结构面破坏的β角范围为

$$\phi_{\mathrm{j}} < \beta < \frac{\pi}{2} \tag{3-17}$$

在上述的范围内，极限最大主应力将随β角的变化而变化，明显表现出结构面强度各向异性的特征（图3-11）。此外，结构面的强度存在着一个最小值，此时β等于$45° + \phi_{\mathrm{j}}/2$，其强度线与极限应力圆相切。

分析影响岩体强度的主要因素，完整岩石主要为强度参数C，ϕ值；结构面除了β角的影响外，当作用在结构面上的正应力逐渐增大时，结构面的强度也随之增大，如图3-11所示，图中a、b两点的物理意义表示，带有单一结构面的岩体试件既沿结构面发生破坏又发生完整岩石的破坏。根据极限应力圆与结构面的强度线的几何关系，可

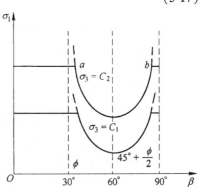

图3-11 σ_1与β的关系曲线

求得 a 与 b 两点所对应的结构面的角度 β_1 和 β_2，即

$$2\beta_1 = \pi + \phi_j - \arcsin\left(\frac{\sigma_m + C_j\cot\phi_j}{\tau_m}\right)\sin\phi_j \tag{3-18}$$

$$2\beta_2 = \phi_j + \arcsin\left(\frac{\sigma_m + C_j\cot\phi_j}{\tau_m}\right)\sin\phi_j \tag{3-19}$$

式中

$$\sigma_m = \frac{\sigma_1 + \sigma_3}{2}, \quad \tau_m = \frac{\sigma_1 - \sigma_3}{2} \tag{3-20}$$

根据 β_1 和 β_2 的物理意义，当结构面的夹角 β 处在 β_1 和 β_2 之间，可以断定为沿结构面发生破坏。

此外，对于结构面而言，往往会出现粘结力为零的现象，即 $C_j = 0$。这时结构面的强度表达式变得十分简单，即

$$\sigma_1 = \frac{\sigma_3\cos(\beta - \phi_j)\sin\beta}{\cos\beta\sin(\beta - \phi_j)} = \frac{\sigma_3\tan\beta}{\tan(\beta - \phi_j)} \tag{3-21}$$

3.4.2　多节理的力学效应

在自然界中的岩体，一般都包含着多个结构面。此时对岩体力学效应的评价，往往采用叠加的原理进行分析。在分析中，通常不计局部块体的滑动所造成应力的变化。图 3-12a 表示两组节理的力学模型。在这种情形下，岩体的破坏判据可按叠加原理进行，图 3-12b 显示了两个结构面的强度经叠加以后的特性。显然，此时的强度应该选择完整岩石、结构面 1、结构面 2 强度中的最小者。

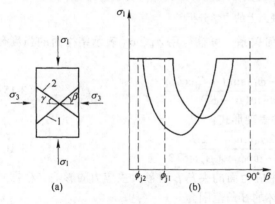

图 3-12　两组节理力学模型

当岩体中存在有两组或多组相交节理面时，破坏面通过实体破坏的可能性几乎没有，因而在岩体受力后，有意义的是确定滑动沿哪一条节理首先开始，它由岩体内部节理组合的几何形状、应力分布、剪切强度以及各向异性等因素所决定。

3.5　岩体的力学特性

3.5.1　岩体的变形特性

岩体由结构面及结构体组成，因此，岩体的变形特征由两者的变形特征控制。结构体的变形有体积变形及形状变形组成，而结构面变形则为压密变形与剪切滑移。通常将岩体视为弹塑性体，但由于岩体是裂隙体，结构特征极为复杂，故应力－应变曲线变化较大。在确定岩体特征时，如采取多次加载、卸载，每次卸载的应力－应变曲线都不能回到原点，即产生一个不可逆的永久变形（图 3-13）。

从图 3-13 看出，岩体受载后到破坏前经历了四个阶段：Ⅰ—结构面压密阶段；Ⅱ—结构体变形阶段，此段曲线为直线；Ⅲ—结构体变形伴有结构面剪切滑移变形阶段；Ⅳ—破坏阶段。

由于岩体结构面参与变形致使永久变形明显，因而采用变形模量 E_D 表征岩体变形特征。变形模量 E_D 按下式确定

$$E_D = \frac{\sigma_0}{\varepsilon_e + \varepsilon_y} \tag{3-22}$$

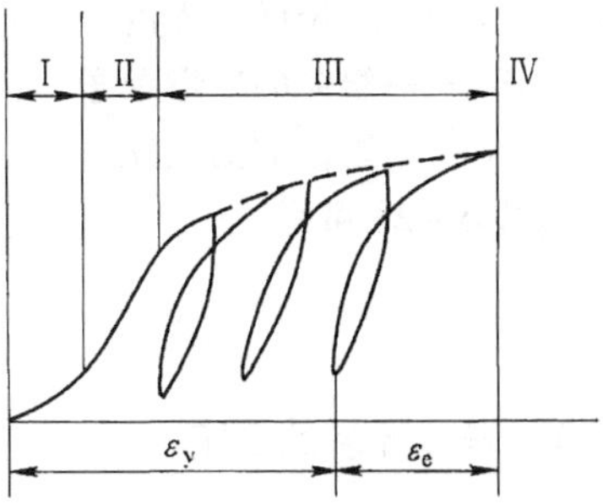

图 3-13　岩体应力－应变曲线

式中　σ_0——应力；

ε_e——弹性变形应变；弹性模量 $E = \dfrac{\sigma_0}{\varepsilon_e}$；

ε_y——永久变形（残余变形）应变。

不同结构板岩岩体试验所获得应力－应变曲线示于图 3-14。从图中看出：

（1）整体结构岩体。弹性阶段明显，塑性变形阶段不明显，应力达到峰值后迅速下降，试件沿隐微裂隙和少数非贯通的不连续面破裂，属脆性破坏；

（2）块状结构岩体。有几组贯通结构面，加载初期有压密阶段，峰值不明显，弹性阶段短，塑性阶段长；最终表现为主破裂面迁就贯通结构面呈滑移破坏，属塑性破坏类型。

（3）碎裂结构岩体。弹性变形短，峰值不明显，塑性变形阶段长，主要为沿其中软弱结构面滑移破坏，用塑性破坏。

从所得结果看出，结构不同，则岩体强度变形特征、破坏特点都是不同的。

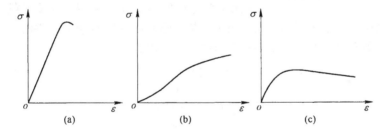

图 3-14　不同结构岩体应力－应变曲线
（a）整体结构；（b）块状结构；（c）碎裂结构

3.5.2　岩体变形模量的测定

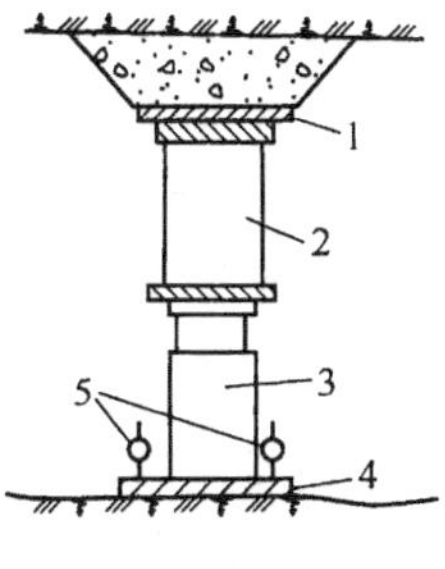

一般应用刚性垫板在现场测定岩体变形模量，所用设施如图 3-15 所示。

垫板面积一般为 2000cm² （圆形垫板的直径为 50.5cm），厚度为 6cm。用油压千斤顶加载，用千分表测定岩体的变形。根据布辛涅斯克公式，刚性圆形承压板下垂直位移与所施载荷关系为

$$W = \frac{P(1 - \mu^2)}{2rE_D} \tag{3-23}$$

图 3-15　刚性垫板法设施
1—钢板；2—传力柱；3—千斤顶；4—承压板；5—测标

式中　r——圆板半径；

P——千斤顶施加的载荷，$P = p\pi r^2$；

    p——单位面积上的平均压力；

    E_D——岩体的变形模量；

    μ——岩体的泊松比。

由式 3 – 23 可得：

$$E_D = \frac{P(1 - \mu^2)}{2rW} \tag{3-24}$$

3.5.3 岩体强度的测定

    一般通过现场岩体力学试验测定岩体的抗压强度、抗剪强度；也可根据岩块的力学性质来推断岩体强度，称为"准岩体强度"。

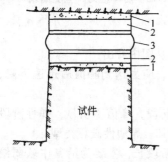

图 3-16 岩体抗压强度测定

1—水泥砂浆；2—垫层；3—压力枕

3.5.3.1 岩体单向抗压强度测定

    在岩体工程现场，用手工方法从岩体中切割出一个平面尺寸为（0.5～1.5）m×（0.5～1.5）m，仅与巷道底板连接的整体岩柱（图3-16）。岩柱高度不应小于平面尺寸。岩柱（试件）顶与巷道顶板之间设置垫层 2 和压力枕 3。为使载荷均匀分布在试件上，在试件端面和与其对应的顶板表面敷抹一层水泥砂浆 1。根据试件破坏时压力枕施加的最大载荷及试件受载面积，可计算出岩体的单向抗压强度。

3.5.3.2 岩体的抗剪强度测定

    在现场做岩体抗剪强度的试验方法如图 3-17 所示。试件底面积为（0.5～4）m²。采用千斤顶加载。试验时先由垂直千斤顶施加压力 P_1，并固定在某一值上，然后施加倾斜力 P_2 直到试件沿 *AB* 面剪坏为止。

    设试件的抗剪面积为 F_{AB}，则试件剪断时作用在 *AB* 面上的应力为

$$\tau = \frac{P_2 \cos 15°}{F_{AB}} \tag{3-25}$$

$$\sigma = \frac{P_1 + P_2 \sin 15°}{F_{AB}} \tag{3-26}$$

式中 τ——岩体抗剪强度，MPa；

    σ——剪切面上的垂直应力，MPa。

    通过一组相同岩性试件的现场试验，可求得岩体沿 *AB* 面的强度曲线（图3-18）并可用下式表达。

$$\tau = C + \sigma \tan\phi \tag{3-27}$$

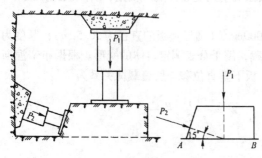

图 3-17 现场抗剪试验

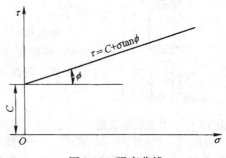

图 3-18 强度曲线

如果 AB 为一天然结构面，则可得出结构面的强度曲线。

3.5.4 准岩体强度

现场大型的岩体力学性质试验虽然能反映岩体的变形与强度特征，但由于成本昂贵，费时费力，通常只在重要工程使用。而在普通的岩体工程中期望有一种简便的表示岩体强度的方法。

由于岩石块体是构成岩体的基本单元体，因此岩体的强度与岩石强度之间存在一定函数关系，如果测出岩石强度乘以一定系数，则间接反映岩体强度，称此为"准岩体强度"。

系数 K 反映岩石与岩体之间的差异，可以通过试验或统计的方法确定。最常用的方法是弹性波法。因弹性波通过岩体时，遇到裂隙将发生折射、绕射或被吸收，因而弹性波传播速度降低，穿过裂隙愈多，弹性波速度降低愈大。据此，用弹性波在岩石试件和岩体中传播速度之比表示裂隙发育程度，称此比值为龟裂系数，即

$$K = \left(\frac{V}{v}\right)^2 \leqslant 1 \tag{3-28}$$

于是"准岩体强度"可按下式求得：

$$S_M = \left(\frac{V}{v}\right)^2 S_c \tag{3-29}$$

式中　S_M——准岩体抗压强度；

S_c——岩石试件的单向抗压强度；

V——弹性波在岩体中传播速度；

v——弹性波在岩石试件中传播速度。

岩体的裂隙发育程度还可用下列其他方法表征：

（1）裂隙平均间距——通过工程地质调查统计求得；

（2）岩体质量指标 RQD。

上述几种指标各有其适用场合，如岩体质量指标可在设计中使用，因此时尚无法获得工程地质的实际资料。其他指标对指导施工有较大作用。

3.5.5 岩体的强度特征

根据岩体强度的实测资料，可以将岩体的强度特征归纳为以下几点：

（1）随岩体尺寸的增大强度降低。

（2）随着侧向应力的增大，节理面对岩体强度的影响减弱。即在低围压下岩体强度明显地表现出结构效应，而在高围压下，结构面影响不甚明显，其力学特征近似完整岩石。在这种情况下，块状结构或层状结构将表现出整体结构的力学性质，即岩体力学介质发生了转化。因此，对于岩体而言，应力比 n 要比单个应力的数值更为重要。由于 $n = \dfrac{\sigma_1}{\sigma_3}$，所以 n 愈大，愈接近于单向应力状态；n 愈小，愈接近于三向应力状态。在后一种情况下，n 愈小，岩体受结构面的影响也愈小。

（3）应力与岩层节理方向之间的夹角对岩体强度有明显影响。当载荷作用在某一个方向上时，岩体可以完全不受结构的影响，强度换算系数为100%，而稍移转 $20° \sim 30°$，强度就可迅速降低。这一强度特征在确定巷道（隧道）布置方位时必须考虑。工程中，有时设法使易冒顶的巷道、采场或地下空间的轴线稍偏转若干度，就可使维护工作量大为减少。

（4）水能瞬时或逐渐改变岩石的力学性质，同样水也是削弱岩体强度的重要因素。水对岩体稳定性的影响主要表现在：

1）地下水对软弱夹层作用。地下水遇到软弱夹层时，会使软弱夹层或结构面上的泥质物质发生软化和泥化，导致岩体强度降低。

2）裂隙水静水压力作用。当岩体中的裂隙或空隙中充满地下水，如不发生流动时，水对岩体产生静水压力。由于静水压力的作用方向与主应力方向相反，从而使岩体抗剪强度降低。

3）裂隙水动水压力。由于结构面互相贯通，地下水沿其流动，冲刷充填于其中的物质，或使其泥化产生润滑作用，降低内摩擦角，易于发生岩移或滑坡。

3.6　工程岩体分类

3.6.1　工程岩体分类的目的与原则

3.6.1.1　工程岩体分类的目的

工程岩体分类是根据地质勘探和少量的岩体力学试验的结果，确定一个区分岩体质量好坏的规律，据此将工程岩体分成若干个等级，对工程岩体的质量进行评价，确定其对工程岩体稳定性的影响程度，为工程设计、施工提供必要的参数。

工程岩体分类的目的，是从工程的实际需求出发，对工程建筑物基础或围岩的岩体进行分类，并根据其好坏，进行相应的试验，赋予它必不可少的计算指标参数，以便于合理地设计和采取相应的工程措施，达到经济、合理、安全的目的。

3.6.1.2　工程岩体分类的原则

进行工程岩体分类，一般应考虑以下几个方面：

（1）工程岩体的分类应该与所涉及的工程性质，即与使用对象密切地联系在一起。需考虑分类是适用于某一类工程、某种工业部门的通用分类，还是一些大型工程的专门分类。

（2）分类应该尽可能采用定量的参数，以便于在应用中减少人为因素的影响，并能用于技术计算和制定定额上。

（3）分类的级数应合适，不宜太多或太少，一般分为4~6级。

（4）工程岩体分类方法与步骤应简单明了，分类的参数在工程现场容易获取，参数所赋予的数字便于记忆，便于应用。

（5）由于目的、对象不同，考虑的因素也不同。各个因素应有明确的物理意义，并且还应该是独立的影响因素。一般来说，为各种工程服务的工程岩体分类须考虑的因素为：岩体的性质，尤其是结构面和岩块的工程质量；风化程度；水的影响；岩体的各种物理力学参数；地应力以及工程规模和施工条件等。

3.6.1.3　岩体工程分类的参考因素

岩体工程分类所考虑的因素主要包括：岩石的强度；岩体的完整性；不连续面的特征；岩体及不连续面的风化蚀变程度；地下水的情况；允许的暴露面面积及不支护自稳时间、建议的支护类型等。但不是每一种分类都按这些因素评价岩体。

（1）岩石的强度。不连续面对岩体工程的稳定性起着控制作用，但作为岩体结构单元的一部分的结构体（岩石）起着骨架作用，岩体的力学效应是不连续面和结构体的综合效应。因此岩石的强度是岩体工程分类要考虑的一个重要因素。国家标准《岩土工程勘察规范》（GB 50021—94）中提出用新鲜岩石的饱和单轴抗压强度进行岩石强度分类（表3-4），可供岩体工程分类参考。

表3-4 岩 石 强 度 分 类

类别	亚类	饱和单轴抗压强度/MPa	代 表 性 岩 石
硬质岩石	极硬岩石	>60	花岗岩、花岗片麻岩、闪长岩、玄武岩、石灰岩、石英岩、大理岩、硅质砾岩等
	次硬岩石	30~60	
软质岩石	次软岩石	5~30	黏土岩、页岩、千枚岩、绿泥石片岩、云母片岩等
	极软岩石	<5	

（2）岩体的完整性。岩体完整性取决于不连续面的组数和密度。可用结构面密度、间距、岩心采取率、岩石质量指标 RQD 以及完整性系数作为定量指标进行描述。前三种定量指标已如前述。岩体完整性系数是岩体中纵波速度和同种岩体的完整岩石中纵波速度之平方的比值，即

$$K_v = \frac{V_P^2}{v_P^2} \tag{3-30}$$

式中 K_v ——岩体的完整性系数，又叫龟裂系数，K_v 值越高，岩体完整性越好；

V_P ——岩体中的纵波速度，m/s；

v_P ——完整岩石中的纵波速度，m/s。

（3）不连续面条件。不连续面条件包括不连续面产状、粗糙度和充填情况等。不连续面的产状相对于岩体工程的挖掘方向不同，将导致岩体工程稳定性的差异。不连续面的粗糙度和充填情况决定了不连续面的抗剪强度，宾尼奥夫斯基在 1989 年对其分类进行修正的表中，还进一步提高了不连续面条件的权重。因此，不连续面条件在岩体工程分类中占有相当重要的地位。

（4）岩体及不连续面的风化程度。岩体风化程度越高，岩体越破碎，其力学特性越差。不连续面风化程度越高，其抗剪强度越低。因此，岩体及不连续面的风化蚀变程度在岩体工程分类中也占有较大的权重。

（5）地下水情况。由于地下水的作用，可以使岩体发生软化，进一步风化，有的岩体还会发生膨胀，甚至崩解；同时地下水的静水压力使不连续面上的正应力减小，使不连续面的抗剪强度降低；地下水在岩体中流动所产生的动水力可能冲走不连续面内的充填物质。因此，在有地下水的情况下，地下水的作用是不可忽略的因素。

（6）允许的暴露面面积及不支护自稳时间、建议的支护类型等。这方面因素的评价建立在大量工程经验的基础上，为工程设计施工的方便而提出来的，特别受到工程技术人员的青睐。

3.6.2 工程岩体代表性分类简介

3.6.2.1 简易分类

在现场凭经验和观察就可以确定的，大致可以分为三类，如表3-5所示。

表3-5 工程岩体简易分类表

类 型	特 征 描 述
1. 很弱的岩体	手搓即碎；$E = 0 \sim 0.12 \times 10^4 \text{MPa}$
2. 固结较好、中硬的岩体	敲击掉块，直径约为 2.5~7.5cm；$E = 0 \sim 0.12 \times 10^4 \text{MPa}$
3. 坚硬的或极硬的岩体	敲击掉块，直径大于 7.5cm

3.6.2.2 蒂尔的岩石质量指标（RQD）分类

所谓岩石质量指标 RQD（Rock Quality Designation）是指钻探时岩芯的复原率，或成岩芯

采取率,是由蒂尔(Deere)等人于 1964 年提出的,认为钻孔获得的岩芯,其完整程度与岩体的原始裂隙、硬度、均质性等状态有关。RQD 是指单位长度的钻孔中 10cm 以上的岩芯占有的比例,即

$$RQD = \frac{L_P(\text{大于 10cm 的岩芯断块累计长度})}{L_t(\text{岩芯进尺总长度})} \times 100\% \tag{3-31}$$

根据 RQD 值的大小,岩体分为五类,如表 3-6 所示。这种分类方法简单易行,在一些国家得到广泛采用,但更多的是结合其他分类方法应用。

表 3-6　工程岩体简易分类表

RQD	<25	25~50	50~75	75~90	>90
岩石质量描述	很 差	差	一 般	好	很 好
等 级	Ⅰ	Ⅱ	Ⅲ	Ⅳ	Ⅴ

3.6.2.3　岩体地质力学分类(CSIR 分类)

所谓岩体地质力学分类,就是用岩体的“综合特征值”对岩体划分质量等级,是由南非科学和工业研究委员会(Council for Scientific and Industrial Research)提出的。CSIR 分类指标值 RMR(Rock Mass Rating)由岩块强度、RQD 值、节理间距、节理条件及地下水 5 种指标组成。

分类时,根据各类指标的实际情况,先按表 3-7 所列的标准评分,得到总分 RMR 的初值。然后根据节理、裂隙的产状变化按表 3-8 和表 3-9 对 RMR 的初值加以修正,修正的目的在于进一步强调节理、裂隙对岩体稳定产生的不利影响。最后用修正的总分对照表 3-10 即可求得所研究岩体的类别及相应的无支护地下工程的自稳时间和岩体强度指标值。

表 3-7　岩体地质力学分类参数及其 RMR 评分值

	分类参数		数 值 范 围					
1	完整岩石强度	点荷载强度指标	>10	4~10	2~4	1~2	对强度较低的岩石宜用单轴抗压强度	
		单轴抗压强度	>250	100~250	50~100	25~50	5~25	1~5	<1
	评分值		15	12	7	4	2	1	0
2	岩芯质量指标 RQD/%		90~100	75~90	50~75	25~50	<25	
	评分值		20	17	13	8	3	
3	节理间距/cm		>200	60~200	20~60	6~20	<6	
	评分值		20	15	10	8	5	
4	节理条件		节理面很粗糙,节理不连续,节理面岩石坚硬	节理面稍粗糙,宽度<1mm,节理面岩石坚硬	节理面稍粗糙,宽度<1mm,节理面岩石软弱	节理面光滑或含厚度<5mm 的软弱夹层,张开度 1~5mm,节理连续	含厚度>5mm 的软弱夹层,张开度>5mm,节理连续	
	评分值		30	25	20	10	0	

分类参数		数 值 范 围				
5 地下水条件	每10cm长的隧道涌水量 /L·min⁻¹	0	<10	10~25	25~125	>125
	节理水压力 最大主应力	0	<0.1	0.1~0.2	0.2~0.5	>0.5
	总条件	完全干燥	潮湿	只有湿气 (有裂隙水)	中等水压	水的问题很严重
	评分值	15	10	7	4	0

表3-8 按节理方向 RMR 修正值

节理走向或倾向		非常有利	有利	一般	不利	非常不利
评分值	隧道	0	-2	-5	-10	-12
	地基	0	-2	-7	-15	-25
	边坡	0	-5	-25	-50	-60

表3-9 按节理方向 RMR 修正值

走向与隧道轴垂直				走向与隧道轴平行		与走向无关
沿倾向掘进		反倾向掘进		倾角 20°~45°	倾角 45°~90°	倾角 0°~20°
倾角 45°~90°	倾角 20°~45°	倾角 45°~90°	倾角 20°~45°			
非常有利	有利	一般	不利	一般	非常不利	不利

表3-10 按总 RMR 评分值确定的岩体级别及岩体质量评价

评分值	100~81	80~61	60~41	40~21	<20
分级	I	II	III	IV	V
质量描述	非常好的岩体	好岩体	一般岩体	较差岩体	非常差岩体
平均稳定时间	15m跨度20年	10m跨度1年	5m跨度1周	2.5m跨度10h	1m跨度30min
岩体黏聚力/kPa	>400	300~400	200~300	100~200	<100
岩体内摩擦角/(°)	>45	35~45	25~35	15~35	<15

CSIR 分类原为解决坚硬节理岩体中浅埋隧道工程而发展起来的。从现场应用看，使用较简便，大多数场合岩体评分值（RMR）都有用，但在处理那些造成挤压、膨胀和涌水的极其软弱的岩体问题时，此分类法难于使用。

3.6.2.4 巴顿岩体质量分类（Q 分类）

巴顿岩体质量分类由挪威地质学家巴顿（Barton，1974）等人提出，其分类指标 Q 为

$$Q = \frac{RQD}{J_n} \frac{J_r}{J_a} \frac{J_W}{SRF} \tag{3-32}$$

式中　RQD——Deere 的岩石质量指标；

　　　J_n——节理组数；

J_r——节理粗糙度系数；

J_a——节理蚀变影响系数；

J_w——节理水折减系数；

SRF——应力折减系数。

式中，6 个参数的组合反映了岩体质量的三个方面，即 $\dfrac{RQD}{J_n}$ 表示岩体的完整性，$\dfrac{J_r}{J_a}$ 表示结构面的形态、充填物特征及其次生变化程度，$\dfrac{J_w}{SRF}$ 表示水与其他应力存在时对质量影响。

根据 Bieniawski（1976）的建议，Q 与 RMR 分类指标的关系为

$$RMR = 9.0\ln Q + 44 \tag{3-33}$$

分类时，根据各参数的实际情况，查表确定式中 6 个参数值（可详见相关文献），然后代入上式即可得到 Q 值，按 Q 值将岩体分为 9 类（表 3-11）。

表 3-11　岩体质量 Q 值分类表

Q 值	<0.01	0.01~0.1	0.1~1.0	1.0~4.0	4~10	10~40	40~100	100~400	>400
岩体类型	特别坏 异常差	极坏 极差	坏 很差	不良 差	中等 一般	好 好	良好 良好	极好 极好	特别好 异常好

3.6.2.5　岩体 BQ 分类

按照国家《工程岩体分级标准》（GB 50218—94）的方法，工程岩体分级分两步进行。首先从定性判别与定量测试两个方面分别确定岩石的坚硬程度和岩体的完整性，并计算出岩体基本质量指标 BQ，然后结合工程特点，考虑地下水、初始应力场以及软弱结构面走向与工程轴线的关系等因素，对岩体基本质量指标 BQ 加以修正，以修正后的岩体基本质量 BQ 作为划分工程岩体级别的依据。

A　岩体基本质量指标 BQ

《工程岩体分级标准》是在总结分析现有岩体分级方法及大量工程实践的基础上，根据对影响工程稳定性诸多因素的分析，并认为岩石的坚硬程度和岩体完整程度所决定的岩体基本质量，是岩体所固有的属性，是有别于工程因素的共性。岩体基本质量好，则稳定性也好；反之，稳定性差。

岩体基本质量指标 BQ 用下式表示

$$BQ = 90 + 3R_{cw} + 250K_v \tag{3-34}$$

式中　R_{cw}——岩块饱和单轴抗压强度，MPa；

K_v——岩体的完整性系数。

当 $R_{cw} > 90K_v + 30$ 时，以 $R_{cw} = 90K_v + 30$ 代入式（3-34）计算 BQ 值；当 $K_v > 0.04 R_{cw} + 0.4$ 时，以 $K_v = 0.04 R_{cw} + 0.4$ 代入上式计算 BQ 值。

当无声测资料时，也可由岩体单位体积内结构面条数 J_v 查表 3-12 求得。

表 3-12　J_v 与 K_v 对照表

J_v/条·m^{-3}	<3	3~10	10~20	20~35	>35
K_v	>0.75	0.75~0.55	0.55~0.35	0.35~0.15	<0.15

岩体的基本质量指标主要考虑了组成岩体岩石的坚硬程度和岩体完整性。按 BQ 值和岩体质量定性特征将岩体划分为 5 级，如表 3-13 所示。

表 3-13 岩体质量分级

基本质量级别	岩体质量的定性特征	岩体基本质量指标（BQ）
Ⅰ	坚硬岩，岩体完整	>550
Ⅱ	坚硬岩，岩体较完整； 较坚硬岩，岩体完整	550～451
Ⅲ	坚硬岩，岩体较破碎； 较坚硬岩或较硬岩互层，岩体较完整； 较软岩，岩体完整	450～351
Ⅳ	坚硬岩，岩体破碎； 较坚硬岩，岩体较破碎或破碎； 较软岩或较硬岩互层，且以软岩为主，岩体较完整或破碎； 软岩，岩体完整或较完整	350～251
Ⅴ	较软岩，岩体破碎； 软岩，岩体较破碎或破碎； 全部极软岩及全部极破碎岩	<250

注：表中岩石坚硬程度按表 3-14 划分；岩体完整程度按表 3-15 划分。

表 3-14 岩石坚硬程度划分表

岩石饱和单轴抗压强度 R_{cw}/MPa	>60	60～30	30～15	15～5	<5
坚硬程度	坚硬岩	较坚硬岩	较软岩	软 岩	极软岩

表 3-15 岩体完整程度划分表

岩体完整性系数 K_v	>0.75	0.75～0.55	0.55～0.35	0.35～0.15	<0.15
完整程度	完 整	较完整	较破碎	破 碎	破 碎

B BQ 的工程修正

工程岩体的稳定性，除与岩体基本质量的好坏有关外，还受地下水、主要软弱结构面、天然应力的影响。应结合工程特点，考虑各影响因素来修正岩体基本质量指标，作为不同工程岩体分级的定量依据，主要软弱结构面产状影响修正系数 K_1 按表 3-16 确定，地下水影响修正系数 K_2 按表 3-17 确定，天然应力影响修正系数 K_3 按表 3-18 确定。

对地下工程修正值 BQ 按下式计算：

$$[BQ] = BQ - 100(K_1 + K_2 + K_3) \tag{3-35}$$

根据修正值 $[BQ]$ 的工程岩体分级仍按表 3-13 进行。各级岩体的物理力学参数和围岩自稳能力可按表 3-19 确定。

表 3-16 主要软弱结构面产状影响修正系数（K_1）表

结构面产状及其与 洞轴线的组合关系	结构面走向与洞轴线夹角 $\alpha \leq 30°$，倾角 $\beta = 30° \sim 75°$	结构面走向与洞轴线夹角 $\alpha > 30°$，倾角 $\beta > 75°$	其他组合
K_1	0.4～0.6	0～0.2	0.2～0.4

表 3-17　地下水影响修正系数（K_2）表

地下水状态　　　　　BQ	>450	450~350	350~250	<250
潮湿或点滴状出水	0	0.1	0.2~0.3	0.4~0.6
淋雨状或涌流状出水，水压≤0.1MPa 或单位水量 10L/min	0.1	0.2~0.3	0.4~0.6	0.7~0.9
淋雨状或涌流状出水，水压>0.1MPa 或单位水量 10L/min	0.2	0.4~0.6	0.7~0.9	1.0

表 3-18　天然应力影响修正系数（K_3）表

天然应力状态　　　　BQ	>550	550~450	450~350	350~250	<250
极高应力区	1.0	1.0	1.0~1.5	1.0~1.5	1.0
高应力区	0.5	0.5	0.5	0.5~1.0	0.5~1.0

表 3-19　各级岩体物理力学参数和围岩自稳能力表

级别	密度 ρ /g·cm^{-3}	抗剪强度 ϕ/(°)	抗剪强度 C/MPa	变形模量 E/GPa	泊松比 μ	围岩自稳能力
I	>2.65	>60	>2.1	>33	0.2	跨度≤20m，可长期稳定，偶有掉块，无塌方
II	>2.65	60~50	2.1~1.5	33~20	0.2~2.5	跨度10~20m，可基本稳定，局部可掉块或小塌方；跨度<10m，可长期稳定，偶有掉块
III	2.65~2.45	50~39	1.5~0.7	20~6	0.25~0.3	跨度10~20m，可稳定数日至1个月，可发生小至中塌方；跨度5~10m可稳定数月。可发生局部块体移动及小至中塌方；跨度<5m，可基本稳定
IV	2.45~2.25	39~27	0.7~0.2	6~1.3	0.3~0.35	跨度>5m，一般无自稳能力，数日至数月内可发生松动、小塌方，进而发展为中至大塌方，埋深小时，以拱部松动为主，埋深大时，有明显塑性流动和挤压破坏；跨度≤5m，可稳定数日至1个月
V	<2.25	<27	<0.2	<1.3	<0.35	无自稳能力

　　另外，我国铁道部1972年制定铁道围岩分类表（略），原冶金部1979年制定喷锚支护岩体统一分类表，见表3-20。

表 3-20　冶金部喷锚支护岩体统一分类表

稳定性	岩石结构类型	岩石强度 /MPa	裂隙密度 /条·m^{-1}	允许暴露面积 /m^2	巷道支护类型	备　注
极稳定	整块状	$\sigma_c>100$ $f>1$	0<1，一般不超过2~3组，无危险结构体存在	>400~600	可不支护	
稳定	块状	$\sigma_c=80~100$ $f=8~10$	1~2，结构面一般为2~3组，有少量危险结构体存在	200~400	可不支护或局部进行支护（木材混凝土预制棚等）	

稳定性	岩石结构类型	岩石强度 /MPa	裂隙密度 /条·m⁻¹	允许暴露面积 /m²	巷道支护类型	备 注
中等稳定	块状碎裂结构	$\sigma_c = 60 \sim 80$ $f = 6 \sim 8$	2~4，结构面一般在3组以上，有许多危险结构体存在	50~200	混凝土，锚杆，喷混凝土等支护	易受地下水影响发生片帮，冒顶
不够稳定	碎裂结构层状	$\sigma_c = 30 \sim 60$ $f = 3 \sim 6$	2~10，层理，片理，节理发育，呈交织状	<50	钢筋混凝土，喷锚等支护	有软弱夹层，受地下水影响易发生软化，泥化，稳定性差
不稳定	松散	$\sigma_c < 5$	>10或呈松散颗粒状碎屑状	不允许	钢筋混凝土，金属网喷锚支护	地下水影响易发生大规模坍塌

注：f 为岩石坚固性系数：$f = \sigma_c / 10$（σ_c 的单位为 MPa）。

3.6.3 岩体工程分类的发展趋势

为了既全面地考虑各种影响因素，又能使分类形式简单、使用方便，岩体工程分类将向以下方向发展。

（1）逐步向定性和定量相结合的方向发展。对反映岩体性状固有地质特征的定性描述，是正确认识岩体的先导，也是岩体分类的基础和依据。然而，如果只有定性描述而无定量评价是不够的，因为这将使岩体类别的判定缺乏明确的标准，应用时随意性大，失去分类意义。因此，应采用定性与定量相结合的方法。

（2）采用多因素综合指标的岩体分类。为了比较全面地反映影响工程岩体稳定性的各种因素，倾向于用多因素综合指标进行岩体分类。在分类中，主要考虑的是岩体结构、结构面特征、岩块强度、岩石类型、地下水、风化程度、天然应力状态等。在进行岩体分类时，都力图充分考虑各种因素的影响和相互关系，根据影响岩体性质的主要因素和指标进行综合分类评价。近年来，许多分类都很重视岩体的不连续性，把岩体的结构和岩石质量因素作为影响岩体质量的主要因素和指标。

（3）岩体工程分类与地质勘探结合起来。利用钻孔岩芯和钻孔等进行简易岩体力学测试（如波速测试，回弹仪及点荷载试验等）研究岩体特性，初步判别岩类，减少费用昂贵的大型试验，使岩体分类简单易行，这也是国内外岩体分类的一个发展趋势。

（4）新理论、新方法在岩体分类中的应用。电子计算机等先进手段的出现，使一些新理论、新方法（如专家系统、模糊评价等）也相继应用于岩体分类中，出现了一些新的分类方法。可以预见这也是岩体工程分类的一个新的发展趋势。

（5）强调岩体工程分类结果与岩体力学的参数估算的定量关系的建立，重视分类结果与工程岩体处理方法、施工方法相结合。

思考题及习题

3-1 简述岩石与岩体联系和区别。

3-2　什么叫岩体结构，岩体结构类型的划分有什么实际意义？

3-3　根据岩体中结构面和结构体的成因、特征及其排列组合关系，岩体结构划分哪几种类型？

3-4　什么叫结构面，结构面按成因分为哪几类，各有何特征？

3-5　什么是结构面的连续性，什么是结构面的密度？

3-6　试述结构面强度的特点。

3-7　如何测定结构面的强度参数，结构面的 C_j、ϕ_j 值与岩石试块的 C、ϕ 的力学含义是否相同？

3-8　如何测定岩体的力学性质，如何估算岩体的准岩体强度？

3-9　为什么多节理岩体其力学性质反而近似各向同性体？

3-10　试述岩体的强度特点。

3-11　工程岩体分类的目的是什么？

3-12　岩体工程分类与岩体结构分类有什么不同，这种分类主要考虑了哪些因素？

3-13　有一层状岩体，已测知结构面参数为 $C_j = 2\text{MPa}$，$\phi_j = 30°$；结构面与最大主应力所在平面的夹角为 70°。试问当岩体的最大及最小主应力分别为 15MPa 及 6MPa 时，岩体是否会沿结构面破坏？

3-14　做岩体试件等围压三轴试验，节理与 σ_3 方向的夹角为 30°，已知 $C_j = 2.5\text{MPa}$，$\phi_j = 35°$，$C = 10\text{MPa}$，$\phi = 45°$，$\sigma_3 = 6\text{MPa}$，求岩体的三轴抗压强度、破坏面的位置和方向。

3-15　在一岩层上打钻孔，钻孔深 1.5m，取出各段岩芯的长度（自上而下）为 2.5、5.0、7.5、10.0、15.0、10.0、5.0、12.5、3.5、4.5、8.0、2.0、1.0、5.0、7.0、4.0、15.0、7.5、12.5（单位为 cm）；试计算岩芯质量指标（RQD），并核定该岩体属于哪一类。

4 岩体的原岩应力状态

4.1 概述

未受到任何人类工程活动（如采掘、开挖等）影响而又处于自然平衡状态的岩体称为原岩，原岩中存在的应力称为原岩应力，亦称初始应力或地应力。原岩应力在岩体空间有规律的分布状态称为原岩应力场或初始应力场。原岩应力场呈三维状态有规律地分布于岩体中。

人类在岩体表面或岩体内部进行的活动，扰动了原岩的自然平衡状态，使一定范围的原岩应力状态发生改变，变化后的应力则称为二次应力或次生应力。次生应力直接影响着岩体工程的稳定，为了控制岩体工程的稳定，必须明确次生应力。然而次生应力是在原岩应力基础上产生的，为此，首先要对原岩应力有一定的认识。

4.2 岩体原岩应力场及其影响因素

4.2.1 原岩应力的成因

人们认识原岩应力还只是近百年的事。1878 年瑞士地质学家 A. 海姆（A. Heim）首次提出了原岩应力的概念，并假定原岩应力是一种静水应力状态，即地壳中任意一点的应力在各个方向上均相等，且等于单位面积上覆岩层的重量，即

$$\sigma_h = \sigma_v = \gamma H \tag{4-1}$$

式中　σ_h——水平应力，kPa；

　　　σ_v——垂直应力，kPa；

　　　γ——上覆岩层重度；

　　　H——深度。

1926 年，苏联学者 A. H. 金尼克（A. H. Динник）修正了海姆的静水压力假设，认为地壳中各点的垂直应力等于上覆岩层的重量 $\sigma_v = \gamma H$，而侧向应力（水平应力）是泊松效应的结果，即：$\sigma_h = \dfrac{\mu}{1 - \mu} \gamma H$，式中 μ 为上覆岩层的泊松比。

同期的其他一些人主要关心的也是如何用一些数学公式来定量地计算地应力的大小，并且也都认为原岩应力只与重力有关，即以垂直应力为主，他们的不同点只在于侧压系数的不同。然而，许多地质现象，如断裂、褶皱等均表明地壳中水平应力的存在。早在 20 世纪 20 年代，我国地质学家李四光就指出："在构造应力的作用仅影响地壳上层一定厚度的情况下，水平应力分量的重要性远远超过垂直应力分量"。

1958 年瑞典工程师 N. 哈斯特（N. Hast）首先在斯堪的纳维亚半岛进行了原岩应力测量的工作，发现存在于地壳上部的最大主应力几乎处处是水平或接近水平的，而且最大水平主应力一般为垂直应力的 1～2 倍以上；在某些地表处，测得的最大水平应力高达 7MPa，这就从根本上动摇了原岩应力是静水压力的理论和以垂直应力为主的观点。

产生原岩应力的原因是十分复杂的。30 多年来的实测和理论分析表明，原岩应力的形成

主要与地球的各种动力运动过程有关，其中包括：板块边界受压、地慢热对流、地球内应力、地心引力、地球旋转、岩浆侵入和地壳非均匀扩容等。另外，温度不均、水压梯度、地表剥蚀或其他物理化学变化等也可引起相应的应力场。其中，构造应力场和自重应力场为现今地应力场的主要组成部分。

（1）大陆板块边界受压引起的应力场。中国大陆板块受到外部两块板块的推挤，即印度洋板块和太平洋板块的推挤，推挤速度为每年数厘米，同时受到了西伯利亚板块和菲律宾板块的约束。在这样的边界条件下，板块发生变形，产生水平受压应力场。其主应力迹线如图4-1所示。印度洋板块和太平洋板块的移动促成了中国山脉的形成，控制了我国地震的分布。

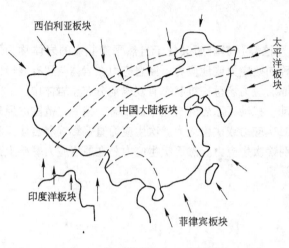

图4-1　中国板块主应力迹线图

（2）地幔热对流引起的应力场。由硅镁质组成的地幔温度很高，具有可塑性，并可以上下对流和蠕动。当地幔深处的上升流到达地幔顶部时，就分为两股方向相反的平流，经一定流程直到与另一对流圈的反向平流相遇，一起转为下降流，回到地球深处，形成一个封闭的循环体系。地幔热对流引起地壳下面的水平切向应力。

（3）由地心引力引起的应力场。由地心引力引起的应力场称为自重应力场，自重应力场是各种应力场中唯一能够计算的应力场。地壳中任一点的自重应力等于单位面积上覆岩层的重量。

自重应力为垂直方向应力，它是地壳中所有各点垂直应力的主要组成部分。

但是垂直应力一般并不完全等于自重应力，这是因为板块移动等其他因素也会引起垂直方向应力变化。

（4）岩浆侵入引起的应力场。岩浆侵入挤压、冷凝收缩和成岩，均在周围地层中产生相应的应力场，其过程也是相当复杂的。熔融状态的岩浆处于静水压力状态，对其周围施加的是各个方向相等的均匀压力，但是炽热的岩浆侵入后即逐渐冷凝收缩，并从接触界面处逐渐向内部发展。不同的膨胀系数及热力学过程会使侵入岩浆自身及其周围岩体应力产生复杂的变化过程。

与上述三种应力场不同，由岩浆侵入引起的应力场是一种局部应力场。

（5）地温梯度引起的应力场。地层的温度随着深度增加而升高，由于温度梯度引起地层中不同深度产生相应膨胀，从而引起地层中的正应力，其值可达相同深度自重应力的数分之一。

另外，岩体局部寒热不均，产生收缩和膨胀，也会导致岩体内部产生局部应力场。

（6）地表剥蚀产生的应力场。地壳上升部分岩体因为风化、侵蚀和雨水冲刷搬运而产生剥蚀作用。剥蚀后，由于岩体内颗粒结构的变化和应力松弛滞后于这种变化，导致岩体内仍然存在着比由地层厚度所引起的自重应力还要大得多的水平应力值。因此，在某些地区，大的水平应力除与构造应力有关外，还和地表剥蚀有关。

4.2.2　自重应力和构造应力

对上述原岩应力的组成成分进行分析，依据促成岩体中原岩地应力的主要因素，可以将岩体中原岩应力场划分为两大组成部分，即自重应力场和构造应力场。二者叠加起来便构成岩体中原岩应力场的主体。

4.2.2.1　岩体的自重应力

地壳上部各种岩体由于受地心引力的作用而引起的应力称为自重应力，也就是说自重应力是由岩体的自重引起的。岩体自重作用不仅产生垂直应力，而且由于岩体的泊松效应和流变效应也会产生水平应力。研究岩体的自重应力时，一般把岩体视为均匀、连续且各向同性的弹性体，因而，可以引用连续介质力学原理来探讨岩体的自重应力问题。将岩体视为半无限体，即上部以地表为界，下部及水平方向均无界限，那么，岩体中某点的自重应力可按以下方法求得。

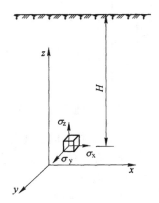

图 4-2　岩体自重垂直应力

设距地表深度为 H 处取一单元体，如图 4-2 所示，岩体自重在地下深为 H 处产生的垂直应力（σ_z，kPa）为单元体上覆岩体的重量，即

$$\sigma_z = \gamma H \tag{4-2}$$

式中　γ——上覆岩层重度，kN/m^3；

H——深度，m。

若把岩体视为各向同性的弹性体，由于岩体单元在各个方向都受到与其相邻岩体的约束，不可能产生横向变形，即 $\varepsilon_x = \varepsilon_y = 0$。而相邻岩体的阻挡就相当于对单元体施加了侧向应力 σ_x 及 σ_y，根据广义虎克定律，则有：

$$\varepsilon_x = \frac{1}{E}\left[\sigma_x - \mu(\sigma_y + \sigma_z)\right] = 0$$
$$\varepsilon_y = \frac{1}{E}\left[\sigma_y - \mu(\sigma_x + \sigma_z)\right] = 0 \tag{4-3}$$

由此可得

$$\sigma_x = \sigma_y = \frac{\mu}{1-\mu}\sigma_z = \frac{\mu}{1-\mu}\gamma H \tag{4-4}$$

式中　E——岩体的弹性模量；

μ——岩体的泊松比。

令 $\lambda = \dfrac{\mu}{1-\mu}$，则有：

$$\sigma_z = \gamma H$$
$$\sigma_x = \sigma_y = \lambda \sigma_z$$
$$\tau_{xy} = 0 \tag{4-5}$$

式中，λ 称为侧压力系数，其定义为某点的水平应力与该点垂直应力的比值。

若岩体由多层不同重度的岩层所组成（图 4-3），各岩层的厚度为 h_i（$i=1, 2, \cdots, n$），重度为 γ_i（$i=1, 2, \cdots, n$），泊松比为 μ_i（$i=1, 2, \cdots, n$），则第 n 层底面岩体的自重初始应力为

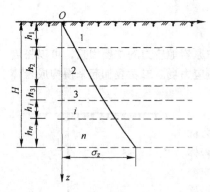

图 4-3　自重垂直应力分布图

$$\sigma_z = \sum_{i=1}^{n} \gamma_i h_i$$

$$\sigma_x = \sigma_y = \lambda \sigma_z = \frac{\mu}{1-\mu} \sum_{i=1}^{n} \gamma_i h_i$$

$$(4\text{-}6)$$

一般岩体的泊松比 μ 为 $0.2 \sim 0.35$，故侧压系数 λ 通常都小于 1，因此在岩体自重应力场中，垂直应力 σ_z 和水平应力 σ_x、σ_y 都是主应力，σ_x 约为 σ_z 的 $25\% \sim 54\%$。只有岩石处于塑性状态时，λ 值才增大。当 $\mu = 0.5$ 时，$\lambda = 1$，它表示侧向水平应力与垂直应力相等（$\sigma_z = \sigma_x = \sigma_y$），即所谓的静水应力状态（海姆假说）。海姆认为岩石长期受重力作用产生塑性变形，甚至在深度不大时也会发展成各向应力相等的隐塑性状态。在地壳深处，其温度随深度的增加而加大，温变梯度为 30℃/km。在高温高压下，坚硬的脆性岩石也将逐渐转变为塑性状态。据估算，此深度应在距地表 10km 以下。

4.2.2.2　构造应力

地壳形成之后，在漫长的地质年代中，在历次构造运动下，有的地方隆起，有的地方下沉。这说明在地壳中长期存在着一种促使构造运动发生和发展的内在力量，这就是构造应力。构造应力在空间有规律的分布状态称为构造应力场。构造应力一般可分成下列三种情况：

（1）与构造形迹相联系的原始构造应力。每一次构造运动都在地壳中留下构造形迹，如褶皱、断层等，有的地点构造应力在这些构造形迹附近表现强烈，而且有密切联系。如顿巴斯煤田，在没有呈现构造现象的矿区，原岩体内铅垂应力 $\sigma_v = \gamma H$，在构造现象不多情况下，σ_v 超过 γH 大约 20%；在构造复杂区内，σ_v 远远超过 γH。

原始构造应力场的方向可以应用地质力学的方法判断，因为构造形迹与形成时期的应力方向有一定的关系，根据各构造的力学性质，可以判断原始构造应力的方向。

（2）残余构造应力。有的地区虽有构造运动形迹，但是构造应力不明显或不存在，原岩应力基本属于重力应力。其原因是，虽然远古时期地质构造运动使岩体变形，以弹性能的方式储存于地层之内，形成构造应力，但是经过漫长的地质年代，由于应力松弛，应力随之减少。而且每一次新的构造运动对上一次构造应力都将引起应力释放，地貌的变动也会引起应力释放，故使原始构造应力大大降低。这种经过显著降低的原始构造应力称为残余构造应力。各地区原始构造应力的松弛与释放程度很不相同，所以残余构造应力的差异很大。

（3）现代构造应力。许多实测资料表明，有的地区构造应力不是与构造形迹有关，而是与现代构造运动密切相关。如哈萨克斯坦杰兹卡兹甘矿床，原岩应力以水平应力为主，其方向不是垂直而是沿构造线走向。科拉半岛水平应力为垂直应力的 19 倍，且地表以每年 5 ~ 50mm 的速度上升。由此可知，在这些地区不能用古老的构造形迹来说明现代构造应力，必须注重研究现代构造应力场。

4.3　岩体初始应力场的分布规律

已有的研究和工程实践表明，浅部地壳应力分布主要有如下的一些基本规律。

4.3.1　地应力是一个具有相对稳定性的非稳定应力场

原岩应力在绝大部分地区是以水平应力为主的三向不等压应力场。三个主应力的大小和方向是随着空间和时间而变化的，因而它是个非均匀的应力场。原岩应力在空间上的变化，从小范围来看，其变化是很明显的；但就某个地区整体而言，原岩应力的变化是不大的。如我国的华北地区，地应力场的主导方向为北西到近于东西的主压应力。

在某些地震活动活跃的地区，原岩应力的大小和方向随时间的变化是很明显的。在地震前，处于应力积累阶段，应力值不断升高，而地震时使集中的应力得到释放，应力值突然大幅度下降。主应力方向在地震发生时会发生明显改变，在震后一段时间又会恢复到震前的状态。

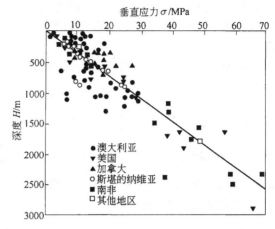

图 4-4　不同地区垂直应力 σ_v
随深度 H 的变化规律图

4.3.2 实测垂直应力基本等于上覆岩层的重量

对全世界实测垂直应力 σ_v 的统计资料的分析表明，在深度为 $25 \sim 277m$ 的范围内，σ_v 呈线性增长，大致相当于按平均重度等于 $27kN/m^3$ 计算出来的重力应力；但在某些地区的测量结果有一定幅度的偏差，这些偏差除有一部分可能归结于测量误差外，板块移动、岩浆对流和侵入、扩容、不均匀膨胀等也都可引起垂直应力的异常，如图 4-4 所示。该图是霍克（E. Hoek）和布朗（E. T. Brown）总结出的不同地区 σ_v 值随深度 H 变化的规律。

4.3.3 水平应力普遍大于垂直应力

实测资料表明，在绝大多数（几乎所有）地区均有两个主应力位于水平或接近水平的平面内，其与水平面的夹角一般不大于 $30°$，最大水平主应力 $\sigma_{h,max}$ 普遍大于垂直应力 σ_v，$\sigma_{h,max}$ 与 σ_v 之比值一般为 $0.5 \sim 5.5$，在很多情况下比值大于 2，参见表 4-1。如果将最大水平主应力与最小水平主应力的算术平均值 $\sigma_{h,av}$ 与 σ_v 相比，其比值一般为 $0.5 \sim 5.0$，大多数为 $0.8 \sim 1.5$（参见表 4-1）。这说明在浅层地壳中平均水平应力也普遍大于垂直应力。垂直应力在多数情况下为最小主应力，在少数情况下为中间主应力，只在个别情况下为最大主应力。这主要是由于构造应力以水平应力为主造成的。

表 4-1　世界各国水平主应力与垂直主应力的比值统计表

国家或地区	$\sigma_{h,av}/\sigma_v /\%$			$\sigma_{h,max}/\sigma_v$
	<0.8	0.8~1.2	>1.2	
中　国	32	40	28	2.09
澳大利亚	0	22	78	2.95
加拿大	0	0	100	2.56
美　国	18	41	41	3.29
挪　威	17	17	66	3.56
瑞　典	0	0	100	4.99
南　非	41	24	35	2.50
前苏联	51	29	20	4.30
其他地区	37.5	37.5	25	1.96

4.3.4 平均水平应力与垂直应力的比值随深度增加而减小

平均水平应力与垂直应力的比值随深度增加而减小，但在不同地区，变化的速度很不相同。图4-5为世界不同地区取得的实测结果。

霍克和布朗根据图4-5所示结果回归出下列公式：

$$\frac{100}{H} + 0.3 \leqslant \frac{\sigma_{h,av}}{\sigma_v} \leqslant \frac{1500}{H} + 0.5$$

式中　H——深度，m。

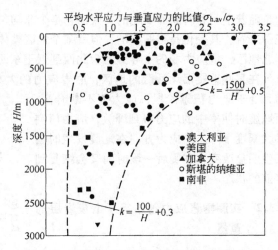

图4-5　不同地区平均水平应力与垂直应力的比值随深度的变化规律图

4.3.5 最大水平主应力和最小水平主应力也随深度呈线性增长关系

与垂直应力不同的是，在水平主应力线性回归方程中的常数项比垂直应力线性回归方程中常数项的数值要大些，这反映了在某些地区近地表处仍存在显著水平应力的事实，斯蒂芬森（O. Stephansson）等人根据实测结果给出了芬诺斯堪的亚古陆最大水平主应力和最小水平主应力随深度变化的线性方程：

最大水平主应力　　　　　$\sigma_{h,max} = 6.7 + 0.0444H$（MPa）　　　　　　　(4-7)

最小水平主应力　　　　　$\sigma_{h,min} = 0.8 + 0.0329H$（MPa）　　　　　　　(4-8)

式中　H——深度，m。

4.3.6 两个水平主应力一般相差较大，显示出很强的方向性

$\sigma_{h,min}/\sigma_{h,max}$一般为$0.2 \sim 0.8$，多数情况下为$0.4 \sim 0.8$，参见表4-2。

表4-2　世界部分国家和地区两个水平主应力的比值统计表

实测地点	统计数目	$\sigma_{h,min}/\sigma_{h,max}$/%				
		1.0 ~ 0.75	0.75 ~ 0.50	0.50 ~ 0.25	0.25 ~ 0	合计
斯堪的纳维亚等	51	14	67	13	6	100
北　美	222	22	46	23	9	100
中　国	25	12	56	24	8	100
中国华北地区	18	6	61	22	11	100

原岩应力的上述分布规律还会受到地形、地表剥蚀、风化、岩体结构特征、岩体力学性质、温度、地下水等因素的影响，特别是地形和断层的扰动影响最大。

地形对原岩应力的影响是十分复杂的。在具有负地形的峡谷或山区，地形的影响在侵蚀基准面上下一定范围内表现特别明显。一般来说，谷底是应力集中的部位，越靠近谷底应力集中越明显。最大主应力在谷底或河床中心近于水平，而在两岸岸坡则向谷底或河床倾斜，并大致与坡面相平行。近地表或接近谷坡的岩体，其地应力状态和深部及周围岩体显著不同，并且没有明显的规律性。随着深度不断增加或远离谷坡，地应力分布状态逐渐趋于规律化，并且显示

出和区域应力场的一致性。

在断层和结构面附近，地应力分布状态将会受到明显的扰动。断层端部、拐角处及交汇处将出现应力集中的现象。端部的应力集中与断层长度有关，长度越大，应力集中越强烈；拐角处的应力集中程度与拐角大小及其与地应力的相互关系有关。当最大主应力的方向和拐角的对称轴一致时，其外侧应力大于内侧应力。由于断层带中的岩体一般都较软弱和破碎，不能承受高的应力和不利于能量积累，所以成为应力降低带，其最大主应力和最小主应力与周围岩体相比均显著减小。同时，断层的性质不同，对周围岩体应力状态的影响也不同。压性断层中的应力状态与周围岩体比较接近，只是主应力的大小比周围岩体有所下降，而张性断层中的地应力大小和方向与周围岩体相比均发生显著变化。

4.4　岩体初始应力的测量方法

4.4.1　地应力测量的基本原理

岩体应力现场测量的目的是了解岩体中存在的应力大小和方向，从而为分析岩体工程的受力状态以便为支护及岩体加固提供依据。岩体应力测量还是预报岩体失稳破坏以及预报岩爆的有力工具。岩体应力测量可以分为岩体初始应力测量和地下工程应力分布测量，前者是为了测定岩体原岩应力场，后者则是为了测定岩体开挖后引起的应力重分布状况。从岩体应力现场测量的技术来讲，这二者并无原则区别。

原岩应力测量就是确定存在于拟开挖岩体及其周围区域未受扰动的三维应力状态。岩体中一点的三维应力状态可由选定坐标系中的六个分量（σ_x，σ_y，σ_z，τ_{xy}，τ_{yz}，τ_{zx}）来表示，如图4-6所示。这种坐标系是可以根据需要和方便任意选择的，但一般取地球坐标系作为测量坐标系。由六个应力分量可求得该点的三个主应力的大小和方向，这是唯一的。在实际测量中，每一测点所涉及的岩石可能从几立方厘米到几千立方米，这取决于采用何种测量方法。但无论多大，对于整个岩体而言，仍可视为一点。虽然也有测定大范围岩体内的平均应力的方法，如超声波等地球物理方法，但

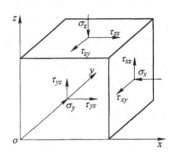

图4-6　岩体中任一点三维
应力状态示意图

这些方法很不准确，因而远没有"点"测量方法普及。由于原岩应力状态的复杂性和多变性，要比较准确地测定某一地区的原岩应力，就必须进行充足数量的"点"测量，在此基础上，才能借助数值分析和数理统计、灰色建模、人工智能等方法，进一步描绘出该地区的全部地应力场状态。

为了进行地应力测量，通常需要预先开挖一些硐室以便人和设备进入测点；然而，只要硐室一开挖，硐室周围岩体中的应力状态就受到了扰动。有一类方法，如早期的扁千斤顶法等，就是在硐室表面进行应力测量，然后在计算原岩应力状态时，再把硐室开挖引起的扰动作用考虑进去，由于在通常情况下紧靠硐室表面岩体都会受到不同程度的破坏，使它们与未受扰动的岩体的物理力学性质大不相同；同时硐室开挖对原始应力场的扰动也是十分复杂的，不可能进行精确的分析和计算。所以这类方法得出的原岩应力状态往往是不准确的，甚至是完全错误的。为了克服这类方法的缺点，另一类方法是从硐室表面向岩体中打小孔，直至原岩应力区。地应力测量是在小孔中进行的，由于小孔对原岩应力状态的扰动是可以忽略不计的，这就保证了测量是在原岩应力区中进行。目前，普遍采用的应力解除法和水压致裂法均属此类方法。

近半个世纪以来，特别是近 40 年来，随着地应力测量工作的不断开展，各种测量方法和测量仪器也不断发展起来，就世界范围而言，目前各种主要测量方法有数十种之多，而测量仪器则有数百种之多。

对测量方法的分类并没有统一的标准，有人根据测量手段的不同，将在实际测量中使用过的测量方法分为五大类，即：构造法、变形法、电磁法、地震法、放射性法。也有人根据测量原理的不同分为应力恢复法、应力解除法、应变恢复法、应变解除法、水压致裂法、声发射法、X 射线法、重力法共八类。

但根据国内外多数人的观点，依据测量基本原理的不同，也可将测量方法分为直接测量法和间接测量法两大类。

直接测量法是由测量仪器直接测量和记录各种应力的量，如补偿应力、恢复应力、平衡应力，并由这些应力量和原岩应力的相互关系，通过计算获得原岩应力值。在计算过程中并不涉及不同物理量的换算，不需要知道岩石的物理力学性质和应力－应变关系。扁千斤顶法、水压致裂法、刚性包体应力计法和声发射法均属直接测量法。其中，水压致裂法目前应用最为广泛，声发射法次之。

在间接测量法中，不是直接测量应力量，而是借助某些传感元件或某些介质，测量和记录岩体中某些与应力有关的间接物理量的变化，如岩体中的变形或应变，岩体的密度、渗透性、吸水性、电阻、电容的变化，弹性波传播速度的变化等，然后由测得的间接物理量的变化，通过已知的公式计算岩体中的应力值。

因此，在间接测量法中，为了计算应力值，首先必须确定岩体的某些物理力学性质以及所测物理量和应力的相互关系。套孔应力解除法和其他的应力或应变解除方法以及地球物理方法等是间接法中较常用的，其中套孔应力解除法是目前国内外采用最普遍的发展较为成熟的一种地应力测量方法。

4.4.2 水压致裂法

4.4.2.1 测量原理

图 4-7 是水压致裂法测定原岩应力的全套设备。这种方法借助于封隔器在垂直钻孔中测点处封隔一段，作为压裂段，然后将压裂液送入压裂段，通过加压泵对压裂段施加水压力，使孔壁岩石破裂，然后用印模器印出压裂裂缝，确定压裂裂缝的方向，并根据压裂时的水压力计算

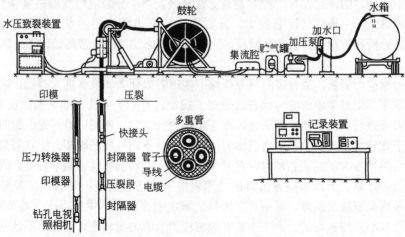

图 4-7 瑞典水压致裂应力测定系统（据 Ove Stephansson，1983）

岩体初始应力。

这种方法通过钻孔电视照相机选择压裂段，借助于安装在印模器上的指南针测定裂缝方向。

假定岩体铅垂应力为一个主应力，例如 σ_3，根据基尔西公式，钻孔周边切向应力最小值为 $\sigma_\theta = 3\sigma_2 - \sigma_1$，压裂裂缝在图 4-8 所示位置，借助于印模器可印下这个位置（方向）。

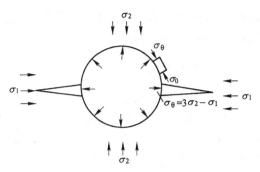

图 4-8 压裂裂缝位置示意图

4.4.2.2 水压致裂试验

水压致裂的试验曲线如图 4-9a 所示，在未加压前，岩体中的孔隙水压力为 p_0，当压力加至 p_{ic1} 时，孔壁岩石破裂，关闭加压泵，压力逐渐下降至 p_s，在关闭压力不卸压情况下，p_s 保持不变，然后卸压，压力逐步回落至孔隙水压力 p_0，裂缝闭合。再进行第二循环的加压，压力升至 p_{ic2} 时，裂缝又张开，然后关闭加压泵，压力又逐渐降至 p_s，卸除压力，压力回落至孔隙水压力 p_0，这条试验曲线被认为是反映裂缝沿钻孔轴向产生和延伸的情况。

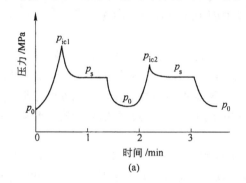 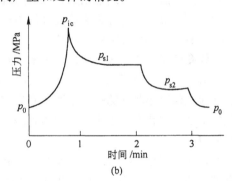

图 4-9 水压致裂试验曲线

（a）只有一个关闭压力；（b）有两个关闭压力

因为 p_{ic1} 是使孔壁岩石拉伸破坏的压力，p_{ic2} 是使裂缝重新张开的压力，所以岩石抗拉强度为

$$\sigma_t = p_{ic1} - p_{ic2} \quad (\text{MPa}) \tag{4-9}$$

根据热弹性力学的推导，水平应力的最大值为

$$\sigma_{H,max} = 3p_s - p_{ic1} - p_0 + \sigma_t \quad (\text{MPa}) \tag{4-10}$$

最小水平应力为

$$\sigma_{H,min} = p_s \quad (\text{MPa}) \tag{4-11}$$

铅垂应力可按岩体自重进行计算，即

$$\sigma_v = \gamma H \quad (\text{MPa}) \tag{4-12}$$

有时，试验曲线有两个关闭压力，如图 4-9b 所示。这种情况被认为是缝隙开始沿孔轴向产生，然后转向水平方向。在这种情况下，水平方向最小主应力和铅垂应力分别为

$$\sigma_{H,min} = p_{s1} \quad (\text{MPa}) \tag{4-13}$$

和

$$\sigma_v = p_{s2} \quad (\text{MPa}) \tag{4-14}$$

水压致裂法的优点是测段岩石较长，因此其代表性较好，同时可以在深孔中进行测定，目

前测量深度已达5000m。缺点是必须假定铅垂方向为一个主应力方向，而在浅部三个主应力严格水平和垂直的情况较少。

4.4.3 应力解除法

4.4.3.1 基本原理

应力解除法是原岩应力测量中应用较广的方法。它的基本原理是：当需要测定岩体中某点的应力状态时，人为地将该处的岩体单元与周围岩体分离，此时，岩体单元上所受的应力将被解除，同时，该单元体的几何尺寸也将产生弹性恢复。应用一定的仪器，测定这种弹性恢复的应变值或变形值，并且认为岩体是连续、均质和各向同性的弹性体，于是就可以借助弹性理论计算出原岩应力。这个过程可以归结为：破坏联系，解除应力；弹性恢复，测出变形；根据变形，转求应力。

应力解除法的具体方法很多，按测试深度可以分为表面应力解除、浅孔应力解除及深孔应力解除。按测试变形或应变的方法不同，又可以分为孔径变形测试，孔壁应变测试及钻孔应力解除法等。下面主要介绍常用的钻孔应力解除法。

钻孔应力解除法可分为岩体孔底应力解除法和岩体钻孔套孔应力解除法。

4.4.3.2 岩体孔底应力解除法

岩体孔底应力解除法是向岩体中的测点先钻进一个平底钻孔，在孔底中心处粘贴应变传感器（例如电阻应变花探头或是双向光弹应变计），通过钻出岩芯，使受力的孔底平面完全卸载，从应变传感器获得的孔底平面中心处的恢复应变，再根据岩石的弹性常数，可求得孔底中心处的平面应力状态。由于孔底应力解除法只需钻进一段不长的岩芯，所以对于较为破碎的岩体也能应用。

孔底应力解除法主要工作步骤如图4-10所示，应变观测系统如图4-11所示。将应力解除钻孔的岩芯，在室内测定其弹性模量E和泊松比μ，即可应用公式计算主应力的大小和方向。由于深孔应力解除测定岩体全应力的六个独立的应力分量需用三个不同方向的共面钻孔进行测试，其测定和计算工作都较为复杂，在此不再介绍。

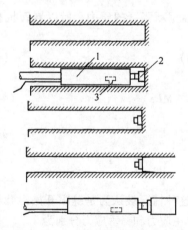

图4-10 孔底应力解除法主要工作步骤
1—安装器；2—探头；3—温度补偿器

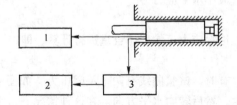

图4-11 孔底应变观测系统简图
1—控制箱；2—电阻应变仪；3—预调平衡箱

4.4.3.3 岩体钻孔套孔应力解除法

采用本方法对岩体中某点进行应力量测时，先向该点钻进一定深度的超前小孔，在此小钻孔中埋设钻孔传感器，再通过钻取一段同心的管状岩芯而使应力解除，根据应变及岩石弹性变形参数，即可求得该点的应力状态。该岩体应力测定方法的主要工作步骤如图4-12所示。

应力解除法所采用的钻孔传感器可分为位移（孔径）传感器和应变传感器两类。以下主要阐述位移传感器测量方法。

中国科学院武汉岩土力学研究所设计制造的钻孔径变形计是上述第一类传感器，测量元件分钢环式和悬臂钢片式两种（图4-13）。

该钻孔变形计用来测定钻孔中岩体应力解除前后孔径的变化值（径向位移值）。钻孔变形计置于中心小孔需要测量的部位，变形计的触脚方位由前端的定向系统来确定。通过触脚测出孔径位移值，其灵敏度可达 1×10^{-4} mm。

由于本测定方法是量测垂直于钻孔轴向平面内的孔径变形值，所以它与孔底平面应力解除法一样，也需要有三个不同方向的钻孔进行测定，才能最终得到岩体全应力的六个独立的应力分量。在大多数试验场合下，往往进行简化计算，例如假定钻孔方向与 σ_3 方向一致，并认为 $\sigma_3 = 0$，则此时通过孔径位移值计算应力的公式为

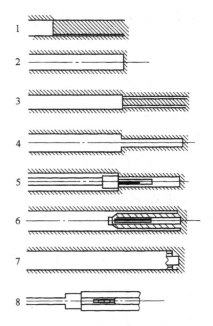

图4-12　钻孔套孔应力解除
的主要工作步骤

1—套钻大孔；2—取岩芯并将孔底磨平；3—套钻小孔；4—取小孔岩芯；5—粘贴元件测量初读数；6—应力解除；7—取岩芯；8—测出终读数

$$\frac{\delta}{d} = \{(\sigma_1 + \sigma_2) + 2(\sigma_1 - \sigma_2)(1 - \mu^2)\cos 2\theta\}\frac{1}{E} \tag{4-15}$$

式中　δ——钻孔直径变化值；

　　　d——钻孔直径；

　　　θ——测量方向与水平轴的夹角（图4-14）；

　　　E、μ——岩石弹性模量与泊松比。

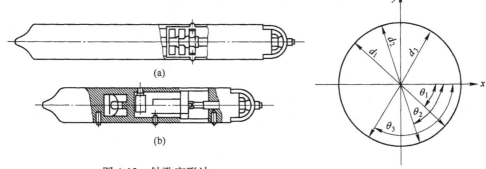

图4-13　钻孔变形计

（a）钢环式；（b）悬臂钢片式

图4-14　孔径变化的测量

根据式（4-15），如果在0°、45°、90°三个方向上同时测定钻孔直径变化，则可计算出与钻孔轴垂直平面内的主应力大小和方向：

$$\begin{matrix} \sigma'_1 \\ \sigma'_2 \end{matrix} = \frac{E}{4(1-\mu^2)} \left[(\delta_0 + \delta_{90}) \pm \frac{1}{\sqrt{2}} \sqrt{(\delta_0 - \delta_{45})^2 + (\delta_{45} - \delta_{90})^2} \right]$$

(4-16)

$$\alpha = \frac{1}{2}\cot \frac{2\delta_{45} - (\delta_0 - \delta_{90})}{\delta_0 - \delta_{90}}$$

且 $\dfrac{\cos 2\alpha}{\delta_0 - \delta_{90}} > 0$（判别式）

式中　α——δ_0 与 σ'_1 的夹角，但判别式小于 0 时，则为 δ_0 与 σ'_2 的夹角。式中用符号 σ'_1、σ'_2 而不用 σ_1、σ_2，表示它并不是真正的主应力，而是垂直于钻孔轴向平面内的似主应力。

　　在实际计算中，由于考虑到应力解除是逐步向深处进行的，实际上不是平面变形而是平面应力问题，所以式（4-16）可改写为

$$\begin{matrix} \sigma'_1 \\ \sigma'_2 \end{matrix} = \frac{E}{4} \left[(\delta_0 + \delta_{90}) \pm \frac{1}{\sqrt{2}} \sqrt{(\delta_0 - \delta_{45})^2 + (\delta_{45} - \delta_{90})^2} \right]$$

(4-17)

4.4.4　应力恢复法

4.4.4.1　基本原理

　　应力恢复法是用来直接测定岩体应力大小的一种测试方法，目前此法仅用于岩体表层，当已知某岩体中的主应力方向时，采用本方法较为方便。

　　如图 4-15 所示，当硐室某侧墙上的表层围岩应力的主应力 σ_1、σ_2 的方向各为垂直与水平方向时，就可用应力恢复法测得 σ_1 的大小。

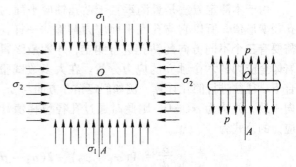

图 4-15　应力恢复法原理图

　　基本原理：在侧墙上沿测点 O，在水平方向（垂直所测的应力方向）开一个解除槽，则在槽上下附近围岩的应力得到部分解除，应力状态重新分布。在槽的中垂线 OA 上的应力状态，根据 H. N. 穆斯海里什维里理论，可把槽看做一条缝，得到

$$\left. \begin{matrix} \sigma_{1x} = 2\sigma_1 \dfrac{\rho^4 - 4\rho^2 - 1}{(\rho^2 + 1)^3} + \sigma_2 \\ \sigma_{1y} = \sigma_1 \dfrac{\rho^6 - 3\rho^4 + 3\rho^2 - 1}{(\rho^2 + 1)^3} \end{matrix} \right\}$$

(4-18)

式中　σ_{1x}、σ_{1y}——OA 线上某点 B 的应力分量；

　　　ρ——B 点离槽中心 O 的距离的倒数。

　　当在槽中埋设压力枕，并由压力枕对槽加压，若施加压力为 p，则在 OA 线上 B 点产生的应力分量为

$$\left. \begin{matrix} \sigma_{2x} = -2p \dfrac{\rho^4 - 4\rho^2 - 1}{(\rho^2 + 1)^3} \\ \sigma_{2y} = 2p \dfrac{3\rho^4 + 1}{(\rho^2 + 1)^3} \end{matrix} \right\}$$

(4-19)

　　当压力枕所施加的力 $p = \sigma_1$ 时，这时 B 点的总应力分量为

$$\left.\begin{array}{l} \sigma_x = \sigma_{1x} + \sigma_{2x} = \sigma_2 \\ \sigma_y = \sigma_{1y} + \sigma_{2y} = \sigma_1 \end{array}\right\} \tag{4-20}$$

可见，当压力枕所施加的力 p 等于 σ_1 时，则岩体中的应力状态已完全恢复，所求的应力 σ_1 即由 p 值而得知，这就是应力恢复法的基本原理。

4.4.4.2　试验过程

应力恢复法的主要试验过程简述如下：

（1）在选定的试验点上，沿解除槽的中垂线上安装好测量元件。测量元件可以是千分表、钢弦应变计或电阻应变片等（图4-16），若开槽长度为 B，则应变计中心一般距槽 $B/3$，槽的方向与预定所需测定的应力方向垂直。槽的尺寸根据所使用的压力枕大小而定。槽的深度要求大于 $B/2$。

（2）记录测量元件——应变计的初始读数。

（3）开凿解除槽。岩体产生变形并记录应变计上的读数。

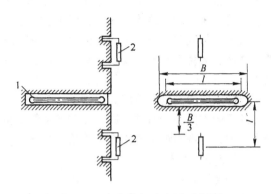

图 4-16　应力恢复法布置示意图
1—压力枕；2—应变计

（4）在开挖好的解除槽中埋设压力枕，并用水泥砂浆充填空隙。

（5）待充填水泥浆达到一定强度以后，即将压力枕连接油泵，通过压力枕对岩体施压。随着压力枕所施加的力 p 的增加，岩体变形逐步恢复。逐点记录压力 p 与恢复变形（应变）的关系。

（6）当假设岩体为理想弹性体时，则当应变计恢复到初始读数时，此时压力枕对岩体所施加的压力 p 即为所求岩体的主应力。

如图4-17所示，ODE 为压力枕加荷曲线，图中 D 点对应的 ε_{0e} 为可恢复的弹性应变；继续加压到 E 点，可得全应变 ε_1；由压力枕逐步卸荷，得卸荷曲线 EF，并得知 $\varepsilon_1 = GF + FO = \varepsilon_{1e} + \varepsilon_{1p}$。这样，就可以求得产生全应变 ε_1 所相应的弹性应变 ε_{1e} 与残余塑性应变 ε_{1p} 的值。为了求得产生 ε_{0e} 相应的全应变量，可以作一条水平线 KN 与压力枕的 OE 和 EF 线相交，并使 $MN = \varepsilon_{0e}$，则此时 KM 就为残余塑性应变 ε_{0p}，相应的全应变量 $\varepsilon_0 = \varepsilon_{0e} + \varepsilon_{0p} = KM + MN$。由 ε_0 值就可在 OE 线上求得 C 点，并

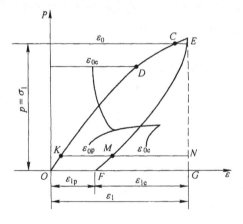

图 4-17　由应力-应变曲线求岩体应力

求得与 C 点相对应的 p 值，此即所求的 σ_1 值。

4.4.5　声发射法

4.4.5.1　测试原理

材料在受到外荷载作用时，其内部储存的应变能快速释放产生弹性波，从而发出声响，称为声发射。1950年，凯泽（J. Kaiser）发现多晶金属的应力从其历史最高水平释放后，再重新加载，当应力未达到先前最大应力值时，很少有声发射产生，而当应力达到和超过历史最高水平后，则大量产生声发射，这一现象叫做凯泽效应。从很少产生声发射到大量产生声发射的转

折点称为凯泽点，该点对应的应力即为材料先前受到的最大应力。后来国外许多学者证实了在岩石压缩试验中也存在凯泽效应，许多岩石如花岗岩、大理岩、石英岩、砂岩、安山岩、辉长岩、闪长岩、片麻岩、辉绿岩、灰岩、砾岩等也具有显著的凯泽效应，从而为应用这一技术测定岩体初始应力奠定了基础。

地壳内岩石在长期应力作用下达到稳定应变状态。岩石达到稳定状态时的微裂结构与所受应力同时被"记忆"在岩石中。如果把这部分岩石用钻孔法取出岩芯，即该岩芯被应力解除，此时岩芯中张开的裂隙将会闭合，但不会"愈合"。由于声发射与岩石中裂隙生成有关，当该岩芯被再次加载并且岩芯内应力超过它原先在地壳内所受的应力时，岩芯内开始产生新的裂隙，并伴有大量声发射出现，于是可以根据岩芯所受载荷，确定出岩芯在地壳内所受的应力大小。

凯泽效应为测量岩石应力提供了一个途径，即如果从原岩中取回定向的岩石试件，通过对加工的不同方向的岩石试件进行加载声发射试验，测定凯泽点，即可找出每个试件以前所受的最大应力，并进而求出取样点的原始（历史）三维应力状态。

4.4.5.2　测试步骤

A　试件制备

从现场钻孔提取岩石试样，试样在原环境状态下的方向必须确定。将试样加工成圆柱体试件，径高比为 1:2~1:3。为了确定测点三维应力状态，必须在该点的岩样中沿六个不同方向制备试件，假如该点局部坐标系为 *oxyz*，则三个方向选为坐标轴方向，另三个方向选为 *oxy*、*oyz*、*oxz* 平面内的轴角平分线方向。为了获得测试数据的统计规律，每个方向的试件为 15~25 块。

为了消除由于试件端部与压力试验机上、下压头之间摩擦所产生的噪声和试件端部应力集中，试件两端浇铸由环氧树脂或其他复合材料制成的端帽（图 4-18）。

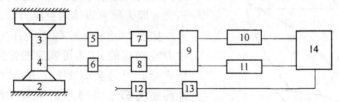

图 4-18　声发射监测系统框图

1、2—上、下压头；3、4—换能器 A、B；5、6—前置放大器 A、B；
7、8—输入鉴别单元 A、B；9—定区检测单元；10—计数控制单元 A；
11—计数控制单元 B；12—压机油路压力传感器；13—压力电信号
转换仪器；14—函数记录仪

B　声发射测试

将试件放在单压缩试验机上加压，并同时监测加压过程中从试件中产生的声发射现象。图 4-21 是一组典型的监测系统框图。在该系统中，两个压电换能器（声发射接受探头）固定在试件上、下部，用以将岩石试件在受压过程中产生的弹性波转换成电信号。该信号经放大、鉴别之后送入定区检测单元，定区检测是检测两个探头之间特定区域里的声发射信号，区域外的信号被认为是噪声而不被接受。定区检测单元输出的信号送入计数控制单元，计数控制单元将规定的采样时间间隔内的声发射模拟量和数字量（事件数和振铃数）分别送到记录仪或显示器绘图、显示或打印。

凯泽效应一般发生在加载的初期，故加载系统应选用小吨位的应力控制系统，并保持加载速率恒定，尽可能避免用人工控制加载速率，如用手动加载则应采用声发射事件数或振铃总数曲线判定凯泽点，而不应根据声发射事件速率曲线判定凯泽点，这是因为声发射速率和加载速率有关。在加载初期，人工操作很难保证加载速率恒定，在声发射事件速率曲线上可能出现多个峰值，难于判定真正的凯泽点。

C 计算地应力

由声发射监测所获得的应力－声发射事件数（速率）曲线（图 4-19），即可确定每次试验的凯泽点，并进而确定该试件轴线方向先前受到的最大应力值。15～25 个试件获得一个方向的统计结果，六个方向的应力值即可确定取样点的历史最大三维应力大小和方向。

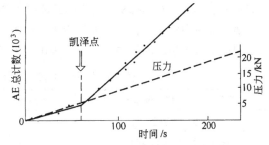

图 4-19 应力－声发射事件试验曲线图

根据凯泽效应的定义，用声发射法测得的是取样点的先前存在的最大应力，而非现今原岩应力。但是也有一些人对此持相反意见，并提出了"视凯泽效应"的概念。认为声发射可获得两个凯泽点，一个对应于引起岩石饱和残余应变的应力，它与现今应力场一致，比历史最高应力值低，因此称为视凯泽点。在视凯泽点之后，还可获得另一个真正的凯泽点，它对应于历史最高应力。

由于声发射与弹性波传播有关，所以高强度的脆性岩石有较明显的声发射凯泽效应出现，而多孔隙低强度及塑性岩体的凯泽效应不明显，所以不能用声发射法测定比较软弱疏松岩体中的应力。

需要指出的是，传统的地应力测量和计算理论是建立在岩石为线弹性、连续、均质和各向同性的理论假设基础之上的，而一般岩体都具有程度不同的非线性、不连续性、不均质和各向异性。在由应力解除过程中获得的钻孔变形或应变值求原岩应力时，如忽视岩石的这些性质，必将导致计算出来的地应力与实际应力值有不同程度的差异，为提高地应力测量结果的可靠性和准确性，在进行结果计算、分析时必须考虑岩石的这些性质。下面是几种考虑和修正岩体非线性、不连续性、不均质性和各向异性的影响的主要方法：

（1）岩石非线性的影响及其正确的岩石弹性模量和泊松比确定方法；

（2）建立岩体不连续性、不均质性和各向异性模型并用相应程序计算地应力；

（3）根据岩石力学试验确定的现场岩体不连续性、不均质性和各向异性修正测量应变值；

（4）用数值分析方法修正岩石不连续性、不均质性和各向异性和非线性弹性的影响。

4.5 高地应力地区主要岩体力学问题

4.5.1 高地应力判别准则和高地应力现象

4.5.1.1 高地应力判别准则

高地应力是一个相对的概念。由于不同岩石具有不同的弹性模量，岩石的储能性能也不同。一般来说，地区初始地应力大小与该地区岩体的变形特性有关，岩质坚硬，则储存弹性能多，地应力也大。因此高地应力是相对于围岩强度而言的。也就是说，当围岩内部的最大地应力与围岩强度（R_b）的比值达到某一水平时，才能称为高地应力或极高地应力。即

$$围岩强度比 = \frac{R_b}{\sigma_{max}} \qquad (4-21)$$

目前在地下工程的设计施工中，都把围岩强度比作为判断围岩稳定性的重要指标，有的还作为围岩分级的重要指标。从这个角度讲，应该认识到埋深大不一定就存在高地应力问题，而埋深小但围岩强度很低的场合，如大变形的出现，也可能出现高地应力的问题。因此，在研究是否出现高或极高地应力问题时必须与围岩强度联系起来进行判定。

表4-3 是一些以围岩强度比为指标的地应力分级标准，可以参考。一定不要以为原岩应力大，就是高地应力。因为，有时原岩应力虽然大，但与围岩强度相比却不一定高。然而在埋深较浅的情况下，虽然原岩应力不大，但因围岩强度极低，也可能出现大变形等现象。

表4-3　以围岩强度比为指标的地应力分级基准

部分国内外典型分级标准	极高地应力	高地应力	一般地应力
法国隧道协会	<2	2~4	>4
我国岩体工程分级基准	<4	4~7	>7
日本新奥法指南（1996 年）	<4	4~6	>6
日本仲野分级	<2	2~4	>4

围岩强度比与围岩开挖后的破坏现象有关，特别是与岩爆、大变形有关。前者是在坚硬完整的岩体中可能发生的现象，后者是在软弱或土质地层中可能发生的现象。表4-4 所示是在工程岩体分级基准中的有关描述，而日本仲野则是以是否产生塑性地压来判定的（见表4-5）。

表4-4　高地应力岩体在开挖中出现的现象

应力情况	主　要　现　象	R_b/σ_{max}
极高应力	硬质岩：开挖过程中时有岩爆发生，有岩块弹出，硐室岩体发生剥离，新生裂隙多，成硐性差，基坑有剥离现象，成形性差。 软质岩：岩芯常有饼化现象。开挖过程中硐壁岩体有剥离，位移极为显著，甚至发生大位移，持续时间长。不易成硐，基坑发生显著隆起或剥离，不易成形	<4
高应力	硬质岩：开挖过程中可能出现岩爆，硐壁岩体有剥离和掉块，新生裂隙多，成硐性差，基坑有剥离现象，成形性一般尚好。 软质岩：岩芯时有饼化现象。开挖过程中硐壁岩体位移显著，持续时间长，成硐性差。基坑有隆起现象，成形性较差	4~7

表4-5　不同围岩强度比开挖中出现的现象

围岩强度比	>4	2~4	<2
地压特性	不产生塑性地压	有时产生塑性地压	多产生塑性地压

4.5.1.2　高地应力现象

（1）岩芯饼化现象。在中等强度以下的岩体中进行勘探时，常可见到岩芯饼化现象。美国 L. Obert 和 D. E. Stophenson（1965 年）用实验验证的方法同样获得了饼状岩芯，由此认定饼状岩芯是高地应力产物。从岩石力学破裂成因来分析，岩芯饼化是剪张破裂产物。除此以外，还能发现钻孔缩径现象。

（2）岩爆（冲击地压）。在岩性坚硬完整或较完整的高地应力地区开挖隧洞或探洞的过程中时有岩爆发生。岩爆是岩石被挤压到弹性限度，岩体内积聚的能量突然释放所造成的一种岩石破坏现象。鉴于岩爆在岩体工程中的重要性，稍后将作专题论述。

（3）探洞和地下隧洞的壁面产生剥离，岩体锤击为嘶哑声并有较大变形，在中等强度以下的岩体中开挖探洞或隧洞，高地应力状况不会像岩爆那样剧烈，洞壁岩体产生剥离现象，有时裂缝一直延伸到岩体浅层内部，锤击时有破哑声。在软质岩体中洞体则产生较大的变形，位移显著，持续时间长，洞径明显缩小。

（4）岩质基坑底部隆起、剥离以及回弹错动现象。在坚硬岩体表面开挖基坑或槽，在开挖过程中会产生坑底突然隆起、断裂，并伴有响声；或在基坑底部产生隆起剥离。在岩体中，如有软弱夹层，则会在基坑斜坡上出现回弹错动现象（图4-20）。

（5）野外原位测试测得的岩体物理力学指标比实验室岩块试验结果高。由于高地应力的存在，致使岩体的声波速度、弹性模量等参数增高，甚至比实验室无应力状态岩块测得的参数高。野外原位变形测试曲线的形状也会变化，在纵轴上有截距（图4-21）。

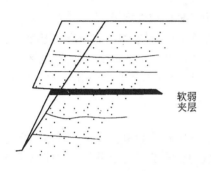

图4-20 基坑边坡回弹错动

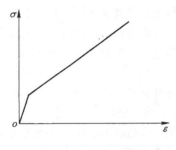

图4-21 高地应力条件
下岩体变形曲线

4.5.2 岩爆及其防治措施

4.5.2.1 概述

围岩处于高应力场条件下所产生的岩片（块）飞射抛撒，以及硐壁片状剥落等现象叫岩爆。岩体内开挖地下厂房、隧道、矿山地下巷道、采场等地下工程，引起挖空区围岩应力重新分布和集中，当应力集中到一定程度后就有可能产生岩爆。在地下工程开挖过程中，岩爆是围岩各种失稳现象中反应最强烈的一种。它是地下施工的一大地质灾害。由于它的突发性，在地下工程中对施工人员和施工设备威胁最严重。如果处理不当，就会给施工安全、岩体及建筑物的稳定带来很多困难，甚至会造成重大工程事故。

据不完全统计，从1949年到1985年5月，在我国的32个重要煤矿中，至少曾发生过1842起煤爆和岩爆，发生地点一般在200~1000m深处的地质构造复杂、煤层突然变化、水平煤层突然弯曲变成陡倾这样一些部位。在一些严重的岩爆发生区，曾有数以吨计的岩块、岩片和岩板抛出。我国水电工程的一些地下硐室中也曾发生过岩爆，地点大多在高地应力地带的结晶岩和灰岩中或位于河谷近地表处。另外，在高地应力区开挖隧道，如果岩层比较完整、坚硬时，也常发生岩爆现象。

由于岩爆是极为复杂的动力现象，至今对地下工程中岩爆的形成条件及机理还没有形成统一的认识。有的学者认为岩爆是受剪破裂；也有的学者根据自己的观察和试验结果得出张破裂的结论；还有一种观点把产生岩爆的岩体破坏过程分为：劈裂成板条、剪（折）断成块、块片弹射三个阶段式破坏。

4.5.2.2 岩爆的类型、性质和特点

A 岩爆的类型

岩爆的特征可从多个角度去描述，目前主要是根据现场调查所得到的岩爆特征，考虑岩爆危害方式、危害程度以及对其防治对策等因素，分为破裂松脱型、爆裂弹射型、爆炸抛射型。

（1）破裂松脱型。围岩成块状、板状、鳞片状，爆裂声响微弱，弹射距离很小，岩壁上形成破裂坑，破裂坑的深度主要受围岩应力和强度的控制。

（2）爆裂弹射型。岩片弹射及岩粉喷射，爆裂声响如同枪声，弹射岩片体积一般不超过 $1/3 m^3$，直径 5~10cm。硐室开凿后，一般出现片状岩石弹射、崩落或成笋皮状的薄片剥落，岩片的弹射距离一般为 2~5m。岩块多为中间厚、周边薄的菱形岩片。

（3）爆炸抛射型。岩爆发生时巨石抛射，其声响如同炮弹爆炸，抛射岩块的体积数立方米到数十立方米，抛射距离几米到十几米。

B 岩爆的规模

岩爆的规模基本上可以分为三类，即小规模、中等规模和大规模。

小规模岩爆是指在壁面附近浅层部分（厚度小于25cm）的破坏，破坏区域仍然是弹性的，岩块的质量通常在1t以下。中等规模岩爆指形成厚度 0.25~0.75m 的环状松弛区域的破坏，但空硐本身仍然是稳定的；大规模岩爆指超过 0.75m 以上的岩体显著突出，很大的岩块弹射出来，这种情况采用一般的支持是不能防止的。

4.5.2.3 岩爆产生的条件

产生岩爆的原因很多，其中主要原因是由于在岩体中开挖硐室，改变了岩体赋存的空间环境，最直观的结果是为岩体产生岩爆提供了释放能量的空间条件。地下开挖岩体或其他机械扰动改变了岩体的初始应力场，引起挖空区周围的岩体应力重新分布和应力集中，围岩应力有时会达到岩块的单轴抗压强度，甚至会超过它几倍。这是岩体产生岩爆必不可少的能量积累动力条件。具备上述条件的前提下，还要从岩性和结构特征上去分析岩体的变形和破坏方式，最终要看岩体在宏观大破裂之前还储存有多少剩余弹性变形能。当岩体由初期逐渐积累弹性变形能，到伴随岩体变形和微破裂开始产生、发展，使岩体储存弹性变形能的方式转入边积累边消耗，再过渡到岩体破裂程度加大，导致积累弹性变形能条件完全消失，弹性变形能全部消耗掉。至此，围岩出现局部或大范围解体，无弹射现象，仅属于静态下的脆性破坏。该类岩石矿物颗粒致密度低、坚硬程度比较弱、隐微裂隙发育程度较高。当岩石矿物结构致密度、坚硬度较高，且在隐微裂隙不发育的情况下，岩体在变形破坏过程中所储存的弹性变形能不仅能满足岩体变形和破裂所消耗的能量，满足变形破坏过程中发生热能、声能的要求，而且还有足够的剩余能量转换为动能，使逐渐被剥离的岩块（片）瞬间脱离母岩弹射出去。这是岩体产生岩爆弹射极为重要的一个条件。

岩体能否产生岩爆还与岩体积累和释放弹性变形能的时间有关。当岩体自身的条件相同，围岩应力集中速度越快，积累弹性变形能越多，瞬间释放的弹性变形能也越多，岩体产生岩爆程度就越强烈。

因此，岩爆产生的条件可归纳为：

（1）地下工程开挖、硐室空间的形成是诱发岩爆的几何条件；

（2）围岩应力重分布和集中将导致围岩积累大量弹性变形能，这是诱发岩爆的动力条件；

（3）岩体承受极限应力产生初始破裂后剩余弹性变形能的集中释放量决定岩爆的弹射程度；

（4）岩爆通过何种方式出现，取决于围岩的岩性、岩体结构特征、弹性变形能的积累和

释放时间的长短。

4.5.2.4 岩爆的防治

通过大量的工程实践及经验的积累，目前已有许多行之有效的治理岩爆的措施，归纳起来有加固围岩、加防护措施、完善施工方法、改善围岩应力条件以及改变围岩性质等。

A 围岩加固措施

该方法是指对已开挖硐室周边的加固以及对掌子面前方的超前加固，如喷射混凝土、小导管（或管棚）超前支护等，这些措施一是可以改善掌子面本身以及 1～2 倍硐室直径范围内围岩的应力状态；二是具有防护作用，可防止弹射、塌落等。

B 改善围岩应力条件

可从设计与施工的角度采用下述几种办法：

（1）在选择隧道及其他地下结构物的位置时应使其长轴方向与最大主应力方向平行，这样可以减少硐室周边围岩的切向应力；

（2）在设计时选择合理的开挖断面形状，以改善围岩的应力状态；

（3）在施工过程中，爆破开挖采用短进尺、多循环，也可以改善围岩应力状态，这一点已被大量的实践所证实；

（4）应力解除法，即在围岩内部造成一个破碎带，形成一个低弹性区，从而使掌子面及硐室周边应力降低，使高应力转移到围岩深部。为达到这一目的，可以打超前钻孔或在超前钻孔中进行松动爆破，这种防治岩爆的方法也称为超应力解除法。

（5）喷水或注水。喷水可使岩体软化，刚度减小，变形增大，岩体中积蓄的能量可缓缓释放出来，从而减少因高应力引起的破坏现象、如在掌子面和硐壁喷撒水，一定程度上可以降低表层围岩的强度。采用超前钻孔向岩体高压均匀注水，除超前钻孔可以提前释放弹性应变能外，高压注水的楔劈作用可以软化、降低岩体的强度，而且高压注水可产生新的张裂隙并使原有裂隙继续扩展，从而可降低岩体储存弹性应变能的能力。

C 施工安全措施

主要是躲避及清除浮石两种。岩爆一般在爆破后 1h 左右比较激烈，以后则逐渐趋于缓和；爆破多数发生在 1～2 倍硐室直径的范围以内，所以躲避也是一种行之有效的方法。每次爆破循环之后，施工人员躲避在安全处，待激烈的岩爆平息之后再进行施工。在拱顶部位由于岩爆所产生的松动石块必须清除，以保证施工的安全。对于破裂松脱型岩爆，弹射危害不大，可采用清除浮石的方法来保证施工安全。

思考题及习题

4-1 何谓岩体初始应力，岩体初始应力主要是由什么引起的？

4-2 岩体原始应力状态与哪些因素有关？

4-3 试述自重应力场与构造应力场的区别和特点。

4-4 什么是岩体的构造应力，构造应力是怎样产生的，土中有无构造应力，为什么？

4-5 试判断正断层、逆断层、平移断层产生时，其最大主应力与最小主应力的方向。

4-6 什么是侧压系数，侧压系数能否大于1，从侧压系数值的大小如何说明岩体所处的应力状态？

4-7 简述地壳浅部地应力分布的基本规律。

4-8 地应力测量方法分哪两类，两类的主要区别在哪里，每类包括哪些主要测量技术？

4-9   简述水压致裂法的基本测量原理。

4-10   对水压致裂法的主要优缺点作出评价。

4-11   简述声发射法的主要测试原理。

4-12   简述套孔应力解除法的基本原理和主要测试步骤。

4-13   高地应力现象有哪些，其判别准则是什么？

4-14   岩爆的类型和发生条件是什么，工程上如何防治岩爆问题？

4-15   设某花岗岩埋深 1km，其上覆盖地层的平均重度 $\gamma = 26\text{kN}/\text{m}^3$，花岗岩处于弹性状态，泊松比 $\mu = 0.25$。求该花岗岩在自重作用下的初始垂直应力和水平应力。

4-16   已知 5000m 深处某岩体侧压力系数 $\lambda = 0.80$，泊松比 $\mu = 0.25$。在岩体被剥蚀掉 2000m 后侧压力系数为多少？

5 岩石力学在硐室工程中的应用

5.1 概述

地下硐室（underground cavity）是指人工开挖或天然存在于岩土体中作为各种用途的构筑物，如交通隧道、水工隧洞、矿山巷道、地下厂房和仓库、地下铁道及地下军事工程等。由于隧道和巷道等地下工程的力学问题相同，为了便于叙述，本书将上述地下工程构筑物统称为硐室。随着生产的不断发展，地下硐室的规模和埋深都在不断增大。目前，地下硐室的最大埋深已达 2500m，跨度已超过 30m；同时还出现了多条硐室并列的群硐和巨型地下采空系统，如小浪底水库的泄洪、发电和排沙洞就集中分布在左坝肩，形成由 16 条隧洞（最大洞径 14.5m）并列组成的洞群。地下硐室的用途也越来越广。

由于开挖形成了地下空间，打破了岩体原始应力平衡状态，在其周围一定范围的岩体发生应力重新分布，因而将产生一系列复杂的岩体力学作用，这些作用可归纳为：

（1）地下开挖破坏了岩体天然应力的相对平衡状态，硐室周边岩体将向开挖空间松胀变形，使围岩中的应力产生重分布作用，形成新的应力状态。这种在原岩应力基础上重新分布的应力场，通常称为次生应力场，重新分布的应力称为次生应力或二次应力。

（2）在次生应力作用下，硐室围岩将向硐内变形位移。如果围岩中的次生应力超过了岩体的承受能力，围岩将产生破坏。

（3）围岩变形破坏将给地下硐室的稳定性带来危害，因而，需对围岩进行支护衬砌。变形破坏的围岩将对支衬结构施加一定的荷载，称为围岩压力（或称山岩压力、地压等）。

（4）在有压硐室中，作用有很高的内水压力，并通过衬砌或硐壁传递给围岩，这时围岩将产生一个反力，称为围岩抗力。

如何解决在建造地下硐室时所遇到的各种岩体力学问题，包括岩体的二次应力分布、围岩压力的计算以及硐室开挖后围岩的稳定性评价等问题，将直接影响地下硐室的设计、施工工作。因此，本章将主要讨论地下硐室围岩次生应力、围岩变形与破坏、围岩压力和喷锚支护与设计原理等问题的岩石力学分析计算。

5.2 地下硐室围岩弹性区的次生应力

5.2.1 圆形硐室的次生应力

圆形截面应力分析最简单，故先从圆形截面讲起。未开挖前，岩体处于紧密的压缩状态，如图 5-1 所示，任一点 M 受平衡力系 p_A、p_B、q_A、q_B 作用，处于自然平衡状态。开挖后解除了约束力 p_A、q_A，即 $p_A = 0$，$q_A = 0$。q_A、q_B 的大小及方向均发生变化，从图 a 变到图 b，这种现象称为应力重新分布。变化后的应力称为次生应力。此时，岩体因失去自然平衡，必然向无约束方向（硐室方向）松胀。因而，巷道周边切向方向挤压加剧。从图中可见，应力重新分布后其大小、方向均发生变化。

如果硐室半径相对硐长很小时，可按平面应变问题考虑（如图 5-2 所示）。根据弹性理论，

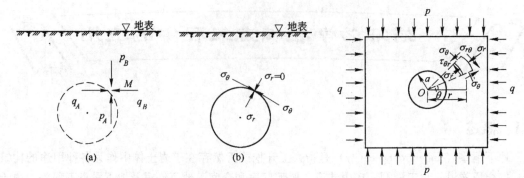

图 5-1　原岩应力与次生应力

（a）开挖前原岩应力；（b）开挖后次生应力

图 5-2　圆形硐室应力计算简图

与水平轴夹角为 θ 的径向线上距硐室中心为 r 处的围岩应力按基尔希公式计算。为计算方便，硐室半径用 a 表示，原岩垂直应力用 p 表示，原岩水平应力用 q 表示，$q = \lambda p$（λ 为侧压系数），因此，圆形硐室围岩中任一点的应力求解公式为

$$
\left.
\begin{aligned}
\sigma_r &= \frac{1}{2}(p + q)\left(1 - \frac{a^2}{r^2}\right) + \frac{1}{2}(q - p)\left(1 - 4\frac{a^2}{r^2} + 3\frac{a^4}{r^4}\right)\cos 2\theta \\
\sigma_\theta &= \frac{1}{2}(p + q)\left(1 + \frac{a^2}{r^2}\right) - \frac{1}{2}(p - q)\left(1 + 3\frac{a^4}{r^4}\right)\cos 2\theta \\
\tau_{r\theta} &= \frac{1}{2}(p - q)\left(1 + 2\frac{a^2}{r^2} - 3\frac{a^4}{r^4}\right)\sin 2\theta
\end{aligned}
\right\}
\tag{5-1}
$$

5.2.1.1　轴对称条件下圆形硐室围岩应力分布

轴对称应满足两个条件：

（1）断面形状对称。对于圆形断面，对称轴为通过圆心且垂直于圆断面的一条直线；

（2）荷载对称。图 5-2 中应当有 $p = q$，即 $\lambda = 1$。

所以，式 5-1 可简化为

$$
\left.
\begin{aligned}
\sigma_r &= p\left(1 - \frac{a^2}{r^2}\right) \\
\sigma_\theta &= p\left(1 + \frac{a^2}{r^2}\right) \\
\tau_{r\theta} &= 0
\end{aligned}
\right\}
\tag{5-2}
$$

由式 5-2 可以看出，围岩的次生应力状态具有以下特点：

（1）径向应力 σ_r 及切向应力 σ_θ 都随径向距离 r 变化，如图 5-3 所示。当 $r = a$ 时，$\sigma_r = 0$，$\sigma_\theta = 2p$；当 $r = \infty$ 时，$\sigma_r = \sigma_\theta = p$。即无衬砌时，硐室（坑道）周边处，$\sigma_r = 0$，$\sigma_r$ 随着 r 的增大逐渐增大，在无穷远处 σ_r 趋近于原岩应力 p；而 σ_θ 在巷道周边处等于 $2p$，σ_θ 随着径向距离的增加而逐渐减小，在无穷远处也趋近于原岩应力 p。

（2）由于 $\tau_{r\theta} = 0$，表明 σ_r 及 σ_θ 均为主应力。在巷道周边处 $\sigma_\theta - \sigma_r = 2p$，即在周边处应力差最大，因而该处剪应力最大（注意：虽然 $\tau_{r\theta} =$

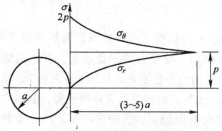

图 5-3　轴对称条件下圆形
硐室围岩应力分布示意图

$\tau_{\theta r} = 0$，但是，单元体上某一斜截面上 $\tau \neq 0$，且最大），故硐室总是从周边开始破坏。

（3）围岩的次生应力状态与岩体的弹性常数 E、μ 无关，也与径向夹角 θ 无关，在一个圆环上应力是相等的。应力的大小与硐室半径和径向距离的比值以及原岩应力 p 的大小有关。

（4）从图 5-3 中可直观看出，只有在距硐室周边无穷远处，应力才恢复到原岩应力状态，也就是说，开挖扰动所产生的影响，从理论上说为无穷远。但是，从工程观点考虑应力变化不超过 5% 便可忽略其影响。按式（5-2）计算，当 $r = 5a$ 时，$\sigma_{\theta} = 1.04p$，与原岩应力相差已经小于 5%，故在此条件下，影响半径 $r = 5a$。

5.2.1.2　非轴对称（$\lambda \neq 1$）条件下圆形硐室围岩应力分布

该条件下，应力计算公式仍按式（5-1）计算。在硐室周边处（$r = a$），可简化为

$$\left.\begin{array}{l} \sigma_{\theta} = p[(1 + \lambda) + 2(1 - \lambda)\cos 2\theta] \\ \sigma_r = 0 \\ \tau_{r\theta} = 0 \end{array}\right\} \tag{5-3}$$

我们关心的是：λ 值在什么情况下围岩周边将出现拉应力。为此，根据式（5-3），令判别式

$$(1 + \lambda) + 2(1 - \lambda)\cos 2\theta \leq 0 \tag{5-4}$$

当 $\theta = 0$ 时，满足上式得条件为 $\lambda > 3$，此时两帮出现拉应力；

当 $\theta = \dfrac{\pi}{2}$ 时，满足上式得条件为 $\lambda < \dfrac{1}{3}$，此时顶板出现拉应力。

图 5-4 所示为 $\lambda > 1$，即侧压大于顶压时，切向应力 σ_{θ} 沿硐室周边的分布情况。从周边开始的径向射线的长度表示该点的切向应力值。

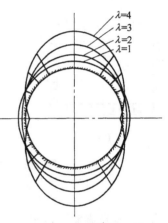

图 5-4　$\lambda > 1$ 时周边环向应力分布示意图

由上述分析可知：

（1）圆形硐室周边不出现拉应力的条件是 $1/3 \leq \lambda \leq 3$。

（2）周边应力的最大或最小值发生在硐室两帮与顶板、底板的中点处。最大值处是危险的，最小值处可能是拉应力，也有危险。

（3）顶压为主时，顶、底板出现拉应力，两帮出现高压应力；侧压为主时，两帮出现拉应力，顶、底板为高压应力。

5.2.2　椭圆形硐室周边应力分布

如图 5-5 所示，椭圆形硐室断面长轴为水平方向，长半轴为 a，短半轴为 b，硐室所处位置原岩铅垂应力为 p，水平应力为 $q = \lambda p$，根据弹性力学关于椭圆孔周边应力复变函数解，计算公式为

$$\sigma_r = \tau_{r\theta} = 0 \tag{5-5}$$

$$\sigma_{\theta} = \frac{p[m(m + 2)\cos^2\theta - \sin^2\theta] + \lambda p[(2m + 1)\sin^2\theta - m^2\cos^2\theta]}{\sin^2\theta + m^2\cos^2\theta} \tag{5-6}$$

式中　m——轴比，$m = b/a$；

θ——从水平轴算起的角度。

根据式（5-6）可知，在两帮中点，$\theta = 0$ 或 π 时，有

$$\sigma_\theta = p\left(1 - \lambda + \frac{2}{m}\right) \tag{5-7}$$

在顶板、底板中央，$\theta = \dfrac{\pi}{2}$ 或 $\theta = \dfrac{3}{2}\pi$ 时，有

$$\sigma_\theta = p(\lambda + 2m\lambda - 1) \tag{5-8}$$

由上面两式可见：

（1）当 $\lambda = 1$ 时，如 $\theta = 0$，$\sigma_\theta = \dfrac{2p}{m}$；如 $\theta = \dfrac{\pi}{2}$，$\sigma_\theta = 2mp$，说明在静水压力场中，任意椭圆孔周边上的应力均为压应力。

（2）当 $m = \dfrac{1}{\lambda}$，即椭圆的轴比等于相应的原岩应力之比时，有 $\sigma_\theta = (1 + \lambda)p = $ 常数。此时，硐室周围的应力集中系数最小，且能保持硐室均匀受压。因此，在工程中应尽量使硐室断面水平轴尺寸与垂直轴尺寸之比等于侧压系数 λ，即让长轴与最大来压方向一致，才能保证在围岩中出现切向等压圈，如图 5-6 所示。

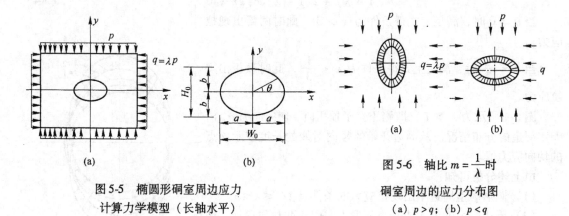

图 5-5　椭圆形硐室周边应力
计算力学模型（长轴水平）

图 5-6　轴比 $m = \dfrac{1}{\lambda}$ 时
硐室周边的应力分布图
（a）$p > q$；（b）$p < q$

5.2.3　矩形硐室围岩应力分布

矩形硐室围岩应力分布的理论解公式比较复杂，下面仅就光弹模拟试验及有限元法分析结果作简要介绍。

如图 5-7 所示，矩形硐室围岩应力分布具有如下特征：

（1）顶、底板中点水平应力在周边附近一定范围内为拉应力，越往围岩内部，拉应力逐渐减小，然后又转化为压应力，到围岩与原岩边界处，$\sigma_h = q$；

（2）顶、底板中点铅垂应力为零，越往围岩内部，应力越大，到围岩与原岩边界处，$\sigma_v = p$；

（3）两帮中点水平应力为零，越往围岩内部，应力越大，到围岩与原边界处，$\sigma_h = q$；

（4）两帮中点铅垂应力达到最大值，越往围岩内部，应力逐渐减小，到围岩与原岩边界处，$\sigma_v = p$。

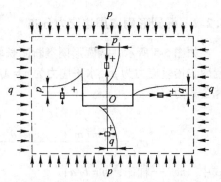

图 5-7　矩形坑道围岩应力沿断
面对称轴的变化规律示意图

总之，矩形硐室围岩应力与圆形硐室围岩应力分布特征相似，在围岩与原岩边界处趋近于原岩应力。

综上所述，硐室围岩应力分布的共同特点是：

（1）无论硐室断面形状如何，周边附近应力集中系数最大，远离周边，应力集中程度逐渐减小，在距巷道中心 3~5 倍硐室半径处，围岩应力趋近于与原岩应力相等。

（2）硐室围岩应力受侧压系数 λ、硐室断面轴比的影响。一般来说，硐室断面长轴平行于原岩最大主应力方向时，能获得较好的围岩应力分布；而当硐室断面长轴与短轴之比等于长轴方向原岩最大主应力与短轴方向原岩应力之比时，坑道围岩应力分布最理想，这时在硐室顶、底板中点和两帮中点处切向应力相等，并且不出现拉应力。

（3）硐室断面形状影响围岩应力分布的均匀性。通常平直边容易出现拉应力，转角处产生较大剪应力集中，都不利于硐室的稳定。

（4）硐室影响区随硐室半径的增大而增大，相应的应力集中区也随硐室半径增大而增大。如果应力很高，在周边附近应力超过岩体承载能力而产生的破裂区半径也将较大。

上述特征都是在假定硐室周边围岩完整的情况下才具备的。在采用爆破方法开挖的硐室中，由于爆破的震动和破坏作用，硐室周边往往不是应力集中区，而是应力降低区，此区域又叫爆破松动区。该区域的范围一般在 0.5m 左右。

5.2.4 硐室围岩的弹性位移

应力变化必然引起变形，各种变形成分的总和就是位移，其中弹性变形成分组成围岩的弹性位移。

根据弹性理论，当原岩作用在围岩上的压力为 p 和 q 时，硐室围岩内任意点的弹性位移为

$$
\left.
\begin{aligned}
u &= \frac{1-\mu^2}{E}\left[\frac{q+p}{2}\left(r+\frac{a^2}{r}\right)+\frac{q-p}{2}\left(r-\frac{a^4}{r^3}+4\frac{a^2}{r}\right)\cos 2\theta\right] \\
&\quad -\frac{\mu(1+\mu^2)}{E}\left[\frac{q+p}{2}\left(r-\frac{a^2}{r}\right)-\frac{q-p}{2}\left(r-\frac{a^4}{r^3}\right)\cos 2\theta\right] \\
v &= -\frac{1-\mu^2}{E}\left[\frac{q-p}{2}\left(r+2\frac{a^2}{r}+\frac{a^4}{r^3}\right)\cos 2\theta\right] \\
&\quad -\frac{\mu(1+\mu^2)}{E}\left[\frac{q-p}{2}\left(r-2\frac{a^2}{r}+\frac{a^4}{r^3}\right)\cos 2\theta\right]
\end{aligned}
\right\}
\tag{5-9}
$$

式中　u——径向位移；

　　　v——切向位移。

从式 (5-9) 可求得硐室周边弹性位移的计算式。

5.2.4.1　不均匀围压条件下

在式 (5-9) 的第一式中，令 $r=a$，$q=\lambda p$，得

$$
u_a = \frac{(1-\mu^2)pa}{E}[(1+\lambda)-2(1-\lambda)\cos 2\theta]
\tag{5-10}
$$

5.2.4.2　均匀围压条件下

在式 (5-10) 中，令 $\lambda=1$，得

$$
u_a = \frac{2(1-\mu^2)}{E}pa
\tag{5-11}
$$

应当指出，式（5-11）包括开挖前，原岩在原岩应力作用下产生的位移 u_0，然而 u_0 对支架不产生任何作用，对支架荷载有影响的位移只是开挖后围岩产生的位移 u_1，因此应将 u_0 扣除。

（1）硐室开挖前围岩产生的位移 u_0 为

$$u_0 = \frac{(1+\mu)(1-2\mu)}{E}pa \tag{5-12}$$

（2）由于开挖而在围岩周边产生的弹性位移增量为：$u_1 = u_a - u_0$，即

$$u_1 = \frac{2(1-\mu^2)}{E}pa - \frac{(1+\mu)(1-2\mu)}{E}pa = \frac{(1+\mu)}{E}pa \tag{5-13}$$

5.3　地下硐室围岩塑性区的次生应力

5.3.1　塑性区的特点

塑性区是弹塑性岩体与硐室相连的某一区域，其特点是：
（1）逐渐形成，由边界向围岩深部扩展。
（2）各点的应力都满足强度曲线所决定的极限条件和应力平衡条件。
（3）随着时间的推移，裸露围岩的强度将逐渐弱化，愈靠近边界，这种恶化愈明显。

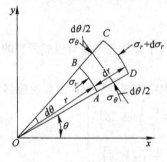

图5-8　单元体平衡分析

5.3.2　圆形硐室塑性区应力（$\lambda = 1$）

由于所观察的问题只是部分地进入了屈服状态（对于岩体，永久是部分进入），这是一个弹塑性平衡问题，需要满足两个条件：

（1）平衡条件 $\Sigma R = 0$（诸力在径向 r 上的投影等于零）。根据弹性理论，用极坐标表示的平衡微分方程式可由图5-8求得。在该图中，扇形体 $ABCD$ 表示从围岩中取出的任一微小单元体，它的各边分别为：

$$AB = rd\theta \quad CD = (r+dr)d\theta \quad AD = BC = dr$$

在轴对称问题中，应力值与 θ 无关，所以 AD 和 BC 面上的正应力 σ_θ 相等，仅在径向出现应力 σ_r 的增量 $\Delta\sigma_r$；此外，剪应力由于对称而等于零。令 $\Sigma R = 0$，有：

$$\sigma_r rd\theta + 2\sigma_\theta dr\sin\frac{d\theta}{2} - (\sigma_r + d\sigma_r)(r+dr)d\theta = 0$$

在上式中，忽略高阶微量，并令 $\sin d\theta = d\theta$ 和 $\sin\frac{d\theta}{2} = \frac{d\theta}{2}$，消去项 $d\theta$ 后，可得围岩各点应满足的平衡微分方程式为

$$\frac{\sigma_\theta - \sigma_r}{2} - \frac{d\sigma_r}{dr} = 0 \tag{5-14}$$

（2）根据塑性区的定义，在该区全部进入极限状态，由各点应力 σ_θ 和 σ_r 值所作出的应力圆应当与岩体的强度曲线相切（图5-9）。

根据几何关系可得

$$\frac{\sigma_\theta - \sigma_r}{2} = (\sigma_r + C \cdot \cot\phi)\frac{\sin\phi}{1-\sin\phi} \tag{5-15}$$

将式（5-15）代入平衡微分方程式（5-14），得

$$2(\sigma_r + C \cdot \cot\phi)\frac{\sin\phi}{1 - \sin\phi} \times \frac{1}{r} - \frac{\mathrm{d}\sigma_r}{\mathrm{d}r} = 0$$

解上述微分方程得

$$\ln(\sigma_r + C \cdot \cot\phi) = \frac{\sin\phi}{1 - \sin\phi}\ln r + A$$

式中　r——塑性区中所考察的任一点的半径；

　　　σ_r——该点沿 r 方向的应力；

　　　σ_θ——该点沿 θ 方向的应力；

　　　A——积分常数。

在周边上，$r = a$ 处，σ_r 等于支架对围岩的反力 p_i，所以边界条件为

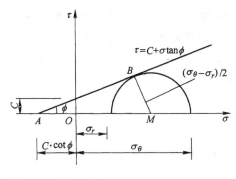

图5-9　塑性区内应力圆与强度曲线的关系

$$\sigma_r \mid_{r=a} = p_i$$

代入上式，得积分常数

$$A = \ln(p_i + C \cdot \cot\phi) - \frac{2\sin\phi}{1 - \sin\phi}\ln a$$

于是塑性区内任一点的应力值可从下式求得：

$$\left.\begin{aligned}\sigma_r &= (p_i + C \cdot \cot\phi)\left(\frac{r}{a}\right)^{2\sin\phi/(1-\sin\phi)} - C \cdot \cot\phi \\ \sigma_\theta &= (p_i + C \cdot \cot\phi)\left(\frac{1 + \sin\theta}{1 - \sin\theta}\right)\left(\frac{r}{a}\right)^{2\sin\phi/(1-\sin\phi)} - C \cdot \cot\phi\end{aligned}\right\} \quad (5\text{-}16)$$

上式表明：塑性区中的应力与岩石的 C、ϕ 值以及支护反力 p_i 有关，而与原岩应力的大小无关。

5.3.3　岩体变形状态及应力状态

到此为止，已经求得弹性及塑性两种状态的围岩应力公式，可用图 5-10 更直观地将两种状态的应力分布状况表示出来，图中表示 Or 轴上诸点的应力，从图中可以看出，硐室最初形

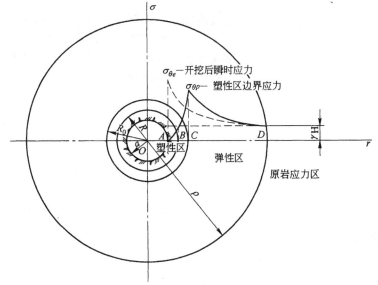

图5-10　弹、塑性区围岩应力分布图

成的一瞬间，围岩应力按弹性状态分布，如图中虚线所示。围岩进入塑性状态时，σ_θ 的最大值从周边转到弹、塑性区的交界处，随着往岩体内部延伸而逐渐减小到原岩应力状态。在塑性区内，σ_θ 从弹、塑性区交界处向巷道周边逐渐降低。有衬砌时，根据式（5-16），硐室周边（即 $r = a$ 处），$C = 0$ 时，

$$\sigma_r = p_i$$
$$\sigma_\theta = p_i \frac{1 + \sin\theta}{1 - \sin\theta}$$

无衬砌时，$r = a$ 处，$C = 0$ 时，

$$\sigma_r = 0$$
$$\sigma_\theta = 0$$

根据岩体状态，可将硐室周围岩体从周边开始分为四个区域，由于轴对称，此四个区的轮廓线都是以硐室中心为中心的同心圆。

（1）松动区（AB）。区内岩体已经被裂隙切割；越靠近巷道周边越严重，岩体强度明显降低。因域内岩体应力低于原岩应力，故也称应力降低区。其物理现象是，内聚力趋于零，内摩擦角有所降低，但岩体尚保持完整，未发生冒落。

（2）塑性强化区（BC）。区内岩体呈塑性状态，但具有较高的承载能力，岩体处于塑性强化阶段。

（3）弹性变形区（CD）。区内岩体在次生应力作用下仍处于弹性变形状态，各点的应力均超过原岩应力。

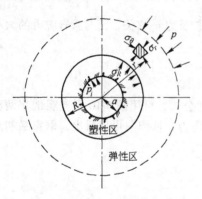

图 5-11　塑性区半径计算简图

（4）原岩状态区（AD 以外的区域）。未受开挖影响，岩体仍处于原岩状态。

5.3.4　塑性区半径 R

根据弹性区与塑性区交界处应力相等的条件，即它既满足弹性条件又满足塑性条件，可求出塑性区的半径。

弹性区应力按弹性理论中厚壁筒公式求得。如图 5-11 所示，将弹性区看做半径为无穷大的厚壁筒，外界面上作用有面力 p（原岩应力），内界面上作用有 σ_R（塑性区岩体对弹性区岩体的支承反力），当 $\lambda = 1$ 时，其应力公式为

$$\left. \begin{array}{l} \sigma_r = p\left(1 - \dfrac{R^2}{r^2}\right) + \sigma_R \dfrac{R^2}{r^2} \\[4mm] \sigma_\theta = p\left(1 + \dfrac{R^2}{r^2}\right) - \sigma_R \dfrac{R^2}{r^2} \end{array} \right\} \tag{5-17}$$

式（5-17）为弹性区内任意一点的应力公式，式（5-16）为塑性区任意一点的公式，二者在交界处应当相等。

当 $r = R$ 时，从式（5-17）可得

$$\sigma_\theta + \sigma_r = 2p \tag{5-18}$$

由式（5-16），可得

$$\sigma_\theta + \sigma_r = \frac{2(p_i + C \cdot \cot\phi)}{1 - \sin\phi}\left(\frac{R}{a}\right)^{\frac{2\sin\phi}{1-\sin\phi}} - 2C \cdot \cot\phi \tag{5-19}$$

根据弹、塑性区交界处应力相等的条件，式 5-18 与式 5-19 应相等。故有

$$\frac{2(p_i + C \cdot \cot\phi)}{1 - \sin\phi}\left(\frac{R}{a}\right)^{\frac{2\sin\phi}{1-\sin\phi}} - 2C \cdot \cot\phi = 2p$$

化简后，得

$$R = a\left[\frac{p + C \cdot \cot\phi}{p_i - C \cdot \cot\phi}(1 - \sin\phi)\right]^{\frac{1-\sin\phi}{2\sin\phi}} \tag{5-20}$$

由式（5-20）可知，塑性区半径 R 取决于原岩应力 p、岩体强度（C，ϕ）、衬砌支撑反力 p_i 和硐室半径 a 等因素。原岩应力越大，R 越大；岩体强度越大，R 越小；支撑反力越大，R 越小；反之亦然。

5.3.5 不同 λ 条件下的塑性区

前面按照 $\lambda = 1$ 的静水压力条件对圆形硐室进行了弹塑性分析，得出了塑性区呈圆形的结论。

实际上，由于各种因素的影响，塑性区的边界是各种各样的。鉴于理论分析的困难，通常采用近似法来确定塑性区的边界。

近似法的实质是：先用弹性理论或实验应力分析结果求得各种不同形状、不同侧压力系数、不同结构面影响情况下的围岩弹性应力解；假设塑性区中应力的大小、方向与弹性区一致，用弹性应力解代替前面所述的应力平衡方程式（5-14）与强度曲线方程联解，以求得满足极限状态的边界线。

圆形断面的弹性应力的一般表达式为式（5-1）。将其中的 r 值以假定的塑性区半径 R 代之，且代入 $q = \lambda p$，可得

$$\left.\begin{aligned}
\sigma_r &= \frac{1}{2}p(1 + \lambda)\left(1 - \frac{a^2}{R^2}\right) - \frac{1}{2}p(1 - \lambda)\left(1 - 4\frac{a^2}{R^2} + 3\frac{a^4}{R^4}\right)\cos 2\theta \\
\sigma_\theta &= \frac{1}{2}p(1 + \lambda)\left(1 + \frac{a^2}{R^2}\right) + \frac{1}{2}p(1 - \lambda)\left(1 + 3\frac{a^4}{R^4}\right)\cos 2\theta \\
\tau_{r\theta} &= \frac{1}{2}p(1 - \lambda)\left(1 + 2\frac{a^2}{R^2} - 3\frac{a^4}{R^4}\right)\sin 2\theta
\end{aligned}\right\} \tag{5-21}$$

另一方面，强度曲线可用主应力表示如下：

$$\frac{\sigma_1 - \sigma_3}{2} = \left(\frac{\sigma_1 + \sigma_3}{2} + C \cdot \cot\phi\right)\sin\phi$$

运用主应力与正应力的弹性力学公式

$$\left.\begin{aligned}\sigma_1 \\ \sigma_3\end{aligned}\right\} = \frac{\sigma_r + \sigma_\theta}{2} \pm \sqrt{\left(\frac{\sigma_r - \sigma_\theta}{2}\right)^2 + \tau_{r\theta}^2}$$

可得强度曲线在极坐标系中的另一种表达形式为

$$\left(\frac{\sigma_r - \sigma_\theta}{2}\right)^2 + \tau_{r\theta}^2 = \left(\frac{\sigma_r + \sigma_\theta}{2} + C \cdot \cot\phi\right)^2 \sin^2\phi \tag{5-22}$$

将式（5-21）代入式（5-22），并运用计算机计算，最终可求得 R 与 θ 之间的关系式为 $R = af(\theta)$，由此即可求得塑性区的近似边界线，如图 5-12 所示。由图 5-12 可见，塑性区形状因 λ 值的变化而明显不同。

除了 λ 值的影响以外，塑性区还与巷道形状和 $\dfrac{C}{p}$（内聚力与垂直初始应力的比值）等因素有关。图 5-13 中给出了 $\dfrac{C}{p}$ 为不同比值并设 $p = \lambda H$ 时 $\lambda = 1$ 和 $\lambda = 1/3$ 两种情况下圆形巷道围岩中近似塑性区的轮廓线。该图表明：$\lambda = 1$ 时，塑性区呈圆形，与精确的弹塑性分析结论一致；$\lambda \neq 1$ 时，塑性区随着 $\dfrac{C}{\gamma H}$ 比值的减少而向 45° 方向扩展。

由于方法的简化，近似的塑性区可能与实际发生的情况有一定出入，但在评价围岩稳定性时还是有参考价值的。

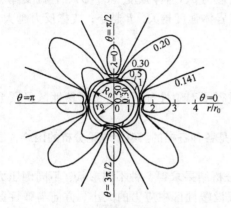

图 5-12　用卡斯特奈方法
求得的塑性区边界线

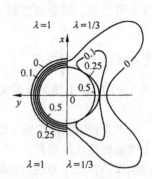

图 5-13　不同 λ 值条件下塑性区的
对比（数字表示 $\dfrac{C}{\gamma H}$ 的值）

5.3.6　圆形硐室塑性区的位移

（1）塑性区的物理方程。熟知的广义虎克定律形式是

$$\left.\begin{aligned}
\varepsilon_r &= \frac{1}{E}\left[\sigma_r - \mu(\sigma_\theta + \sigma_z)\right] \\
\varepsilon_\theta &= \frac{1}{E}\left[\sigma_\theta - \mu(\sigma_r + \sigma_z)\right] \\
\varepsilon_z &= \frac{1}{E}\left[\sigma_z - \mu(\sigma_r + \sigma_\theta)\right]
\end{aligned}\right\} \tag{5-23}$$

将此三式相加，有

$$\varepsilon_r + \varepsilon_\theta + \varepsilon_z = \frac{1 - 2\mu}{E}(\sigma_r + \sigma_\theta + \sigma_z)$$

令

$$\varepsilon = \frac{1}{3}(\varepsilon_r + \varepsilon_\theta + \varepsilon_z)$$

$$\sigma = \frac{1}{3}(\sigma_r + \sigma_\theta + \sigma_z)$$

则

$$\varepsilon = \frac{1 - 2\mu}{E}\sigma \tag{5-24}$$

从式（5-23）减去式（5-24），并代入 $\sigma_\theta + \sigma_z = 3\sigma - \sigma_r$，与 $G = \dfrac{E}{2(1 + \mu)}$，有

$$\left.\begin{array}{l} \varepsilon_r - \varepsilon = \dfrac{1}{2G}(\sigma_r - \sigma) \\[2mm] \varepsilon_\theta - \varepsilon = \dfrac{1}{2G}(\sigma_\theta - \sigma) \\[2mm] \varepsilon_z - \varepsilon = \dfrac{1}{2G}(\sigma_z - \sigma) \end{array}\right\} \tag{5-25}$$

式（5-25）是广义虎克定律的另一种形式。

在塑性区，应力－应变关系是非线性的；因此在采用上式时，需以 $G' = \dfrac{G}{\psi}$ 来代替式（5-25）中的 G。同时，在塑性变形时，物体的体积基本保持不变，因此可以近似地认为围岩的平均应变 ε 等于零。这样式（5-25）可改写为

$$\left.\begin{array}{l} \varepsilon_r = \dfrac{\psi}{2G}(\sigma_r - \sigma) \\[2mm] \varepsilon_\theta = \dfrac{\psi}{2G}(\sigma_\theta - \sigma) \\[2mm] \varepsilon_z = \dfrac{\psi}{2G}(\sigma_z - \sigma) \end{array}\right\} \tag{5-26}$$

在平面应变问题中，$\varepsilon_z = 0$，于是

$$\sigma_z = \sigma = \frac{1}{3}(\sigma_r + \sigma_\theta + \sigma_z)$$

或写成

$$\sigma_z = \sigma = \frac{\sigma_r + \sigma_\theta}{2}$$

代入式（5-25），得塑性区的物理方程为

$$\left.\begin{array}{l} \varepsilon_r = \dfrac{\psi}{2G}(\sigma_r - \sigma_\theta) \\[2mm] \varepsilon_\theta = \dfrac{\psi}{2G}(\sigma_\theta - \sigma_r) \end{array}\right\} \tag{5-27}$$

式中　ψ——塑性指数，是待定系数；在弹性变形时，$\psi = 1$。

（2）ψ 的决定。在轴对称问题中，几何方程是

$$\varepsilon_r = \frac{\mathrm{d}u}{\mathrm{d}r}, \varepsilon_\theta = \frac{u}{r}$$

所以　　　　　$$\frac{\mathrm{d}\varepsilon_\theta}{\mathrm{d}r} = \frac{1}{r}\left(\frac{\mathrm{d}u}{\mathrm{d}r} - \frac{u}{r}\right) = \frac{\varepsilon_r - \varepsilon_\theta}{r} \tag{5-28}$$

式（5-28）是变形协调方程，利用它可确定 ψ 值，由式（5-27）知 $\varepsilon_r = -\varepsilon_\theta$，将这一关系代入式（5-28），有

$$\frac{\mathrm{d}\varepsilon_\theta}{\mathrm{d}r} = -2\frac{\mathrm{d}r}{r}$$

积分得

$$\ln \varepsilon_\theta = -2\ln r + \ln A$$
$$\varepsilon_\theta = \frac{A}{r^2} \tag{5-29}$$

由式（5-27）和式（5-29）可得

$$\psi = \frac{4AG}{r^2(\sigma_\theta - \sigma_r)} \tag{5-30}$$

式中　A——需根据边界确定的常数。

在 $r = R$ 处，即塑性区与弹性区的交界面上，根据弹性区的边界条件，有 $\psi = 1$，所以式（5-30）可改写为

$$A = \frac{R^2}{4G}(\sigma_\theta - \sigma_r)$$

将式（5-16）代入，有

$$A = \frac{R^2}{4G}(p_i + C \cdot \cot\phi)\left(\frac{2\sin\phi}{1 - \sin\phi}\right)\left(\frac{R}{a}\right)^{\frac{2\sin\phi}{1-\sin\phi}}$$

由式（5-20），得

$$\left(\frac{R}{a}\right)^{\frac{2\sin\phi}{1-\sin\phi}} = \frac{(p + C \cdot \cot\phi)(1 - \sin\phi)}{p_i - C \cdot \cot\phi}$$

所以

$$A = \frac{R^2}{4G}\sin\phi(p + C \cdot \cot\phi)$$

（3）塑性区的周边位移。

由 $\varepsilon_\theta = \dfrac{u}{r}$，$\varepsilon_\theta = \dfrac{A}{r^2}$，可得：$u = \dfrac{A}{r}$

所以

$$u = \frac{R^2\sin\phi(p + C \cdot \cot\phi)}{2Gr} \tag{5-31}$$

式中　u——塑性区的径向位移。

上式表明，塑性区位移与塑性区半径 R，岩石的力学参数 G、C、ϕ，以及原岩应力 p 有关。取 $r = a$，并将式（5-20）代入得圆形硐室塑性区的周边位移公式为

$$u_a = \frac{a\sin\phi(p + C \cdot \cot\phi)}{2G}\left[\frac{(p + C \cdot \cot\phi)(1 - \sin\phi)}{p_i + C \cdot \cot\phi}\right]^{\frac{1-\sin\phi}{\sin\phi}} \tag{5-32}$$

由上式可见，当其他条件不变时，硐室周边位移 u_a 与支架反力 p_i 成反比关系。因此，其函数表达式可写成

$$u_a = f(p_i)$$

5.4　围岩压力

5.4.1　围岩压力的基本概念

前面讨论的围岩二次应力（次生应力）状态，无论是洞壁的二次应力小于岩体强度的弹性状态，还是硐壁的二次应力超出岩体的强度呈弹塑性状态，都是在无支护的前提下进行讨论的，可以说，这是一种比较理想的状态。在实际工程中，很少有不作支护就使用的硐室工程。而在进行支护设计时，作用在支护上的荷载是设计中必不可少的参数，这就引出了围岩压力这一概念。

对于围岩压力的认识类似于对岩体的认识一样，也经历了一个逐渐发展、不断完善的过程。最初，人们将围岩压力看成是一个很简单的概念，认为支护是一种构筑物，而岩体的围岩压力则是荷载，二者是相互独立的系统。在这样一种理念下，围岩压力的概念表示为开挖后岩体作用在支护上的压力（也被称做狭义的围岩压力）。

随着人们对岩体认识的不断提高，尤其是通过现场量测试验，大量的成果积累，发现实际工程情况并非如此。实践告诉我们，岩体本身就是支护结构的一部分，它将承担部分二次应力的作用，支护结构应该与岩体是一个整体，两者应成为一个系统，来共同承担由于开挖而引起的二次应力作用。因此，对围岩压力的定义又可理解为：围岩二次应力的全部作用（广义的围岩压力）。在这广义的围岩压力概念中，最具特色的是支护与围岩的共同作用。硐室开挖后，岩体的应力调整、向硐内位移的变化也说明了围岩与支护一起，发挥各自所具有的强度特性，共同参与了这一应力重分布的整个过程。因此，共同作用的围岩压力理论，促进了地下工程建设，使其向更合理、更经济的方向发展。

5.4.2　地压的分类

地压的显现使岩体产生变形和各种不同形式的破坏。为便于分析各种不同性质的地压，按其表现形式，将地压分为四类，即：散体地压、变形地压、冲击地压和膨胀地压。

5.4.2.1　散体地压（松动压力）

由于开挖，在一定范围内，滑移成塌落的岩体以重力的形式直接作用在支架上的压力称为散体压力或松动压力。这种压力直接呈现为荷载。散体地压通常在以下三种情况下形成。

（1）整体稳定的脆性岩体中，出现个别松动掉块的岩石，对支架造成落石压力；

（2）松散软弱地层中，硐室顶部冒落，两侧片帮，对支架造成散体压力；

（3）节理发育的裂隙岩体中，围岩某些部位的岩体沿弱面发生剪切破坏或拉坏，形成局部塌落的散体压力。

造成散体压力的因素很多，如围岩地质条件、岩体破碎程度、开挖施工方法、爆破影响情况、支架设置时间、回填密实程度、硐室断面形状和支护形式等。若岩体破碎，其破碎面与自由面组合形成不稳定岩块；硐室顶板平缓；爆破震动过大；支护不及时或回填不密实等，都容易造成散体地压。

5.4.2.2　变形地压

变形地压是在大范围内岩体位移受到支架的抑制而产生的地压。变形压力的特点表现为围岩与支架相互作用。变形地压的大小既取决于围岩的应力状态，又决定于支护的时间和支架的刚度。变形地压按岩体变形的性态特征，又可分为以下几种：

（1）弹性变形压力。采用紧跟掘进工作面支护的施工方法时，围岩中的原岩应力未得以全部释放，致使支架受到围岩部分弹性变形的作用，由此形成的围岩变形压力称弹性变形压力。

（2）塑性变形压力。支架受到围岩塑性变形（有时还包括一部分弹性变形）的作用而产生的地压称为塑性变形压力。

（3）流变压力（黏弹性变形地压）。围岩产生流动变形，不仅变形量大，而且具有显著的时间效应。它使围岩鼓出、闭合，甚至完全封闭。流变压力是由于岩石发生流动变形而产生。

变形压力由围岩和支架的共同作用所确定，它与原岩应力、侧压系数，岩体的物理力学性质、支护时间及支架特征等多种因素有关。

散体地压及变形地压，实质上是地压发展过程的两个阶段。对于各种不同的岩石，只要围岩变形能自由发展，一般都会出现这两个阶段。在塑性岩体和深部岩体中，由于围岩变形量很大时，岩石才开始脱落，故变形地压十分明显；在脆性岩体中，围岩周边变形量不大时，岩石就开始脱落，所以变形地压不显著，而散体地压表现显著。因此也可以说，散体地压和变形地压是在不同性质的岩石中，不同应力状态下，地压显现的不同形式。

5.4.2.3　冲击地压

深部矿床开采或岩体深部开挖时易发生岩爆，岩爆也是一种地压现象。作为一种地压表现形式，岩爆也称冲击地压。

冲击地压产生的原因是围岩应力超过其弹性极限，岩体内聚集的弹性变形能突然猛烈的释放。岩爆发生时，伴随巨响，岩石以镜片状或叶片状迸发而出，以极大的速度飞向开挖空间（巷道、硐室或采场等）。

冲击地压多发生在深部坚硬完整的岩体中。应当指出，到目前为止，冲击地压的研究水平还不能对其进行完善的理论分析，对某些浅部地层也发生冲击地压的现象未能给予圆满的解释。某些研究资料认为：脆性岩石的单轴抗压强度 S_c 与最大水平压应力 σ_h 之比小于或等于 $3 \sim 6$ 时就有产生冲击地压的危险。

5.4.2.4　膨胀地压

泥质或煤质页岩中的巷道常发生顶板悬垂，底板鼓起、两帮突出等现象，并造成支架破坏。岩体这种大变形后的破坏现象称为膨胀现象，由于膨胀而产生的压力称为膨胀地压。

膨胀地压产生的主要原因是地下水活动的影响。膨胀地压的大小主要取决于岩体的物理力学性质和地下水的活动特征。在含黏土、塑性较大的岩体中掘进巷道，次生应力不仅改变了原岩的结构特征，还形成了有利于地下水活动的毛细孔隙结构，改变了附近的地下水活动规律。开挖空间的出现，使地下水更方便渗入坑道，引起围岩膨胀，产生膨胀地压。

5.4.3　围岩与支架共同作用原理

5.4.3.1　支架特性曲线

支架受到围岩压力时产生相应的变形，这种变形是由支架构件间的相互转动或伸缩以及支架构件本身的变形而产生的，通常称为支架的可缩性。以一个最简单的带有柱帽的立柱（图 5-14）来说，加压后由于柱帽被压扁和立柱被压缩而使整个支架的高度缩短，缩短的量就是支架的变形量或压缩量。每一具体的支架在某一时刻的压缩量是由该时刻所受的外力大小和支架材料的性质来决定的。根据支架上所受的荷载（地压）p_a 和支架的压缩量 u_b 可以作出支架的荷载变形曲线，即 p_a-u_b 曲线（图 5-15）。$u_b = f(p_a)$ 曲线称为支架特性曲线，可以通过试验或理论分析求得。支架因其刚性不同而可分为刚性支架与可缩性支架。图 5-15 表示它们的特性曲线。

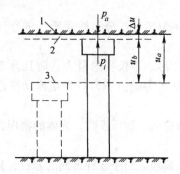

图 5-14　围岩与支架共同作用
1—掘进时的围岩位置；2—支架时的围岩位置；
3—架设支架一定时间后围岩的新位置

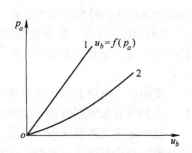

图 5-15　支架特性曲线
1—刚性支架；2—可缩性支架

5.4.3.2 围岩与支架的相互作用

如果在硐室围岩破坏前架设支架，并始终保持支架与围岩的紧密接触，则围岩与支架共同作用，协调变形，它们之间必然存在以下关系（图5-14）：

（1）围岩作用在支架上的压力与支架作用在围岩上的反力相等，有

$$p_a = p_i \tag{5-33}$$

式中 p_a——围岩作用在支架上的压力，即狭义地压；

p_i——支架对围岩的反力。

（2）支架与围岩的变形协调，有

$$u_b = u_a - \Delta u \tag{5-34}$$

式中 u_b——支架产生的位移（压缩量）；

u_a——围岩周边产生的位移（下沉量）；

Δu——架设支架前，围岩周边已产生的位移。

（3）支架的压缩量 u_b 与围岩作用在支架上的压力 p_a 成正变关系，即

$$u_b = f(p_a) \tag{5-35}$$

（4）围岩周边稳定平衡的位移量 u_a 与支架反力 p_i 成正变关系。即

$$u_a = f(p_i) \tag{5-36}$$

方程数目与未知数均为四个，因此，给出围岩位移曲线与支架特性曲线的数学表达式后，问题就能解答。

为了进一步理解围岩与支架的共同作用，将围岩位移曲线与支架特性曲线放在同一坐标系统（图5-15）来考察。

假想两种极端情况：

（1）开挖后立即架设支架，且支架为理想绝对刚性的，则周边位移 u_a 等于弹性位移 u_1，而支架所需提供的反力为最大。此时支架在 A 点工作（图5-16）；支架承受的荷载达 p_{max}，而围岩仅负担产生弹性变形的应力 $p - p_{max}$。

（2）开挖后不架设支架或架设理想可缩性的支架。此时 $p_i = 0$ 和 $u_a = u_{max}$。支架在图5-16所示的 B 点工作，它所承受的荷载为零，而围岩则负担全部地压。

实际上，支架总是或多或少具有一定的可缩性，因此它在围岩位移曲线的某点上工作，

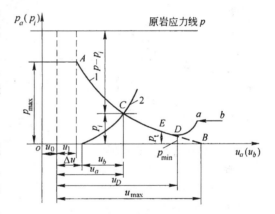

图5-16 支架与围岩共同作用时的压力－位移曲线

1—围岩位移曲线；2—支架特性曲线；u_0—开巷前地层的压缩变形；u_1—开巷后周边产生的瞬时弹性位移；u_a—周边位移；u_b—支架的压缩量；p_a—支架承受的地层压力；p_i—支架作用在围岩上的反力；Δu—支架架设前围岩的位移量；u_D—岩石开始脱落时的围岩位移

这一点也就是围岩位移曲线1与支架特性曲线2的交点 C。支架负担 C 点以下的压力 p_i，而围岩则负担 C 点以上的压力值（$p - p_i$）。可见，支架与围岩合作共同承受广义地压。这样，我们自然得出一个结论：最理想的工作点是 B 点，因为在该点可以不架设支架，让围岩作为一种良好的天然结构物，去支承全部广义地压，并听任围岩周边位移达到最大值。实际工程中也确有不支护而不垮的巷道，其原因就在于充分发挥了围岩的自支承作用。但是很多巷道常常在周边位移达到某一个值（例如 u_D）时就出现局部岩石脱落的情况。这时，图5-16所示位移曲线的 DB 段就失去了意义，支架上的压力开始取决于松脱岩石的重量，由 Dab 线所决定。D 点可

称为松脱点。最佳的工作点应当在 D 点以上且最邻近 D 点（例如 E 点）。在该点附近可最大限度地发挥围岩的作用。

5.5　围岩压力计算

5.5.1　变形围岩压力计算

为了防止塑性变形的过度发展，需对围岩设置支护衬砌。当支衬结构与围岩共同工作时，支护力 p_i 与作用于支衬结构上的围岩压力是一对作用力与反作用力。这时只要求得支衬结构对围岩的支护力 p_i，也就求得了作用于支衬上的变形围岩压力。基于这一思路，从式（5-20）可得

$$p_i = \left[(p + C \cdot \cot\phi)(1 - \sin\phi) \right] \left(\frac{a}{R} \right)^{\frac{2\sin\phi}{1-\sin\phi}} - C \cdot \cot\phi \qquad (5\text{-}37)$$

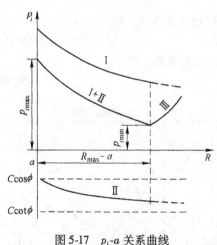

图 5-17　p_i-a 关系曲线

Ⅰ—由 p 引起的 p_i-R 曲线；

Ⅱ—由 C 引起的 p_i-R 曲线；

Ⅰ+Ⅱ—修正芬纳–塔罗勃 p_i-R_1 曲线

式（5-37）即为计算圆形硐室变形围岩压力的修正芬纳–塔罗勃公式。

式（5-37）是围岩处于极限平衡状态时 p_i—R 的关系式，可用图 5-17 中的曲线表示。由图可知，当 R（塑性区半径）愈大时，维持极限平衡所需的 p_i 愈小。因此，在围岩不至失稳的情况下，适当扩大塑性区，有助于减小围岩压力。由此我们可以得到一个重要的概念，即不仅处于弹性变形阶段的围岩有自承能力，处于塑性变形阶段的围岩也具有自承能力，这就是为什么在软弱岩体中即使有很大的天然应力作用，仅用较薄的衬砌也能维持硐室稳定的道理。但是塑性围岩的这种自承能力是有限的，当 p_i 降到某一低值 $p_{i\min}$ 时，围岩就要塌落，这时围岩压力可能反而增大（图 5-17 中曲线Ⅲ）。

由于一般情况下 R 难以求得，所以常用硐壁围岩的塑性变形 u_a 来表示 p_i。由式（5-31）可得

$$\frac{a}{R} = \sqrt{\frac{a\sin\phi(p + C \cdot \cot\phi)}{2Gu_a}}$$

代入式（5-37），可得 p_i 与 u_a 间的关系为

$$p_i = \left[(p + C \cdot \cot\phi)(1 - \sin\phi) \right] \left(\frac{a\sin\phi(p + C \cdot \cot\phi)}{2G \cdot u_a} \right)^{\frac{\sin\phi}{1-\sin\phi}} - C \cdot \cot\phi \qquad (5\text{-}38)$$

5.5.2　松动围岩压力计算

松动围岩压力是指松动塌落岩体重量所引起的作用在支护衬砌上的压力。实际上，围岩的变形与松动是围岩变形破坏发展过程中的两个阶段，围岩过度变形超过了它的抗变形能力，就会引起塌落等松动破坏，这时作用于支护衬砌上的围岩压力就等于塌落岩体的自重或分量。目前计算松动围岩压力的方法主要有：平衡拱理论、太沙基理论及块体极限平行理论等。

5.5.2.1　平衡拱理论

这个理论是由前苏联的 M. M. 普罗托奇雅可诺夫提出的，又称为普氏理论。该理论认为：

硐室开挖以后, 如不及时支护, 硐顶岩体将不断塌落而形成一个拱形, 又称塌落拱。最初这个拱形是不稳定的, 如果硐侧壁稳定, 则拱高随塌落不断增高; 如侧壁也不稳定, 则拱跨和拱高同时增大。当硐室埋深较大(埋深 $H > (2 \sim 2.5)b$, b 为压力拱高度)时, 塌落拱不会无限发展, 最终将在围岩中形成一个自然平衡拱。这时, 作用于支护衬砌上的围岩压力就是平衡拱与衬砌间破碎岩体的重量, 与拱外岩体无关。因此, 利用该理论计算围岩压力时, 首先要找出平衡拱的形状和拱高。

A　普氏理论假设条件

(1) 将岩体视为具有一定粘结力的松散体。

$$f = \frac{\tau}{\sigma} = \frac{C + \sigma\tan\phi}{\sigma} = \frac{C}{\sigma} + \tan\phi = \tan\phi_k \tag{5-39}$$

式中　ϕ_k——岩体似内摩擦角。

(2) 硐顶岩体能够形成压力拱。

(3) 沿拱切线方向只作用有压应力, 而不能承受拉应力。自然平衡拱以上的岩体重量通过拱传递到两帮, 对拱内岩体不产生任何影响。即作用在支架上的顶压仅为拱内岩重量, 与拱外岩体和硐室埋深无关。

(4) 采用坚固性系数 f(普氏系数)来表征岩体的强度: $f = \dfrac{\sigma_c}{10}$

式中　σ_c——岩石单轴抗压强度, MPa, 也可按式 (3-10) 计算岩体似内摩擦角 ϕ_k。

B　自然平衡拱的力学模型及相应的计算方法

模型 1 (图 5-18a): 假定硐室两帮岩体稳定 ($f > 2$), 而硐室顶部岩体不稳定, 会发生冒落而形成自然平衡拱。

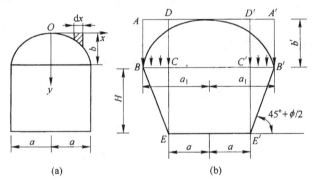

图 5-18　自然平衡拱力学模型

(1) 平衡拱形状。平衡拱形状如图 5-18a 所示, 为一条抛物线, 其方程为　　　$y = \dfrac{b}{a^2}x^2$

(2) 平衡拱跨度。平衡拱跨度等于硐室跨度, 即 $2a$。

(3) 平衡拱高度 b: $b = \dfrac{a}{f}$

(4) 平衡拱面积:

$$A = 2ab - 2\int_0^a y\,\mathrm{d}x = 2ab - 2\int_0^a \frac{b}{a^2}x^2\,\mathrm{d}x = \frac{4}{3}ab$$

(5) 单位长度平衡拱内岩体重量 W:

$$W = A \cdot \gamma = \frac{4}{3}ab\gamma = \frac{4}{3} \cdot \frac{a^2}{f} \cdot \gamma \tag{5-40}$$

（6）单位长度硐室上作用在支架上的顶压 p_v：

$$p_v = W = \frac{4}{3}ab\gamma = \frac{4}{3} \cdot \frac{a^2}{f} \cdot \gamma \tag{5-41}$$

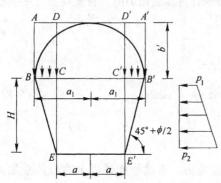

图 5-19 自然平衡拱力学模型 2

模型 2（图 5-19）：假定硐室两帮岩体也不稳定（$f < 2$），发生剪切破坏，导致平衡拱的跨度扩大。

（1）平衡拱形状。平衡拱形状如图 5-19 所示，为一条抛物线，其方程为

$$y = \frac{b'}{a_1^2}x^2$$

（2）平衡拱跨度。两帮岩体发生剪切破坏，其破裂面与水平面的夹角为 $45° + \phi/2$，此时平衡拱跨度将增大至 $2a_1$。

$$2a_1 = 2a + 2BC = 2\left[a + H\cot\left(45° + \frac{\phi_k}{2}\right)\right]$$

（3）平衡拱高度 b'：

$$b' = \frac{a_1}{f} = \frac{1}{f}\left[a + H\cot\left(45° + \frac{\phi_k}{2}\right)\right]$$

（4）单位长度硐室上作用在支架上的顶压 p_v：

支架受到的顶压近似等于 $DCC'D'$ 部分岩体的重量，即

$$p_v = 2ab'\gamma = 2aq \tag{5-42}$$

式中　$q = b'\gamma$

（5）支架受到的总的侧压力 Q_h：

可按滑动土体上有均布荷载 $q = \gamma b'$ 作用的挡土墙上主动土压力公式计算，即

$$p_1 = qK_a = q\tan^2\left(45° - \frac{\phi_k}{2}\right)$$

$$p_2 = (q + \gamma H)K_a$$

$$Q_h = \frac{1}{2}(p_1 + p_2)H = \left(\frac{1}{2}\gamma H^2 + qH\right)\tan^2\left(45° - \frac{\phi_k}{2}\right) \tag{5-43}$$

式中　ϕ_k——岩体似内摩擦角，$\varphi_k = \arctan f$。

实际上，自然平衡拱有各种形状，在岩层倾斜的情况下，还会产生歪斜的平衡拱，如图 5-20 所示。可见：松脱压力是有一定限度的，不是无限增大；采用传统支护方法时，要尽量使支护与围岩紧密接触，使支护更好地发挥作用，有效控制围岩破坏。

普氏平衡拱理论适用于深埋硐室。

5.5.2.2 太沙基理论

对于软弱破碎岩体或土体，在硐室浅埋的情况下，可以采用太沙基理论计算围岩压力。

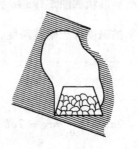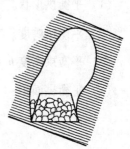

图 5-20 歪斜的自然平衡拱

A　太沙基理论的基本假设

（1）视岩体为具有一定粘结力的松散体，其强度服从莫尔-库仑强度理论，即

$$\tau = C + \sigma \tan\phi$$

（2）假设硐室开挖后，顶板岩体逐渐下沉，引起应力传递而作用在支架上，形成硐室压力。

B　沙基围岩压力公式

一般分硐室两帮岩体稳定或不稳定两种情况考虑。

（1）硐室两帮岩体稳定。硐室两帮岩体稳定，下沉仅限于顶板上部岩体，如图 5-21 所示，AD 和 BC 为滑动面，并延伸至地表。

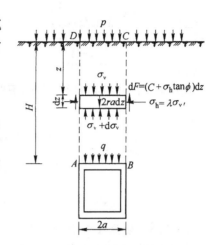

两侧岩体的剪力 $\mathrm{d}F$：

$$\mathrm{d}F = \tau \cdot \mathrm{d}z = (C + \sigma_h \tan\phi)\mathrm{d}z = (C + \lambda\sigma_v \tan\phi)\mathrm{d}z$$

式中：σ_h，σ_v 为在深度 Z 处的水平应力和垂直应力，λ 为侧压力系数，$\lambda = \sigma_h / \sigma_v$。

若地表作用有均布荷载 p，则薄层 $\mathrm{d}z$ 在垂直方向的平衡方程为

$$2a\gamma\mathrm{d}z + \sigma_v \cdot 2a = 2a(\sigma_v + \mathrm{d}\sigma_v) + 2(C + \lambda\sigma_v \tan\phi)\mathrm{d}z$$

整理：$\left(\gamma - \dfrac{\lambda\tan\phi}{a}\sigma_v - \dfrac{C}{a}\right)\mathrm{d}z = \mathrm{d}\sigma_v$

图 5-21　侧壁稳定时围岩压力计算图

于是得　　$\dfrac{\mathrm{d}\sigma_v}{\mathrm{d}z} + \dfrac{\lambda\tan\phi}{a}\sigma_v = \gamma - \dfrac{C}{a}$

解微分方程得　　　　$\sigma_v = \dfrac{a\gamma - C}{\lambda\tan\phi}[1 + Ae^{-\frac{\lambda\tan\phi}{a}z}]$

根据地表边界条件求 A：

当 $z = 0$ 时，$\sigma_v = p$，代入上式得

$$A = \frac{\lambda p\tan\phi}{a\gamma - C} - 1$$

则垂直应力的计算公式为

$$\sigma_v = \frac{a\gamma - C}{\lambda\tan\phi}\left[1 + \left(\frac{\lambda p\tan\phi}{a\gamma - C} - 1\right)e^{-\frac{\lambda\tan\phi}{a}z}\right] = \frac{a\gamma - C}{\lambda\tan\phi}(1 - e^{-\frac{\lambda\tan\phi}{a}z}) + pe^{-\frac{\lambda\tan\phi}{a}z} \tag{5-44}$$

当 $z = H$ 时，σ_v 就是作用在坑道顶压 q_v。

$$q_v = \sigma_{v(z=H)} = \frac{a\gamma - C}{\lambda\tan\phi}(1 - e^{-\frac{\lambda\tan\phi}{a}H}) + pe^{-\frac{\lambda\tan\phi}{a}H} \tag{5-45}$$

若 $H \to \infty$，$C = 0$，$p = 0$ 时，硐室顶压：

$$q_v = \sigma_v = \frac{a\gamma}{\lambda\tan\phi} \tag{5-46}$$

单位长度硐室上的顶压为：

$$p_v = 2aq_v \tag{5-47}$$

（2）硐室两帮岩体不稳定。如图 5-22 所示，硐室两帮岩体发生剪切破坏，形成直达地表的破裂面 OC 和 $O'C'$ 并引起岩柱体 $ABB'A'$ 下沉，产生垂直破裂面 AB 和 $A'B'$。

1）硐室顶部下沉的跨度为

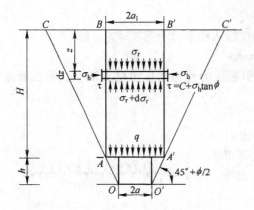

图 5-22　侧壁不稳定时围岩压力计算图

$$2a_1 = 2\left[a + H\cot\left(45° + \frac{\phi}{2}\right)\right]$$

2）硐室顶压。硐室顶压计算方法同上，只需将以上各式中的 a 以 a_1 代替即可。

$$q_v = \sigma_{v(z=H)} = \frac{a_1\gamma - C}{\lambda\tan\phi}(1 - e^{-\frac{\lambda\tan\phi}{a_1}H}) + pe^{-\frac{\lambda\tan\phi}{a_1}H}$$

$$(5\text{-}48)$$

若 $H\to\infty$，$C=0$，$p=0$ 时，硐室顶压：

$$q_v = \sigma_v = \frac{a_1\gamma}{\lambda\tan\phi} \tag{5-49}$$

3）单位长度硐室上的顶压为：$p_v = 2aq_v$

4）支架受到的总的侧压力 Q_h：

$$P_1 = q_v K_a = q_v\tan^2\left(45° - \frac{\phi_k}{2}\right)$$

$$P_2 = (q_v + \gamma H)K_a$$

$$Q_h = \frac{1}{2}(P_1 + P_2)H = \left(\frac{1}{2}\gamma H^2 + q_v H\right)\tan^2\left(45° - \frac{\phi}{2}\right) \tag{5-50}$$

5.5.2.3　块体极限平衡理论

整体状结构岩体中，常被各种结构面切割成不同形状和大小的结构体。地下硐室开挖后，由于硐室周边临空，围岩中的某些块体在自重作用下向硐内滑移。那么作用在支护衬砌上的压力就是这些滑体的重量或其分量，可采用块体极限平衡法进行分析计算。

采用块体极限平衡理论计算围岩压力的步骤为：

（1）运用地质勘探手段查明结构面产状和组合关系，并求出结构面的 C、ϕ 值；

（2）对临空的结构体进行稳定性分析，找出可能滑移的结构体（危岩）；

（3）采用块体极限平衡理论进行支护压力计算。

A　顶板危岩稳定性分析

如图 5-23 所示，设结构面 AC 和 BC 的粘结力分别为 C_{01}、C_{02}，内摩擦角为 ϕ_{01}、ϕ_{02}，$AC = L_1$，$BC = L_2$，结构体高度为 H。

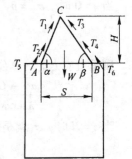

图 5-23　顶部危险结构体的力学分析

由几何关系可得：

$$S = H\cot\alpha + H\cot\beta$$

$$H = \frac{S}{\cot\alpha + \cot\beta}$$

并且有：

$$L_1 = \frac{H}{\sin\alpha} = \frac{S}{\sin\alpha(\cot\alpha + \cot\beta)}$$

$$L_2 = \frac{H}{\sin\beta} = \frac{S}{\sin\beta(\cot\alpha + \cot\beta)}$$

（1）受力分析。

1）结构面 AC 和 BC 上由粘结力产生的抗剪力为

$$T_1 = C_{01}\cdot L_1, \quad T_3 = C_{02}\cdot L_2$$

2）围岩切向应力 σ_θ（设顶板围岩水平应力平均值为 σ_θ）在结构面上产生的摩擦力为

$$T_2 = \sigma_\theta\sin\alpha\cdot L_1\cdot\tan\phi_{01}$$

$$T_4 = \sigma_\theta \sin \beta \cdot L_2 \cdot \tan\phi_{02}$$

3）切向应力 σ_θ 对结构体产生的上推力：

4）单位长度结构体自重为

$$W = \frac{1}{2} S \cdot H \cdot \gamma = \frac{S^2 \gamma}{2(\cot\alpha + \cot\beta)} \tag{5-51}$$

式中 γ——围岩重度。

（2）稳定性判断。

结构面上总抗剪力沿垂直方向的分力 F_V 为

$$F_V = (T_1 + T_2 + T_5)\sin \alpha + (T_3 + T_4 + T_6)\sin \beta$$

$$= \frac{S}{\cot\alpha + \cot\beta} [C_{01} + C_{02} + \sigma_\theta(\sin \alpha \cdot \tan\phi_{01} + \sin\beta \cdot \tan\phi_{02} + \cos\alpha + \cos\beta)]$$

$$\tag{5-52}$$

显然，结构体的稳定条件为

$$F_V \geqslant W$$

上式若不满足，则要考虑支护。作用于支护上的压力等于结构体的重力 W。

B 两帮危岩稳定性分析

如图 5-24 所示，设结构面 BC 的粘结力为 C_0，内摩擦角为 ϕ_0，结构体高度为 S。若忽略两帮切向应力作用，则只需考虑 BC 面上的滑动力与抗滑力的平衡。

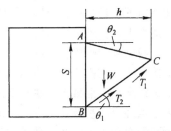

图 5-24 侧帮危险结构体的力学分析

由几何关系可得

$$AC \cdot \cos \theta_2 = BC \cdot \cos \theta_1$$

$$S = AB = AC \cdot \sin \theta_2 + BC \cdot \sin \theta_1$$

由上两式可解得：$BC = \dfrac{AB \cdot \cos \theta_2}{\sin (\theta_1 + \theta_2)}$

从而得：$h = BC \cdot \cos \theta_1 = \dfrac{AB \cdot \cos \theta_1 \cos \theta_2}{\sin (\theta_1 + \theta_2)}$

（1）单位硐室长度上结构体自重为

$$W = \frac{1}{2} AB \cdot h \cdot \gamma = \frac{AB^2 \cdot \cos \theta_1 \cos \theta_2}{2\sin (\theta_1 + \theta_2)} \cdot \gamma \tag{5-53}$$

式中 γ——两帮围岩重度。

结构面 BC 上由粘结力产生的抗剪力为

$$T_1 = C_0 \cdot BC = \frac{C_0 \cdot AB \cdot \cos \theta_2}{\sin (\theta_1 + \theta_2)} \tag{5-54}$$

结构体自重在 BC 面上的法向分力产生的抗剪力为

$$T_2 = W\cos \theta_1 \cdot \tan\phi_0 = \frac{\gamma \cdot AB^2 \cdot \cos^2\theta_1 \cos \theta_2 \tan\phi_0}{2\sin (\theta_1 + \theta_2)} \tag{5-55}$$

（2）在 BC 面上的总的抗滑力为

$$T_{抗滑力} = T_1 + T_2 \tag{5-56}$$

由结构体自重在 BC 面上的切向分力（下滑力）为

$$T = W\sin \theta_1 = \frac{\gamma \cdot AB^2 \cdot \cos^2\theta_1 \cos \theta_2 \sin \theta_1}{2\sin (\theta_1 + \theta_2)} \tag{5-57}$$

所以，结构体 ABC 的稳定条件为

$$T_{抗滑力} = T_1 + T_2 > T \tag{5-58}$$

即：$C_0 \cdot BC + W\cos \theta_1 \cdot \tan\phi_0 - W\sin \theta_1 > 0$

若：$C_0 \cdot BC + W\cos \theta_1 \cdot \tan\phi_0 - W\sin \theta_1 \leqslant 0$

则结构体 ABC 不稳定，在下滑时对支架产生水平推力，即对支架施加的侧压力为

$$P_h = [T - (T_1 + T_2)]\cos \theta_1 \tag{5-59}$$

即

$$P_h = [W\sin \theta_1 - (C_0 \cdot BC + W\cos \theta_1 \cdot \tan\phi_0)]\cos \theta_1 \tag{5-60}$$

5.6　喷锚支护

采用喷射混凝土、锚杆、喷射混凝土与锚杆联合或喷、锚加金属网的联合来维护巷道（或其他地下工程）的方法统称为喷锚支护。这类支护的共同特点是，通过加固围岩、提高围岩自承能力来达到维护的目的。

我国采用喷锚支护已有 50 多年的历史。在各类矿山及地下工程中，喷锚支护已成为主要支护形式。在推广应用喷锚支护的同时，喷锚支护的新技术、新理论也在发展。我国研究成功了钢纤维喷射混凝土、快硬水泥卷锚杆及管缝式摩擦锚杆；建立了全长粘结式锚杆支护原理的中性点理论与参数计算方法；提出了喷锚支护的监控设计、反馈设计等观点；在松软岩层、大断面硐室和采场以及在受爆破震动等复杂条件下喷锚支护应用成功，并取得了显著的技术经济效益。

5.6.1　喷射混凝土支护计算

5.6.1.1　喷射混凝土的类型与力学作用

喷射混凝土，是将混凝土的混合料以高速喷射到巷道围岩表面而形成的支护结构。它共有两种类型：

素喷射混凝土：由石子、砂、水泥和水按一定配合比所组成。

钢纤维喷射混凝土：在素喷混凝土中加入短的钢纤维，用以提高喷射混凝土的强度和变形能力。短钢纤维通常为 $\phi 0.4 \times 25\text{mm}$，形似弯钩状，掺入量为混凝土的 4%（重量比）。

喷射混凝土的支护作用主要体现在：

（1）加固作用。巷道掘进后及时喷上混凝土，封闭围岩暴露面，防止风化；在有张开型裂隙的围岩中，喷射混凝土充填到裂隙中起到粘结作用，从而提高了裂隙性围岩的强度。

（2）改善围岩应力状态。由于喷射混凝土层与围岩全面紧密接触，缓解了围岩凸凹表面的应力集中程度；围岩与喷层形成协调的力学系统，围岩表面由支护前的双向应力状态，转为三向应力状态，提高了围岩的稳定程度。

需要指出，喷射混凝土的力学作用和优越性是通过及时施工，喷层与岩壁密贴以及厚度可调才能发挥出来的。如果施工不及时，或者不与围岩紧密粘结，或者不注意调整厚度（本质上是调整刚度），那就和普通混凝土砌碹没什么不同了。

5.6.1.2　喷层厚度确定

（1）喷层厚度下限。喷射混凝土层的最小厚度，是依据施工工艺要求来决定的。为了得到

均匀的混凝土层，便于喷射施工，减少回弹损失，喷层最小厚度不应小于石子粒径的 1.5 倍，即 $d_{min} = 3 \sim 5 cm$。

（2）喷层厚度上限。当喷层刚度不能与围岩相适应时，越厚则受力越大，越不利。其次，喷射混凝土是富质水泥的混凝土，施工中各种原因都会引起损失，使成本提高。因此厚度过大，喷射次数增加，损失增大，在经济上也是不合理的。国内外实践证明，喷层最大厚度 $d_{max} \leqslant 20cm$。

（3）喷层厚度计算。一般按剪切破坏原理计算。奥地利的拉布希维茨提出了一种剪切破坏计算方法，认为原岩应力场中的垂直应力大，即侧压系数 $\lambda < 1$，则硐室两帮破坏并形成剪切滑移体。如果喷层抗力不足，剪切体向巷道内移动，喷层受剪破坏。破坏面与最大主应力（喷层中的切向应力 σ_θ）的夹角 $\alpha = 45° - \phi/2$，在图 5-25 上即与圆周切线 $T - T'$ 成 α 角的外面。

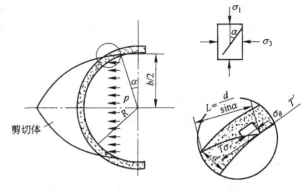

图 5-25 喷层剪切破坏示意图 $L = d/\sin\alpha$

由图 5-25 可知，喷层中剪切面长度 $L \approx d/\sin\alpha$，则喷层的抗剪能力为：$(d/\sin\alpha)S_\tau$。

若已知作用在喷层上的地压 p_i，根据荷载与抗剪能力相等的条件，有

$$p_i \frac{b}{2} = \frac{d}{\sin\alpha} S_\tau$$

$$d = \frac{p_i b \sin\alpha}{2 S_\tau} \tag{5-61}$$

式中 p_i——作用在喷层上的压力；当掘进后立即施喷混凝土，则喷层上承受变形地压，可依据巷道周边最大允许位移值，求得 p_i；

b——地压作用范围。对于圆形巷道，$b = 2R\cos\alpha$；对于拱形巷道取其高度；

R——巷道半径；

S_τ——喷射混凝土的抗剪强度，一般可取其抗压强度的 20%；

α——喷层剪切角 $\alpha = 45° - \phi/2$，ϕ 为喷射混凝土的内摩擦角。

5.6.2 锚杆支护计算

锚杆支护是一种在围岩中钻孔，并在孔中安设杆件以达到加固围岩的维护方法。锚杆支护从出现至今，已发展了多种类型，所用材料也由木杆发展为钢筋、钢管以及水泥砂浆与钢丝绳等。

5.6.2.1 锚杆类型及其受力特点

（1）端部锚固式锚杆。由头部锚固装置、杆体和尾部的螺帽与垫板等三部分组成。属于此类的有：金属楔缝式、涨壳式、倒楔式，还有快硬水泥卷锚杆等等。安装锚杆时，先将锚杆头部锚在孔中岩壁上，然后安装垫板，拧紧螺帽，使它受到预加拉力，保证锚杆与围岩紧密联系在一起，所以又称为预应力锚杆。以楔缝式锚杆为例，说明锚杆的受力状态，见图 5-26。

楔体使锚杆头部涨开并挤紧在孔壁上。这时头部受到围岩切向应力 σ_t 和摩擦阻力 T 的作用。锚杆尾部受到预加拉力 q_0 和围岩变形产生的拉力 q_1 作用。在这种受力状态下，锚杆中的轴向力为 $p_i = q_0 + q_1$，沿全长是均匀分布（N）（图 5-26a）。而对围岩来说，则使深处岩石受拉，

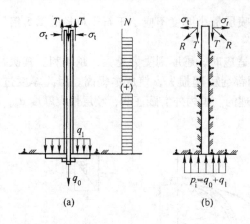

图 5-26　端部锚固式锚杆与围岩受力状态
(a)锚杆受力与应力分布；(b)围岩受力

围岩表面受到与 p_i 相等的径向压力(图 5-26b)，约束着围岩变形，使围岩稳定。

反映端部锚固锚杆支护效果的重要参数是锚固力，它是指锚杆与围岩的结合力(或抗拔力)。锚固力的大小取决于锚固装置的结构、围岩性质和状态以及锚杆安装时的质量。锚固力大，锚杆工作才可靠，支护效果才好。

由于预应力锚杆的锚固力由预拉力和围岩变形产生的拉力两部分组成，当 p_i 一定时，q_0 大虽然可以给围岩以较大的径向压力，但是承受变形的能力(即 q_1)要降低。因此，通常取预拉力为锚固力的 40% ~ 50%，在破碎岩层中可取大些。

端部锚固式锚杆的最大优点，安装后能立即承受荷载。

(2)全长锚固式锚杆。又可分为全长粘结式和摩擦式两种。

1) 全长粘结式锚杆，是将锚杆插入到充填有粘结材料的钻孔中形成的。适于粘结的材料有水泥、聚酯树脂等。属于此类锚杆有钢筋砂浆钻杆和各类树脂锚杆。一般来说，这类锚杆是无预应力的，在结构上没有明显的锚固部分和拉伸部分之区别。现以钢筋砂浆锚杆为例来说明全长粘结式单根锚杆的受力状态，见图 5-27。

由于水泥砂浆把钢筋和孔壁岩石粘结在一起，所以围岩变形使锚杆受载。当围岩向巷道内变形时，按中性点理论，锚杆周围存在着剪应力使锚杆的一部分受到与围岩位移同方向的轴向力、形成拉伸段；由于锚杆是处在静力平衡状态，所以另一部分上作用着相反的剪应

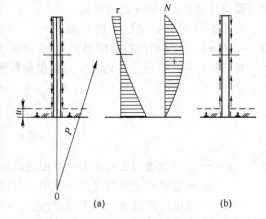

图 5-27　全长粘结式锚杆与围岩受力状态
(a)锚杆上的剪应力与轴向分布；(b)围岩受力

力，形成锚固段。锚杆上的剪应力(τ)与轴向力(N)分布，如图 5-27 所示。剪应力为零的点称做中性点，此处轴向力最大。对于围岩来说，受到与锚杆上剪应力相反的剪切阻力，阻止围岩位移。因此，剪应力的大小及其分布影响着锚杆的工作状态。

锚杆上的剪应力取决于同一点处锚杆与围岩之间的相对位移、围岩位移分布特征、锚杆的剪切刚度、岩石的性质等因素。

全长粘结式锚杆的锚固能力大，性能稳定，适应性广，其缺点是安装后不能立即承载。

2) 全长摩擦式锚杆，其具有代表性的是管缝式摩擦锚杆。它是把一根有切缝贯通全长的钢管打入到孔径比管径小 2 ~ 3mm 的钻孔中形成的。钢管尾部还焊有托盘，安装后对锚杆产生预应力。

对锚杆来说，在围岩没有变形前，锚杆受到岩石的挤压力 p_1 和预应力 q_0 作用；围岩变形，锚杆上的作用力除 p_1 和 q_0 之外还有摩擦阻力 T_1，见图 5-28a、b。对于围岩来说，则受到锚杆的膨胀压力 p_1、剪切阻力 T_1 和径向压力 q_0，见图 5-28c。在这些力的作用下，围岩处在三向压

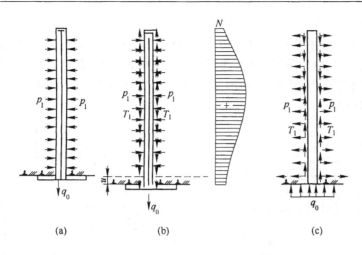

图 5-28 摩擦式锚杆与围岩受力状态

（a）围岩变形前锚杆上的受力；（b）围岩变形后锚杆受力与轴向力分布；（c）围岩受力状态

应力状态，而有利于稳定。如果预应力 q_0 和围岩变形引起的剪应力 T_1 没有超过锚杆与岩石之间的摩擦强度，则锚杆按全长粘结式锚杆的机理起作用，并可依据中性点理论进行轴向力计算和截面选择。

这种摩擦式锚杆的支护效用，取决于钢管和岩石的弹性性质、钢管与岩石之间的摩擦系数、钢管直径与钻孔直径的匹配情况、同一截面上钢管与岩石的相对变形以及安装时的质量。

由于摩擦式锚杆兼有预应力锚杆和全长粘结式锚杆的特征，特别是其抗拔力能随时间而增长，所以在软弱岩层中及受震动影响的场合都能有效地工作。它的缺点是，对钻孔要求严格，锚杆长度受巷道端面尺寸的约束。

3）先端部锚固后全长锚固的锚索。它由锚固装置、杆体和张拉装置所组成。锚索体为一束钢丝。在施工时，首先将锚索锚固在钻孔底部，然后在孔外施加拉力，并将其固定，最后向孔内注入水泥砂浆。

锚索初期的工作状态和端部锚固式钻杆相同，后期则与全长锚固式相似。为使锚固部分处在稳固岩层之中，锚索通常很长（十几米以上），其抗拔力可达到数十吨。这种支护结构应用于大断面硐室、采场以及露天边坡等有大范围岩层错动的情况，效果较好。施工期长、成本高是锚索不足之处。

5.6.2.2 锚杆群作用原理

锚杆支护作用可从以下几方面去理解：

（1）悬吊作用。在块状结构岩体中，锚杆将不稳定的岩块（也叫危岩）悬吊在围岩松动区以外稳定的岩体上，不使其塌落，见图 5-29。

（2）组合作用。在层状结构岩体中，锚杆如同联结螺栓，将薄岩层组合成厚厚的岩梁，从而使围岩承载能力提高，见图 5-30。

（3）挤压加固作用。在松软岩层中，以一定方式布置的锚杆群，一方面提高了围岩的强度，特别是锚杆作用范围内结构面上的强度；另一方面锚杆产生的附加应力场，使锚杆作用范围内的岩层处于压缩状态，并约束着围岩的位移，达到维护的

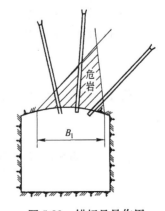

图 5-29 锚杆悬吊作用

目的。

图 5-31 为预应力锚杆在围岩中引起的应力分布。从图中可以看出，在两根锚杆之间的围岩表面有拉应力区，向内为压应力区。每根锚杆的应力作用范围是两端为尖顶的圆柱体。多根锚杆相互靠近，则在围岩中形成承压环(或承载拱)，起着内支架的作用。显然，承载拱的厚度将取决于锚杆间距。

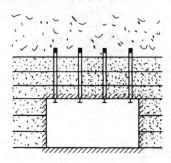

图 5-30 锚杆组合作用

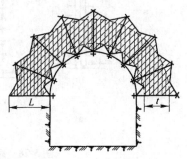

图 5-31 挤压加固作用

在采用无预应力的全长粘结式锚杆时，它对围岩应力场的影响并不显著。某些研究指出，这类锚杆周围由剪切阻力作用形成"阻移区"，其范围约为锚杆长度的1/2。因此，全长粘结式锚杆群在围岩中将形成"阻移带"，有效地约束着围岩位移。

上述三种作用不是孤立存在的。对于地质条件复杂多变的岩体来说，有的是一种作用起主导，有的则是几种作用并存。

5.6.2.3 锚杆支护参数计算

锚杆支护参数是指锚杆长度、间距和锚杆的直径。

(1) 块状结构围岩中的计算方法。在块状结构围岩中，由于结构面的控制，围岩中危险岩块(或破坏区)已被圈定，锚杆的作用就是将此危岩悬吊到稳定的岩体上，因而可采用预应力锚杆，并按悬吊理论进行参数估算。

1) 锚杆长度

$$L = l_1 + h + l_2 \tag{5-62}$$

式中 h——破坏区高度；

l_1——锚杆外露部分长度，一般为 0.1m；

l_2——锚杆在稳定岩层中的长度，通常取 0.3～0.4m。

2) 锚杆间距。危岩重量为 G，每根锚杆的承载能力(或为锚固力)为 Q，则锚杆的数量为

$$N = \frac{G}{Q} \tag{5-63}$$

危岩在巷道范围内出露宽度为 B_1，单位长度巷道中危岩重量是：

$$G = \frac{1}{2} B_1 h \gamma \tag{5-64}$$

按锚杆平均承担岩石重量时，有

$$\frac{B_1}{a^2} = \frac{\frac{1}{2} B_1 h \gamma}{Q}$$

所以
$$a = \sqrt{\frac{2Q}{h\gamma}} \qquad (5-65)$$

式中　a——锚杆间距；

　　　γ——岩石重度。

（2）层状结构围岩中的计算方法。在薄层的水平岩层中，巷道未支护前，顶板下沉、挠曲、折断而形成三角形冒落区 ACD（图5-32），其高度为

$$h = \frac{B}{\cot\alpha + \cot\beta} \qquad (5-66)$$

式中　B——巷道宽度；

　　　α、β——岩层折断线与层面夹角，由现场直接量得。

若在岩层冒落前安设一组锚杆（长度与间距之比为2:1）；则岩层得到加固并组合成承载梁，见图5-32。靠近两帮的锚杆已深入到破坏区以外，所以既有组合作用又有悬吊作用。跨中锚杆则仅起组合作用。

1）锚杆长度。把组合梁看做是两端固定的梁，其计算简图见图5-32。锚杆在岩层中的长度按下式进行计算：

$$L_1 = \frac{B}{4}\sqrt{\frac{3h\gamma}{S'_t}} \qquad (5-67)$$

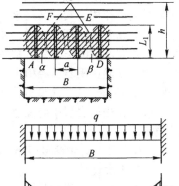

图5-32　承载梁及其计算简图

式中　L_1——锚杆在岩层中的长度；

　　　S'_t——计算用岩石抗拉强度，考虑到裂隙对岩石性质的影响，S'_t 取实验岩石抗拉强度的 $0.8 \sim 0.6$；

因此锚杆长度为

$$L = L_1 + l_1 \qquad (5-68)$$

式中　l_1——锚杆外露长度，取0.1m。

2）锚杆间距

$$a = \frac{L}{2} \qquad (5-69)$$

如果间距过大，则形不成连续的承载梁。

（3）在碎裂结构岩层中的计算方法。在这类岩层中使用锚杆支护时，可按承载拱理论计算锚杆参数，其原理和方法将在下面介绍。

5.6.3　喷锚支护（喷锚网联合支护）计算

5.6.3.1　"新奥法"的原则和方法

喷锚支护是利用锚杆加固深层岩石形成承载拱，同时用喷射混凝土封闭围岩表面并支护着锚杆间拉应力区的围岩而构成联合支护形式。

如果喷层较厚，为了保证支护质量，防止混凝土层开裂，可在喷展中加入金属网来承受收缩应力，这就是喷锚网联合支护形式。

在这类支护的各种设计方法中，"新奥法"是具有代表性的。这是一种充分利用喷锚支护特点，符合岩石力学原理的新方法。此法在各类地下工程中广泛应用。

概括起来，是以围岩形成锥形剪切滑移体为依据，以最大限度地利用围岩自承能力为原则，以现场监测进行支护的两步施工法。具体为：

（1）巷道掘进后，应尽快地喷一层薄层混凝土，封闭围岩并形成初期支撑抗力来控制围岩变形。由于薄喷层柔性较大，避免了喷层受过大载荷。

（2）按一定系统布置锚杆，在围岩内形成承载拱；由喷层、锚杆及岩石承载拱构成外拱，起临时支护作用，同时又是永久支护的一个部分。

（3）在安装锚杆的同时，在围岩与支护中埋设仪器或测点，进行围岩位移和应力的现场测量；依据观测到的信息来了解围岩的动态以及支护抗力与围岩相适应的程度。

（4）在确认围岩已经稳定之后，再施做永久支护，或是补喷混凝土，或是浇注混凝土内拱（钢拱），使整个支护承载能力增强。

（5）在松软岩层中应注意巷道断面形状的选择，构筑底拱，形成闭合式的支护以谋求围岩的稳定。

5.6.3.2　支护参数设计

A　外拱设计

（1）围岩破坏形式与支护抗力。有一圆形巷道，当原岩应力的侧压系数 $\lambda < 1$ 时，在巷道两帮出现剪切滑移体。假设滑移线始点与垂直轴线夹角等于剪切角 α，见图5-33，则滑移体在巷道内出露的宽度为：$b = 2R\cos2\alpha$，（式中 $\alpha = \dfrac{90° - \phi}{2}$）。滑移体的范围取决于原岩应力场、岩石的性质以及支撑抗力的大小。在有支护的情况下，滑移体形成过程与支撑抗力的关系，可用围岩特征曲线来描述，见图5-34。

当围岩表面位移达到某一值（曲线1上的 D 点）时，滑移体出现并与岩体脱离，以自重作用到支架上。如果支护抗力不足，滑移体将扩大，地压也增加。相应于 D 点的压力值 P_{min} 是变形地压与松脱地压的分界线，称为最小地压。

P_{min} 可根据不同地下工程条件，将围岩发生松脱时的实测位移值代入到式(5-31)中求得。

"新奥法"支护的特点就在于使喷层、锚杆及岩石承载拱的总承载能力略高于 P_{min}。在图5-34上，由喷层、锚杆及岩石承载拱组成的支护特征曲线2与曲线1的交点所对应的压力值 P_i $> P_{min}$。此时，滑移体尚未出现，围岩自承能力得到充分发挥，而支架上的压力，是较小的变形地压。

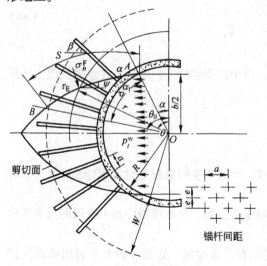

图5-33　锚喷联合支护计算

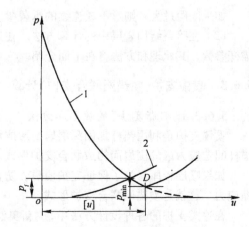

图5-34　围岩与支架相互作用

为实现上述想法，在设计支护参数时，先凭借经验类比初选支护各组成部分的结构参数，如喷层厚度 d、锚杆长度 L、锚杆间距 a 和 e 等等，然后验算结构的承载能力；经过反复调整并由现场监测结果加以检验，再最后确定。

（2）承载能力计算。

1）喷层承载力。设喷层厚度为 d，当喷层被剪切时，按式(5-70)求得喷层的承载能力（即支撑抗力）。

$$p_i^s = \frac{2R_\tau^s d}{b \sin \alpha^s} \tag{5-70}$$

式中　α^s——喷射混凝土的剪切角，$\alpha^s = \dfrac{90° - \phi_1}{2}$；

ϕ_1——喷射混凝土内摩擦角；

R_τ^s——喷射混凝土的抗剪强度。

2）金属网的承载能力。在喷层中敷设有金属网时，喷层破坏，金属网也受剪，它所承担的承载能力为

$$p_i^t = \frac{2F^t R_\tau^t}{b \sin \alpha^t} \tag{5-71}$$

式中　F^t——单位长度巷道所用的金属网断面积；

R_τ^t——钢材的抗剪强度；

α^t——钢材的剪切角，$\alpha^t = 45°$。

3）岩石承载拱的承载能力。岩石承载拱是由于安设锚杆而形成的，其厚度可根据锚杆的几何关系确定。当它受剪时，破坏面上的应力可由下式求出：

$$\sigma_n^E = \frac{\sigma_1 + \sigma_3}{2} - \frac{\sigma_1 - \sigma_3}{2} \sin \phi$$

$$\tau_n^E = \frac{\sigma_1 - \sigma_3}{2} \cos \phi$$

式中　σ_1、σ_3——岩石拱中单元体上的最大和最小主应力；

ϕ——岩石内摩擦角。

最小主应力 σ_3 由喷层、金属网和锚杆的径向力所组成，即

$$\sigma_3 = p_i^s + p_i^t + q_i^A \tag{5-72}$$

$$q_i^A = \frac{F^A R_t^A}{ae} \tag{5-73}$$

式中　a、e——初选的锚杆间距；

F^A——锚杆的断面积；

R_t^A——钢材的抗拉强度。

根据直线型莫尔强度条件，破坏时的最大主应力由下式确定：

$$\sigma_1 = \sigma_3 \frac{1 + \sin \phi}{1 - \sin \phi} + 2C \frac{\cos \phi}{1 - \sin \phi} \tag{5-74}$$

因此，给定 σ_3、C、ϕ 值，求出 σ_1，则 σ_n^E 和 τ_n^E 可求。

在岩石拱处于极限平衡状态时，其承载能力应等于 σ_n^E 和 τ_n^E 的水平分力之和，即

$$p_i^E = \frac{2S \tau_n^E \cos \varphi}{b} - \frac{2S \sigma_n^E \sin \varphi}{b} \tag{5-75}$$

式中　S——岩石拱范围内剪切滑动面长度(AB 弧)；

　　　φ——岩石拱范围内破坏面切线与水平面的夹角，在整个 S 上是个变数；为了简化，取

　　　　　拱中截面，即 $\dfrac{W}{2}$ 处的平均倾角，$\varphi = \dfrac{\theta_0 - \alpha}{2}$；

$\theta_0 - \alpha$——S 段投影长度 v 所对应的圆心角(图 5-32)。

4）锚杆的承载能力。锚杆阻止滑移体向巷道内移动时所具有的抗力由下式给出：

$$p_i^{A} = \frac{v q_i^{A} \cos \beta}{b} \tag{5-76}$$

式中　β——锚杆与水平面倾角；

　　　v——岩石拱滑动面长 S 在巷道壁面上的投影长，$v = (\theta_0 - \alpha) R$。

或写做

$$p_i^{A} = \frac{v F^{A} R_t^{A} \cos \beta}{ae \cdot R \cos \alpha} \tag{5-77}$$

（3）外拱承载能力验算。外拱总的抗力 p_i^{w} 为

$$p_i^{w} = p_i^{s} + p_i^{t} + p_i^{E} + p_i^{A} \tag{5-78}$$

如果 $p_i^{w} < p_{\min}$ 说明承载能力不足，应改变锚杆参数，使 p_i^{A} 和 p_i^{E} 增加；必要时也可适当增加喷层厚度。如果 $p_i^{w} \gg p_{\min}$，表示承载能力过大，材料有浪费，也要修改支护参数，直到外拱承载能力稍大于 $p_{\min}$。

B　内拱设计

根据现场测试确认外拱已达到稳定状态之后，才构筑内拱。内拱可以是补加的锚杆或混凝土拱肋、钢架。因此整个支护体系的承载能力提高到 $p_i^{w} + p'$，相当于增大支架的安全系数。

$$K = \frac{p_i^{w} + p'}{p_i^{w}} \tag{5-79}$$

在工程上，K 一般取 1.5 ~ 2。

于是内拱的承载力 $p' = p_i^{w}(K - 1)$，而内拱的厚度为

$$d = \frac{p' b \sin \alpha}{2 R_\tau^{s}} \tag{5-80}$$

5.6.3.3　喷锚联合支护的适用条件

喷锚联合支护应用很广，当单纯采用喷射混凝土或锚杆不足以维护巷道的时候，都可以改用喷锚联合支护。特别是在散体结构、碎裂结构岩体中效果更好。但是，支护参数的选择要依据围岩条件确定，不可千篇一律，盲目从事。

思考题及习题

5-1　何谓岩体的次生应力，它同原岩应力有何区别，影响应力重分布的因素是什么？

5-2　判断硐室围岩稳定是以原岩应力为准还是以次生应力为准？

5-3　在二向不等压的原岩应力场中，圆形硐室周边围岩应力分布的基本特点是什么？

5-4　椭圆形硐室周边围岩应力分布与哪些因素有关，在什么情况下周边围岩应力分布最理想，在什么情况下周边围岩应力分布最差？

5-5 地下硐室围岩应力分布的共同特点是什么?

5-6 原岩应力的侧压系数 λ 对巷道围岩的应力分布有何影响?

5-7 为什么要避免巷道围岩中出现拉应力?是否拉应力越小,而压应力越大,就越有利于巷道围岩的稳定?

5-8 试举例说明什么条件下和什么形式的巷道属于轴对称问题。

5-9 围岩弹性应力状态和塑性应力状态,在时间和空间上有无联系?

5-10 在出现塑性区或松动区之前,巷道周边的切向应力最大。而在出现塑性区后,周边切向应力又变为最小。为什么?

5-11 产生塑性区后,围岩应力分布的特征如何,根据这些特征可将围岩划分为哪些区域?

5-12 塑性区半径与支架上的压力大小有什么联系,下述说法正确吗?

    (1)塑性区半径大者,支架所受压力也大;

    (2)塑性区半径大者,支架所受压力较小;

    (3)如果原岩应力及支架的刚性条件都相同,那么巷道围岩中形成的塑性区半径较大者,支架所受地压也大;

    (4)如果原岩应力及岩体变形性质都相同,那么采用刚性小的支架时,由于允许塑性区半径较大,则支架上所受地压较小。

5-13 广义地压与狭义地压有什么区别,又有什么联系?

5-14 如何区分地压类型,对不同类型的地压各应采取什么样的维护措施?

5-15 变形地压与膨胀地压相比较,有什么相同与不同之点?

5-16 松脱地压与散体地压相比较,有什么区别?普氏方法与太沙基方法相比较,适用条件有什么不同?

5-17 根据围岩与支护相互作用原理论述喷锚支护相对于整体混凝土衬砌有什么优点?

5-18 试谈块体平衡理论计算硐室支架压力的原理。

5-19 为什么在巷道顶板冒落成拱后会自行趋向稳定?

5-20 端部锚固式锚杆和全长粘结式锚杆的应力分布有何不同?

5-21 锚杆群有哪几种力学作用,这些作用在什么情况下得以发挥?

5-22 简述新奥法建设隧道的基本思想。

5-23 设巷道所处深度原岩处于静水压力状态,原岩应力 $p=25\text{MPa}$,圆形巷道半径为 2m,岩体粘结力为 11.5MPa,内摩擦角为 31°,试计算巷道围岩破坏区半径。

5-24 设原岩应力为 $p=30\text{MPa}$,$q=15\text{MPa}$,求圆形巷道顶底板和两帮中点的切向应力。

5-25 设原岩的垂直应力为 γH,$\mu=0.25$,试求:

    (1)椭圆形巷道周边为等压状态的椭圆轴比(a/b);

    (2)椭圆形巷道周边顶板应力为零的椭圆轴比。

5-26 某深处原岩的应力为 $p=150\text{kPa}$,$q=1130\text{kPa}$。试分别计算圆形、方形、矩形($a/b=3/2$)、椭圆形($a/b=3/2$)断面巷道周边危险点的切向应力。

5-27 某矩形巷道宽4.8m,高3.2m。顶板岩体重度 $\gamma=24.5\text{kN/m}^3$,$f_1=2$;两帮岩体重度 $\gamma=19.6\text{kN/m}^3$,$f_1=2.5$。试计算巷道的顶压及侧压,并绘出侧压分布图。

5-28 某圆形断面巷道的半径为3m,用喷射混凝土支护。已测知岩石内摩擦角 $\phi=23.6°$,喷射层抗压强度为20MPa,按允许位移量计算得到的变形地压为0.4MPa,求所需喷层的厚度。

5-29 某铜矿平巷开在厚度小于20cm、成直立分布的层状石灰岩中,两帮岩石经常向巷道内弯曲突出,立柱常被折断。问应采取什么措施?

5-30 在地下400m处,掘进一圆形隧道,断面直径为10m,覆盖岩层的重度 $\gamma=25\text{kN/m}^3$,$E=2.0\times10^4$ MPa,$\mu=0.25$。若无构造应力作用,试求:

    (1)隧道顶点和侧壁中高的 σ_θ 和 σ_τ;

    (2)绘出隧道顶板中线和侧壁中高的 σ_θ-r、σ_τ-r 曲线。

5-31　按上题条件，掘进一椭圆断面隧道，断面长轴为 12m，短轴为 8m，试求：隧道顶岩石的表面应力以及侧壁中高的表面应力。

5-32　在埋深为 500m 处，开挖一个半径为 8m 的圆形硐室。设地层重度 $\gamma = 25\text{kN/m}^3$，抗剪强度参数：$\phi = 30°$，$C = 0.3\text{MPa}$，当塑性区的外径 $R = 10\text{m}$ 时，试求硐室的围岩压力。

5-33　有一隧道高 12m，宽 10m，埋深 100m。地层重度 $\gamma = 25\text{kN/m}^3$，抗剪强度指标：$\phi = 30°$，$C = 0.04\text{MPa}$，岩石单轴抗压强度 $S_c = 50\text{MPa}$，试求：

（1）用普氏及太沙基公式求隧道顶的围岩压力，比较结果并说明理由；

（2）求隧道侧壁压力的大小。

6 岩石力学在地下采场中的应用

6.1 概述

6.1.1 采场地压的研究内容

6.1.1.1 采场地压的基本概念

"采场"是指进行回采作业的场地和空间。回采作业已经结束而未进行处理的采场空间，则称为"采空区"。在采场内部或相邻采场间预留的部分矿体，起着继续支撑围岩作用的，则称为"矿柱"。

"采场地压"是指开采过程中原岩对采场或采空区围岩及矿柱施加的载荷。采场地压的产生，是由于开采空间的形成打破了矿床周围岩体中原有的应力平衡关系（或原岩应力状态），导致岩体应力重新分布的结果。在地压作用下，采场围岩、矿柱以及支架等构筑物可能变形、移动或破坏，此类现象称为"地压显现"。

6.1.1.2 采场地压研究的主要内容

采场地压研究的主要内容是采场（包括采空区）围岩的应力状态、变形、移动和破坏的规律，在此基础上，找到维护采场稳定的措施。采场地压的研究范围可归结为两个方面的问题。

一方面是回采期间采场的稳定问题。这里是指采场（包括采准巷道、硐室）的围岩在回采期间不发生危险变形，以保障回采的安全，维护回采作业的正常进行。其研究的范围包括下述一些问题：

(1) 采场围岩应力分布的规律；

(2) 岩体失稳的原因、条件和机理；

(3) 确定采场中各种结构物（矿柱、支架）上地压的大小；研究矿柱的支护原理和设计方法；

(4) 确定合理的采准布置方案；

(5) 研究采场地压的控制措施等等。

另一方面是回采完毕采空区的处理问题。着重于总结分析由于大面积采空区的形成而出现的大规模地压显现的规律，并探讨其形成的条件、机理及控制措施。

本章主要研究地下开采过程中采场地压的分布与显现规律。在此基础上，探讨地压控制与采场稳定维护的有关原则与措施。

6.1.2 与采矿方法相关的地压问题

矿山在回采过程中，由于使用的采矿方法不同，地压活动和显现的规律和特点不同，需要着重研究解决的问题亦不尽相同。

采用空场法开采矿床时，通常是将采区的矿石完全采出以后，再集中处理采空区；因而采空区处理问题便成为空场法开采过程中的一个重要课题。

采用充填法开采时，由于一面回采矿石，一面用废石料充填开采空间，开采空间在生产循环中得到了处理,因而不存在需要集中处理的采空区。此时需要解决的地压课题是:研究充填体对支撑围岩、提高矿柱承载能力的作用与机理,探讨充填体本身的稳定性,以及合理选择充填材料及控制充填质量、充填范围等。

采用崩落法开采矿床,则由于在回采过程中不仅有步骤地崩落矿体,还同时崩落上盘围岩,所以也不会存在需要采后集中处理采空区。此时需要解决的地压课题主要是:研究围岩及矿体崩落的机理,以便合理地控制崩落条件;探讨崩落体及其上部可能滑移的围岩对采场底部结构的地压作用规律,以及维护底部结构稳定的措施等。

考虑到上述种种实际需要,本章对有关问题的阐述将参照采矿方法分类(空场法、充填法及崩落法)分别来介绍。

6.1.3   采场地压的分析研究方法

采场地压问题的研究,从分析思路来说,与巷道地压问题相仿。但由于采场空间的形态复杂,暴露面积大,相邻工程在空间、时间上相互交叉影响而且多变,受岩体结构及地质构造因素的影响大,因而至今尚无完善而成熟的理论计算方法。许多实际工程问题的解决,主要不是靠计算,而是靠实践中积累的经验作指导,通过工程类比及现场监测(如声响及微震监测、岩体应力及位移监测、地表岩移观测等)解决问题。必要时还可辅之以模拟试验、数值计算及进行综合性对比分析等。

下面主要介绍和讨论目前比较通用的一些地压理论或假说,例如孔的应力集中理论、梁理论、块体极限平衡理论或滑动棱柱体假说等。现扼要介绍如下。

6.1.3.1   按孔的应力集中理论分析采场地压的分布及围岩的稳定性

当矿体埋藏较深,覆盖岩层比较均质连续并可近似当做弹性体看待时,采场围岩中次生应力场的状况大体可按弹性力学中关于孔的应力集中问题进行分析。这与分析巷道地压问题采用过的方法相仿。这一分析方法对于缓倾斜矿体比较适用。缓倾斜矿体的采场空间,大体呈矩形断面。当原岩应力场以自重应力为主时,周围岩体中的应力分布状况如下:

(1)在采场上方的一定范围内,最大主应力的方向,由开采前的铅垂方向改变为向两侧偏斜,如图 6-1 所示。图中的曲线代表最大主应力方向的轨迹。

(2)若以采场顶板中心为坐标原点,以顶板岩体的高度 y 与采场宽度 l 的比值 y/l 为纵坐标,以顶板中心线各点的应力为横坐标,则水平应力 σ_x 及铅垂应力 σ_y 随高度的变化状况,如图 6-2 所示。可见,在顶板上方的一个拱形区域内,各点的铅垂应力均比原岩应力值低。在拱区的上半部,水平应力比原岩应力高,而在下半部则逐渐降低,在顶板附近还有可能呈现拉应力状态。按照水平应力的分布,可将顶板上方围岩划分为压缩区、卸压区及拉应力区。

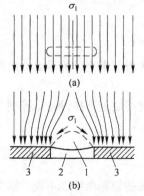

图 6-1   采场顶板应力轨迹
　(a)开采前的自重应力场;
　(b)开采后的次生应力场
1—卸压区;2—开采空间;
　　3—承压带

(3)采场两帮在一定范围内,各点的铅垂应力 σ_y 大于原岩应力 γH。两帮的这个应力增高区称为支承压力带,如图 6-3 所示。

以上应力分布的特点表明,采场顶板上方的拱形压缩区与两帮的支承压力带共同形成了一个环绕采场的拱形承压带(或承压圈),它对采场上部覆盖岩层的地压,起到支承的作用。位于承压带保护下的采空区,应力则被减弱,处于卸压状态。有的文献称拱形承压带为"压力拱",又有的称为"免压拱"。

承压带围岩的稳定与否既取决于自身的抗压强度,又与应力集中状况密切相关。在图 6-3 中，K_c 称为应力集中系数，它的计算方法可阅读有关的参考文献。

采场顶板上方卸压区内围岩的稳定与否，主要取决于它们的完整性与抗变形能力。如果该处岩体松软，或层理、节理等比较发育，则它们因本身受重力作用而易于向着开采空间方向下沉变形，甚至发展为层间分离、拉伸断裂或碎裂岩块的松动脱落等。

由于采场顶板到两帮的转角处是应力局部集中的区域。如果应力过高而发生局部破坏时，则又会进一步促使顶板岩体下沉，从而衍生为顶板的张裂或拉伸破坏，以致形成冒顶。为避免应力过分集中，应在转角处保持较大的曲率半径，同时采场空间的宽高比 l/h 要适中，过大或过小都会使应力集中过高。

必须提醒的是，上述应力分布的特点是在原岩应力场以自重应力为主的前提下获得的。如果是以构造应力为主，则须有相应的修正。还须注意的是，孔的应力集中理论（包括免压拱理论）仅适用于深埋采场空间。深度不大的采场空间，应力集中现象不明显，因而该理论不适用。

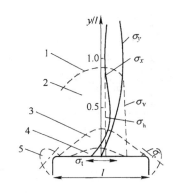

图 6-2　顶板上方铅垂应力与水平
应力的分布

1—采动影响范围；2—压缩区；3—卸压区；4—拉应力区；5—压应力集中区；σ_x—顶板水平应力；σ_y—顶板铅垂应力；σ_h—原岩水平应力；σ_v—原岩铅垂应力

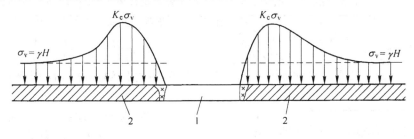

图 6-3　采场两帮承压带的应力分布
1—开采空间；2—承压带；σ_v—原岩铅垂应力；K_c—应力集中系数

6.1.3.2　应用梁理论分析覆盖岩层的应力分布及其稳定性（如果矿体埋藏浅）

开采空间的跨度 l 相对其上覆岩层的厚度 H 来说要大得多（$l > 2H$）而且覆盖岩层的整体性较好，可以近似看做弹性体时，其应力分布大体上可采用材料力学中的梁理论进行分析，如图 6-4 所示。考虑到这种"梁"的端部受到相邻岩体的约束，犹如固端梁。但其下方"支座"允许有弹性变形，且在采场的顶板转角处又常因应力集中而屈服或被压坏，即允许"梁端"有较大的转动角而又颇似简支梁，所以可按两种梁的折中形式进行分析计算。D. J. 科茨提出按下式计算采场顶板中央的最大拉应力

$$\sigma_t = 0.6\left(\frac{l}{H}\right)^2 \gamma H - \lambda \gamma H \tag{6-1}$$

式中　λ——侧压系数；

　　　H——覆盖岩层的厚度，m；

　　　l——采场开采空间的跨度，m；

　　　γ——岩石重度，kN/m³。

采场覆盖岩层的下沉弯曲，不但在顶板中央处形成拉伸作用，同时也要在地表沉陷区的边缘处形成拉应力，并可能产生张裂隙。该处的最大拉应力 σ_t，可近似按固端梁理论进行估算。

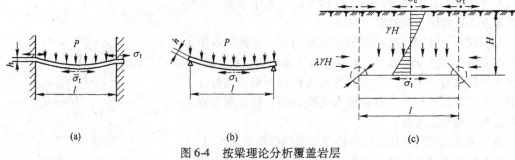

图 6-4　按梁理论分析覆盖岩层

（a）固端梁；（b）简支梁；（c）综合应力分析

$$\sigma_t = 0.5\left(\frac{l}{H}\right)^2 \gamma H \qquad (6\text{-}2)$$

6.1.3.3　按块体极限平衡理论分析采场围岩的稳定性及矿柱承担的地压

如果采场围岩或覆盖岩层被结构面或可能出现的次生裂隙分割为某种形状的块体，而且还有向着临近它们的开采空间滑移的可能性，那么可将它们视为一块刚体，按照使它们保持极限平衡的条件进行分析，便有可能迅速判明它们的稳定性或计算出作用于矿柱上的载荷（即矿柱承担的地压）。

图 6-5 表示采场顶板上的一个结构岩块，其水平宽度及长度分别为 a、b。按照极限平衡理论可知，块体可能发生滑移的条件为

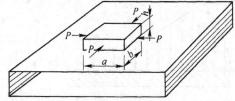

图 6-5　顶板结构岩块受力状况与滑移条件

$$\frac{\gamma}{2P\tan\phi} > \frac{1}{a} + \frac{1}{b} \qquad (6\text{-}3)$$

式中　P——岩块侧向结构面所受的水平挤压应力；

ϕ——结构面内摩擦角，静态值 $\tan\phi = 0.33 \sim 0.47$，动态值 $\tan\phi = 0.15 \sim 0.33$。

结构面上的动态摩擦系数之值一般小于其静态值，这是在爆破振动作用下，岩块容易滑移脱落的主要原因。

图 6-6 所示是某矿采场地压显现的几个实例。上盘岩体中的交叉结构面，是形成的局部冒落危险结构；顶部矿体中含有软弱夹层，也容易引起矿体及围岩的大面积冒落。

图 6-7 表示上盘围岩中假想的滑动棱柱体。通过对棱柱体的极限平衡计算，可求得作用于房间矿柱的地压值。

图 6-6　采场局部地压显现

（a）泥质塑性矿体整体脱落；（b）上盘围岩局部冒落；

（c）顶部及上盘的冒落趋势

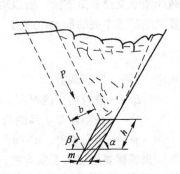

图 6-7　上盘围岩中的滑动棱柱体

以上所述，是关于围岩稳定性与采场地压分析的基本理论或假说。在实际应用时，要结合具体条件认真选择，切忌生搬硬套。

6.2 采场的极限跨度及矿柱尺寸

合理选择采掘空间的断面形状，尽可能发挥围岩的支承作用，是维护巷道稳定的一项基本原则。同样，为了维护开采空间的稳定，也必须遵循这一原则。为此，本节将对与此有关的两个基本参数进行研究，即采场极限跨度及矿柱尺寸。

6.2.1 采场极限跨度

在地下开采过程中，采场或采空区的顶板往往因暴露面过大或跨度过大而冒落。使顶板保持稳定所允许达到的最大暴露面积称为极限暴露面积，而允许达到的最大跨度则称为极限跨度。对于狭长形的顶板来说，如长度 L 同宽度 B 相比大得多（$L > 3B$），那么其稳定性主要与宽度有关，此时的宽度又称跨度。长度小于三倍宽度的顶板，则可视为方形顶板，其稳定性主要取决于暴露面积的大小，或者用等效跨度来衡量。所谓等效跨度，是指在保证顶板中央的拉应力相仿的条件下，用狭长形顶板取代近似方形顶板的跨度。可用斯列萨列夫公式计算顶板的等效跨度 B_a。

$$B_a = \frac{LB}{\sqrt{L^2 - B^2}} \tag{6-4}$$

在回采期间，为了维护采场围岩的稳定，应使采场的实际跨度或等效跨度小于极限跨度 B_{max}。反之，如果想要消除采空区，促使上覆岩层充分自然冒落，则应使采空区的跨度（或撤除支撑物的范围）达到或超过极限跨度 B_{max}。

由此可见，确定采场极限跨度的大小，对于指导实际工作是十分重要的。设计、施工部门通常是在分析统计资料的基础上，运用工程类比法推断某项新工程的极限跨度。至于从理论上求解采场极限跨度值的问题，至今尚缺乏令人满意的方法。利用应力集中理论或梁理论等方法，获得的极限跨度值，仅在某些特定条件下适用，而且所得结果比较粗略，并且只有通过其他方法或实践的验证，才可作为准确定量的依据。例如，对于浅埋矿体（开采深度 H 小于开采空间的跨度 B），运用梁理论，可由式(6-1)导出极限跨度公式如下：

$$B_{max} = 1.29H\left(\frac{[\sigma_t]}{\gamma H} + \lambda\right)^{0.5} \tag{6-5}$$

式中 $[\sigma_t]$——顶板岩层的许用拉应力。

某些研究工作者，通过室内模型试验也得出了类似的经验公式：

$$B_{max} = 1.25H\left(\frac{[\sigma_t]}{\gamma H} + 0.0012K\right)^{0.6} \tag{6-6}$$

式中 K——深度修正系数，$K = |H - 100|$。

该模型试验所模拟的开采深度为 $80 \sim 300m$，开采深度与跨度之比 $\frac{H}{B} = \frac{2}{5} \sim \frac{4}{3}$。

经验表明，多裂隙岩体的极限跨度约为无裂隙岩体极限跨度值的 $0.6 \sim 0.7$。

以上关于采场极限跨度问题的讨论，都是针对自重应力场的原岩而言的。如果原岩应力场以构造应力为主，那么适当增加开采空间的跨度，反而可能增加采场的稳定性。

6.2.2　缓倾斜矿体中矿柱的尺寸

在地下开采过程中，为了控制采场跨度和支撑上覆岩层的压力，往往要在采场边界或其中间留下一些矿柱暂不回采或永久不采，如图 6-8 及图 6-9 所示。在开采水平矿体或缓倾斜矿体时，将矿体划分成盘区进行回采。位于盘区边界上的、用来保护盘区运输巷道的矿柱，叫做盘区矿柱；当其宽度增至 20～40m 时，又称为隔离矿柱。此时盘区顶板的冒落范围不会超出隔离矿柱圈定的范围。留在盘区内部的矿柱，是用来支撑采场顶板的，叫做支撑矿柱。支撑矿柱的断面形状，可以是圆形、矩形，也可以是不规则形状。不规则矿柱往往与矿石质量的分布状况有关，尽可能将那些低品位矿石留作矿柱。

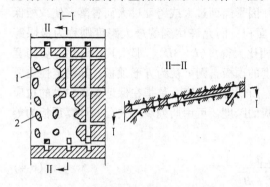
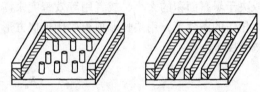

图 6-8　用房柱法开采时的房柱与矿柱　　　　　图 6-9　柱状支撑矿柱与条带状矿柱
1—矿房；2—矿柱

矿柱形状及尺寸的选择，既关系到采场的稳定性，又关系到矿石回采率的高低。在实际工作中，要注意做到两者兼顾。

从维护采场稳定方面考虑，矿柱间距应小于极限跨度；同时，矿柱自身的横断面尺寸也应满足强度要求。如果个别矿柱的尺寸过小，或矿柱的强度过低，那么一旦被压垮，势必会增加采场的实际跨度，从而导致顶板的冒落。同时，覆岩压力会进而转移到其他相邻的矿柱上，从而又可能迫使这些矿柱继续破坏。若如此依次发展下去，则可能出现连锁式的矿柱破坏，呈现牵一发而动全身的局面。所以，无论是矿柱的布置，还是矿柱的形状尺寸，都要从采场地压分布的全局出发，结合矿体局部的抗变形及抗破坏能力的实际情况，予以通盘考虑。为解决这一问题，近年来相继运用了各种数值计算方法(如有限元法、边界元法、差分法等)，以求得合理的结果。

为了验证理论分析方法的可靠性，近年来还对矿柱的变形及受力状况进行了一定数量的原位测试。这对于合理确定矿柱参数和修正理论计算结果，无疑是十分必要的。

对于深埋矿体，运用孔的应力集中理论及应力叠加原理，可对矿柱中应力分布状况作出粗略的估计，见图 6-10。不难看出，房间矿柱中的应力分布取决于相邻矿房支承压力带的叠加结果。如果矿柱宽度 B_p 比单个矿房形成的支承压力带宽度 b 大得多，则相邻矿房的支承压力带不会重叠；承压带的峰值(σ_{max}' 或 σ_{max}'')即是矿柱上的最大应力。如果矿柱宽度窄小，则由于承压带的重叠，矿柱上的最大应力大大超过单个承压带的峰值应力。从这一分析可知，盘区隔离矿柱的宽度应以不小于盘区承压带的宽度为宜。

对于浅埋矿体，近似估算矿柱平均应力 σ_p 的方法，是将矿柱之上的覆盖岩层简化为重力按面积均布的"块体"来看待，并假定各矿柱依照分摊的面积来承担相应覆盖岩体的重力 Q，

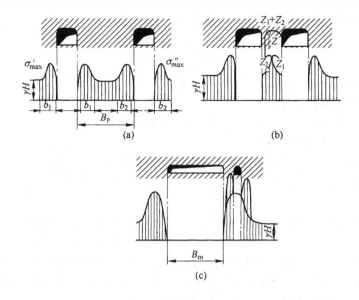

图 6-10 矿柱支承压力带的叠加结果

(a)支承压力带不叠加；(b)承压带叠加；(c)大跨度采场的承压带

B_p—矿柱宽度；B_m—矿房宽度；b_1、b_2—承压带宽度

见图 6-11。由此导出的矿柱平均应力 σ_p 如下：

$$\sigma_p = \frac{Q}{A_p} = \frac{A_p + A_m}{A_p}\gamma H = \frac{\sigma_v}{1 - \eta} \tag{6-7}$$

式中　σ_v——垂直应力，$\sigma_v = \gamma H$；

　　　A_p——矿柱水平断面积；

　　　A_m——矿房开采面积；

　　　η——矿石回采率，$\eta = \dfrac{A_m}{A_p + A_m}$。

对于深度较大的矿体 $\left(\dfrac{H}{B} > 1.5\right)$，且当回采率大于 50% 时，应用上述公式计算出的应力，数值往往偏高。其原因在于，上覆岩层的重力，并非全部由矿柱来承担；有相当一部分荷载被转移到盘区边界的围岩上或隔离矿柱上。这是岩体应力重新分布的结果。实测结果表明，坚固的弹性矿柱所承担的荷重，约等于

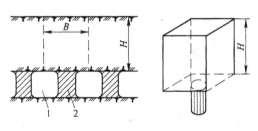

图 6-11 矿柱承载示意图

1—开采空间；2—矿柱

覆盖岩层重力的 60% ~ 80%，软的塑性矿柱只承担覆岩重力的 35% ~ 45%。

在实际应用时，公式(6-7)的计算结果可视为矿柱平均应力的上限；其实际数值，可根据围岩与矿柱系统的变形协调关系进行修正。一般说来，与覆盖岩层或围岩相比，矿柱越是易被压缩变形，即矿柱的刚性越小时，则矿柱承担的载荷越小。再者，如果矿柱与围岩都是黏弹性体或弹塑性体，但两者的流变速度又不相等时，那么矿柱承担的载荷是随着时间而变化的。当围岩的下沉变形速度超过矿柱的压缩变形速度时，矿柱承担的载荷是逐渐增加的；反之，矿柱可能逐渐卸载。

在选择和评价矿柱尺寸时，主要是从强度方面来考虑。

$$\sigma_{av} \leqslant \frac{S_p}{n} = [\sigma_c] \tag{6-8}$$

式中　　σ_{av}——矿柱的平均应力，按式(6-7)计算；

　　　　S_p——矿柱的抗压强度；

　　　　n——安全系数，支撑矿柱取 2 ~ 3，盘区隔离矿柱取 3 ~ 5；

　　　　$[\sigma_c]$——矿柱的许用抗压强度。

矿柱的抗压强度 S_p，通常不是在矿柱上直接测定出来的，而是通过小型试件的室内试验数据推算出来的。为使推算的结果更符合矿柱体的实际强度，须依照下列影响因素作出恰当的修正。

（1）矿柱几何形状及宽高比对强度的影响。矿柱内的应力分布，是随其几何形状及宽高比而变化的，见图 6-12；同时，矿柱的破坏机理及表现的承载能力也是有所不同的。例如，高度小、宽度大的矿柱，其中央部分多处于三轴压缩状态，因而具有较高的抗压强度。细而高的矿柱，其两端为横向压缩状态，而在中部却往往出现横向拉应力，从而易导致矿柱的纵向劈裂。再者，矿柱的表层往往受爆破作业的影响而易于破裂，而且不受横向约束，因而是个承载能力弱的低应力区。当矿柱表层在横断面中所占的比值较高时，则矿柱的承载能力（或平均强度值）必然较低。换句话说，细高矿柱的强度必小于短粗矿柱。

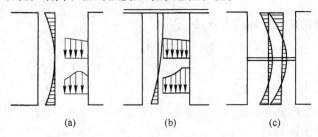

(a)　　　　　　　　　(b)　　　　　　　　　(c)

图 6-12　矿柱的纵向及横向应力分布
（a）不同高度上的横向应力分布；（b）顶板软夹层对应力分布的影响；
（c）矿柱中间高度上的软夹层对应力的影响

为消除宽高比对强度的影响，可对计算结果进行修正。其修正关系如下：

$$S'_p = S_B \sqrt{\frac{B_p}{H}} \tag{6-9}$$

式中　　S'_p——矿柱抗压强度的修正值；

　　　　S_B——矿柱宽高比(B_p/H)等于 1 时的抗压强度。

（2）承载时间对强度的影响。如第 2 章所述，岩石在长期载荷作用下，其抗破坏能力有所减弱。坚固岩石长时承载强度约为短时强度的 70% ~ 80%。软质及中等坚固岩石的长时强度约为短时强度的 40% ~ 60%。

（3）矿柱断面尺寸对强度的影响。矿柱的直径通常为几米至十几米，往往含有不同程度的裂隙与层理，同时表层还有低应力破裂区。这些因素都会降低矿柱的强度。因此，宜按准岩体强度的估算方法评定矿柱的强度。

（4）结构面产状对矿柱强度的影响。详见第 2 章及第 3 章的有关论述。

在最后确定矿柱尺寸时，还要考虑矿柱表层因爆破作业而破裂的深度，适当增大矿柱的尺寸。爆破崩裂表层的深度通常不超过 1m。此外，矿柱的最小尺寸 B_{pm}，不得小于最小抵抗线 W 的 $2 \sim 3$ 倍。

$$B_{pm} = (2 \sim 3)W \approx 100d \tag{6-10}$$

6.2.3 倾斜矿柱的间柱及顶柱尺寸

开采倾斜或急倾斜矿体时，围岩位于开采空间的两帮，矿柱呈水平或倾斜形状，见图 6-13。厚矿体的水平矿房顶柱易于在弯曲处衍生的拉应力作用下发生破坏，故主要依靠房间矿柱支撑两盘的围岩。在开采薄矿脉时，有时不留间柱，或间柱的距离较大，支撑围岩的作用则主要依靠顶柱。

在实际工作中，一般凭借经验来选取顶柱尺寸。厚度为 15m 以上的厚矿体，其顶柱高度为 $8 \sim 10m$；矿体厚度小于 7m 时，顶柱高度为 $4 \sim 6m$。

在确定间柱尺寸时，可以参照缓倾斜矿体的矿柱选择方法，也可根据滑动棱柱体假说，应用极限平衡方法来作出。为此，假定间柱上的载荷来自上盘滑动棱柱体的下滑作用，如图 6-14 所示。当棱柱体的下滑力超过抗滑力时，便发生滑移。现截取走向长度为 1m 的棱柱体 $MNAD$ 作为研究对象，并假设所有外力均通过其重心 W。这些外力有：棱柱体重力 Q、间柱反作用力 P、上部松动岩体的作用力 R_1 及下部稳定岩体的作用力 R_2。R_1 和 R_2 分别是法向力 N_1、N_2 及内摩擦力 T_1、T_2 的合力。当上部松动岩体的滑移超前时，内摩擦力 T_1 起着带动棱柱体下滑的作用。由于假定棱柱体处于极限平衡状态，于是有

$$T_1 = N_1 \tan \phi \qquad T_2 = N_2 \tan \phi$$

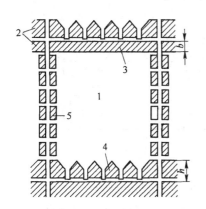

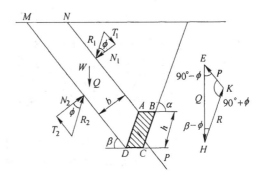

图 6-13　急倾斜矿体中的矿柱

1—矿房；2—阶段矿柱；3—顶柱；4—底柱；
5—间柱；b—顶柱高；h—底柱高

图 6-14　滑动棱柱体受力分析

$MNAD$—滑动棱柱体；$ABCD$—房间矿柱；
α—矿体倾角；β—上盘围岩的移动角

又因为 R_1 和 R_2 位于一条直线上，可用合力 R 代替它们：

$$R = R_2 - R_1$$

于是，作用于棱柱体的三个力构成三角形 EHK，其中 ϕ 为岩体的内摩擦角。根据正弦定律可得

$$\frac{P}{\sin(\beta - \phi)} = \frac{Q}{\sin(90° + \phi)}$$

所以
$$P = \frac{Q\sin(\beta - \phi)}{\cos\phi} \tag{6-11}$$

由此可导出间柱受滑动棱柱体作用产生的平均应力 σ_p 为

$$\sigma_p = \frac{P(B_p + B_m)}{B_p b} \tag{6-12}$$

式中　B_m——矿房宽度；
　　　　B_p——间柱宽度；
　　　　b——滑动棱柱体厚度。

为保证间柱具有足够的稳定性，间柱体的应力应小于许用应力。

$$\sigma_p = \frac{P(B_p + B_m)}{B_p b} \leqslant [\sigma_c]$$

$$B_p = \frac{PB_m}{[\sigma_c]b - P} = \frac{B_m Q\sin(\beta - \phi)}{[\sigma_c]b\cos\phi - Q\sin\phi(\beta - \phi)} \tag{6-13}$$

6.2.4　免压拱与屈服矿柱

在埋藏较深的矿体中进行开采或掘进硐室时，顶板上方的应力重新分布后可形成一个拱形卸压区。该区域内的应力远低于原岩应力或覆盖岩层的重力。如果矿柱位于该区域之下，或者在矿柱上方有一个起着支承覆盖岩层的免压拱。那么矿柱尺寸即使小于强度要求的计算值，也仍能维持稳定。

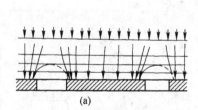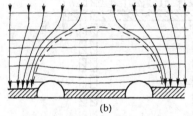

图 6-15　大免压拱形成过程示意图

（a）小免压拱及矿柱上方的应力集中；（b）小免压拱合并为大免压拱

理论分析与开采实践表明，如果相邻两个开采空间之间的矿柱因屈服而出现大的压缩变形，则其上部顶板岩层也将随之出现大的下沉。那么，发展到一定程度时（例如层状顶板因下沉而形成离层），两个相邻空间上方原有较小的免压拱便有可能渐趋合并，从而在屈服矿柱的上方形成一个大的免压拱，如图 6-15 所示。此后，屈服矿柱在新形成的大免压拱保护下，可能长期保持稳定而不破坏。

图 6-16　免压拱保护下的采区

1—屈服矿柱；2—免压拱

免压拱原理给我们提供了一种控制地压的途径。在开采深部矿体或高应力区时，可以不必按公式(6-7)来设计矿柱的尺寸，而根据屈服矿柱的形成条件采用较小尺寸的矿柱并允许矿柱尺寸小到刚具有极限承载能力而又临近屈服的程度。这样既可保持回采空间的稳定，又可提高回采率（图6-16）。当然，这种方法对于开采深度不大，不能形成免压拱的矿体不适用。据英国煤矿资料，最大压力拱的跨度约为煤层埋深（H）的 0.2～0.34 倍。因此，当开采空间的跨度（或隔离矿柱间距）大于$(0.2～0.3)H$时，就难以形成免压拱。

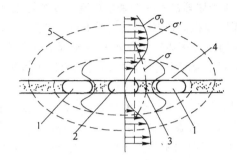

图6-17 免压拱保护下的硐室
1—先开硐室；2—后开硐室；3—屈服矿柱；4—初始应力圈；5—二次应力圈；σ_0—原岩水平应力；σ——次开挖后的水平应力；σ'—最终水平应力

图6-17 是美国某地利用免压拱保护下的屈服矿柱原理，在岩盐层中开挖高稳定性硐室的一个实例。在施工时，先开掘两侧的硐室 1，后开中间的硐室 2。按照在开挖结束时恰好达到极限承载能力的要求来设计矿柱尺寸。结果，随着矿柱的屈服变形，顶板发生大幅度下沉，使三个硐室上方的小免压拱合并成一个大免压拱。于是，三个硐室都处于大免压拱的保护区内，从而使围岩都保持在稳定状态。

6.3 空场采矿法的地压显现规律及空区处理

6.3.1 空场法的地压显现形式

用空场法及留矿法开采的矿山，从时间及空间上来观察地压显现特征，大体可分为两类。

6.3.1.1 回采过程中的局部地压显现

随着回采工作面的形成及推进，采场空间及暴露面积逐渐扩大。在此期间可能出现采场矿体、围岩或矿柱的变形、断裂、片帮及冒顶等现象。对于一个矿山来说，在开采初期，采场及空区的数量均有限，其地压显现仅限于个别采场或局部范围。此时，只要注意控制采场跨度及矿柱尺寸，选择合理的回采顺序，并根据现场状况及时采取一些辅助支护或岩体加固措施，则完全可以收到明显的效果，确保回采作业的安全。

6.3.1.2 大规模剧烈的地压显现

在矿山开采的中、后期，由于采空区范围的扩大，有可能出现大范围的剧烈的地压显现。这种现象，又称为大规模的地压活动。

例如，用房柱法及杆柱法开采缓倾斜中厚矿体的锡矿山南矿，因多年开采留下的大片空区未进行处理，在 1965～1971 年间发生了三次大规模地压活动，最大的一次冒落面积达 3.4 万 m^2。冒落区相邻采场的顶板、矿柱、巷道被压坏，坑内生产系统遭破坏，地表下沉一米多深，陷坑面积达 9.6 万 m^2，主井井架偏斜，冶炼厂烟囱弯曲变形。但后来在深部开采时改用了尾砂及胶结充填法，结果没有再发生大规模地压显现。

又如，辽宁青城子铅矿大东沟坑，用留矿法开采，所形成的大片空区，多年未进行处理。1972 年 12 月，由于回采其中一个间柱，致使空区连接成片，总面积达到 19.1 万 m^2。最终导致大面积冒落发生及大面积岩移的出现，坑内部分生产系统遭到破坏。

再如，用留矿法开采急倾斜矿脉群的江西盘古山钨矿，也有大片空区长期没有处理。当数十条平行矿脉、几个阶段的空区总长度达到几千米长时，终于发生了大规模地压显现。该矿的经验表明，平行脉采空后遗留的夹蟹塘暴露面积为 120×150～150×150m^2 时，常从薄弱处或断层处折断倒塌，然后引发大冒落。最剧烈的一次（1967 年 9 月），在 3～4h 内有上万米巷道下沉，4个阶段的655个采场中有373个坍塌，海拔1100m高的山脊拦腰断裂，缝宽达0.8m，地表塌陷面积达到10万m²（长500m，宽225m，深424m）。

调查研究表明，大规模地压显现活动具有一定的规律性，它们的发展过程大体上分为预兆、大冒落及稳定三个阶段。现以锡矿山南矿的观测结果为例，来说明各阶段的显现形式及其特征。

（1）预兆阶段。时间约1~5个月。顶板冒落前，通常开始断裂的岩石发出声响，声响由小到大，由表及里，频率由低到高。在临冒落前，小声响频率达到52~60次/min，雷声似的大声响频率达到10~18次/min。国外某些研究表明，声响频率随暴露面积扩大而提高。

此外，由于断裂裂缝由表及里地扩展与分割，顶板表层的岩块先行脱落。至大冒落前夕，有频繁掉块的征兆出现，掉块数可达30次/h。

作为顶板大冒落的另一个重要的前兆是，压裂、剥落、坍塌的矿柱逐渐增多，采准巷道普遍出现片帮及冒顶现象。在大冒落前一个月内，有将近60%的矿柱失去支承能力。

（2）大冒落阶段。当矿柱的破坏、顶板的断裂、掉块等现象发展到一定程度时，空区上方大面积覆盖岩层的急剧冒落便会突然发生。此时，与冒落区相邻近的采场地压剧增，出现矿柱压裂、顶板破裂、采准巷道开裂及冒顶现象。同时，由于冲击气浪的影响，通风、排水、动力系统等遭受严重破坏。随着坑内冒落的扩展，地表出现下沉成塌陷坑。

（3）稳定阶段。随着冒落岩块的体积猛增，碎胀的岩块填满空区，覆岩的进一步冒落便可被阻止，从而出现暂时的稳定。此后，碎胀岩堆在自身重力及覆岩作用下被压实后，有可能再度冒落。如此反复若干次，渐趋稳定，这一过程持续时间较长。如矿体埋深不大，冒落可波及地表。此时，坑内地压即趋向相对稳定。然而，地表的缓慢变形下沉可能持续数年。

锡矿山南矿的地压显现特征及发展规律，详见图6-18及表6-1。

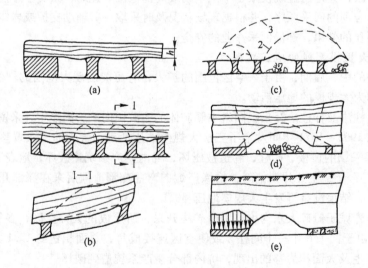

图6-18 锡矿山南矿地压显现特征

（a）开采初期；（b）开采中期，空区扩大；（c）开采后期，冒落过程；

（d）大面积冒落；（e）大冒落后

1—两个矿房离层区；2—四个矿房的离层线；3—大面积离层

表 6-1 锡矿山南矿地压显现规律

时 期	图 例	地压显现有关参数	地 压 现 象 和 特 征
开采初期	图 6-18a	离层破坏深度 h = 0.3 ~ 1.4m，顶板下沉速度 > 1mm/d	在距工作面 3 ~ 5m 处，顶板下沉达最大值，矿柱所受压力增大，随后趋于稳定，反映出应力急剧重新分布的过程。此期间，离层破坏只在顶板表层出现。只有个别局部冒落发生，与结构面有关
开采中期	图 6-18b	$H = 3 ~ 3.5m$，顶板下沉值在 150mm 以内。下沉速度一般不大于 1mm/d。大于此值则发生冒落。局部冒落高 3 ~ 3.5m，冒落面倾角 20° ~ 30°	顶板下沉速度随空区数量的增加而扩大。受上部阶段影响，沿采场倾斜方向，矿房中心和上部下沉量大。如果矿柱不破坏，顶板尚能保持一段时间的稳定。有局部冒落发生
开采后期	图 6-18c	离层高度 > 5m。空区总面积达到 5 ~ 7 万 m² 时，发生大冒落	局部矿柱破坏及顶板局部冒落。当局部矿柱破坏后，压力向周围矿柱转移，逐渐发展为大量矿柱破坏。顶板松动范围扩大，离层破坏向深处发展，出现深层响、局部冒落增强等预兆阶段的种种现象
大面积冒落	图 6-18d	冒落面积达 3 万 m²，冒落最终高度为 30 ~ 40m，顶板裂隙离层高度约 70 m，地表最大下沉值为 1.1 ~ 1.71m，下沉盆地范围 6 ~ 10 万 m²	60% 以上的矿柱失去支撑能力，预兆阶段的各种地压现象急剧发展，联合在一起的顶板破碎区先后急剧冒落。顶板冒落面外围形成裂隙带，上覆岩层弯曲，直至地表。冒落形成冲击气浪，随后地表下沉，形成大面积盆地
大冒落后	图 6-18e	一般情况下，地压增高区距空场 30m。大面积冒落后，压力增高区距冒落区 30 ~ 100m。在充填料中压力增高区距冒落区 100 ~ 300m	大冒落后形成崩落区，周围是压力升高带，造成下部阶段地压增高，开采困难。压力升高带在实体岩石中范围较小，在充填空场中范围较大

经验表明，大规模地压显现往往与矿区的构造断裂有着密切的关系。

6.3.2 覆盖岩层的变形和破坏

随着大规模地压显现，空区覆盖岩层会发生变形、移动及破坏等现象。由于空区岩体变形破坏的结构，在覆盖岩层中将形成三个不同的地带：冒落带、裂隙带及弯曲带，见图 6-19。

（1）冒落带。紧靠矿体上方的覆盖岩层由于破碎而呈拱形冒落向上发展。冒落高度与矿体开采厚度、岩石碎胀性及可压实性、采动范围、岩体强度、空区有无充填等有关，一般为矿体厚度（W）的 2 ~ 6 倍。

（2）裂隙带。该带岩体变形较大，岩层沿层理开裂形成离层，在拉应力作用下产生垂直岩层的裂隙。若有水，则可从裂隙渗入，威胁空区。

水体下开采必须使采动形成的裂隙带位于不透水层之下，即不破坏水系与矿体之间的不透水层方可进行回采。裂隙带的高度约为矿体厚度的 9 ~ 28 倍。

（3）弯曲带。整体移动带，仅出现下沉弯曲，不出现裂隙，保持了岩体原有的整体性。如果该带内有构造断裂存在，岩层可能沿构造断裂出现较大的移动，使井巷

图 6-19 覆盖岩层变形和破坏的三个带

或建筑物受到破坏。

　　弯曲带高度随岩性而异，一般当岩层脆而硬时，弯曲带高度约为裂隙带高度的 3～5 倍；岩体软而具有塑性时，约为裂隙带高度的数十倍。

6.3.3　地表的变形和破坏

　　矿体埋深较大，冒落带、裂隙带一般不会到地表，只在地表形成一个下沉盆地。若矿体埋藏浅，开采深度浅时，围岩中的冒落带或裂隙带可直达地表，从而使地面形成塌陷坑。

6.3.3.1　地表下沉盆地与下沉值

　　随着弯曲带的缓慢下沉，地表也逐渐下沉，位于空区中央上方的地表下沉值最大，空区周围上方地表下沉值渐次减小，从而形成一个下沉盆地。下沉盆地的形态，视开采面积与开采深度的相对大小不同而异。当采空区宽度 L 小于开采深度 H 的 0.9～2.2 时，盆地形如碗状，这是由于开采面积相对较小，矿体未充分采动所造成的。反之，当 $L > (0.9～2.2)H$ 时，可认为采空区相对面积较大，即矿体被充分采动，此时形成的下沉盆地

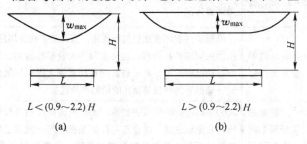

图 6-20　地表下沉盆地剖面图

（a）未充分采动，碗状盆地；（b）充分采动，平底状盆地

呈平底状，详见图 6-20。图中，W 表示下沉的垂直距离。最大下沉值 W_{max} 通常位于盆地中央；它的大小与开采深度、采动范围、开采高度、采矿方法、空区处理状况、矿体倾角及岩层特性等密切相关。最大下沉值 W_{max} 与矿体开采高度 m（或为矿层厚度）之比，称为下沉系数 η，即 $\eta = W_{max}/m$。各种空区处理方法的下沉系数，见表 6-2。

表 6-2　各种空区处理方法的下沉系数

采空区处理方法	下沉系数（η）	常用值
崩落围岩	0.6～0.8	0.7
削壁带状干式充填	0.6～0.8	0.7
外运材料干式充填	0.4～0.5	0.5
水砂充填	0.06～0.20	0.15
水砂充填，带状部分开采	0.02	0.02
胶结充填	0.02～0.05	0.02

　　当开采深度超过某一临界值时，岩体的移动及下沉便不再波及地表。通常称此深度为安全开采深度。在工程实践中，只要地表的最大下沉值不超过 20mm，便认为处于稳定状态，此时地面建筑物不致遭受破坏。

6.3.3.2　地表的塌陷、滑坡及滚石

　　如果地表是陡峻的山坡，则会发生滑坡或滚石。现将地表塌陷及滑坡、滚石的有关规律简述如下：

　　（1）崩落角及移动角。覆岩中的冒落带、裂隙带及弯曲带往往是沿着某一特定的方向发展。地表塌陷的形状及扩展范围，便是覆岩冒落移动的结果。所以，采空区与地表崩落、移动

边缘之间的联系，反映出岩体崩落移动方向的普遍规律。这一规律通常用崩落角及移动角来描述。

采空区下部边界至地表最边缘裂缝间连线的倾角，称为崩落角。采空区下部边界至地表下陷变形最外缘间连线的倾角，称为移动角。崩落角和移动角，都有上盘与下盘之分，见图6-21。

每个矿山都应对岩体的崩落移动范围进行详尽的调查观测，以便确定最终的崩落角及移动角，并进一步丰富统计所需的数据。经验表明，

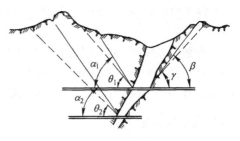

图6-21 崩落角及移动角

α_1、α_2—上盘崩落角；θ_1、θ_2—上盘移动角；
β—下盘崩落角；γ—下盘移动角

坚固岩体的崩落角较大，通常 $\alpha = 65° \sim 75°$；软弱岩体的崩落角则较小，表土的 $\alpha \approx 45°$。上盘崩落角 α 往往小于下盘崩落角 β，一般 $\beta - \alpha = 5° \sim 10°$。同样，上盘移动角也小于下盘移动角。

走向长度不大的矿床，随着开采深度的增加，上盘岩体的冒落受走向两端未采动岩体的夹制作用而有所增强，因而崩落角将增大。随着开采深度的增加，上盘围岩的崩落渐呈拱形，并会导致悬顶现象，如图6-22所示。一般情况下，当开采深度达到走向长度的1.5倍时，便可能出现悬顶现象。此时，上盘崩落角可达85°以上。

（2）滑坡及滚石。这是一种特殊形式的地表岩石移动，其波及的范围远超出前述按崩落角所圈定的区域，形成滑坡的主要原因在于，采动影响所产生的破裂带使山坡岩体的抗剪强度大为降低，岩体沿部分弱面破坏。形成整体下滑（图6-23及图6-24）。当崩落岩体破裂成碎块时。便可能在陡坡上滚动，形成滚石。在险峻山地，滚石往往会造成严重危害。它可以破坏建筑物，冲毁道路或农田；还可以堵塞河道，酿成水灾。因此，对于滑坡及滚石的危害作用，不可低估。在可能发生滑坡及滚石的矿山，必须采取防范措施。常见的有效防治方法如下：

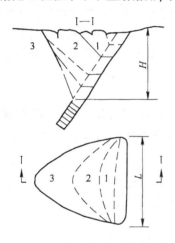

图6-22 塌陷坑及崩落角随采深的变化

H—开采编号；L—走向长度；
1~3—滑移体编号

1）将建筑物设计在滚石危害区以外或将已有的建筑物迁出危险区。

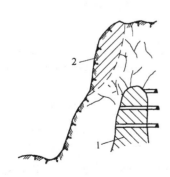

图6-23 采动对陡坡的影响

1—矿体；2—滑坡体

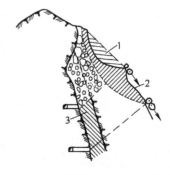

图6-24 滚石部位与开采的关系

1—开采上部阶段时滚石部位；2—开采下部阶段
时滚石部位；3—矿体

2）将采空区充填，或保留大尺寸连续矿柱，以控制地表岩移幅度，避免地表岩体被割裂或破坏。

3）控制回采顺序，将岩移方向引向不损害建筑物的一侧，使滚石落入预定区域。

4）修筑拦石平台、拦石坝、导向槽、拦石柱等设施，以拦阻或疏导滚石。显然，巨块滚石是无法拦阻的；在可能情况下，应在其滚动前爆破成小块，以便于拦阻或疏导。

6.3.4　采空区处理

从地压显现规律上看，开采空间的扩大及空区的长期存在，往往会酿成大规模地压活动。因此，用空场法及留矿法进行开采时，必须在采场回采结束之后，对采空区作及时、妥善的处理。空区处理的原则及方法如下所述。

6.3.4.1　采空区处理的原则

采空区处理的原则与回采期间维护采场稳定所遵循的原则不同。它不应当以维护采空区围岩的稳定为原则，因为这样做不仅不经济，往往也不可能。事实上，当采空区扩展到相当规模以后，围岩出现大的变形或破坏是一种难以避免的趋势。因此，采空区处理的原则应当是：对空区围岩的变形与破坏活动做到因势利导，使其以不危及生产安全的方式发展，尽可能使空区处理的过程有利于备采地段的生产，争取使矿山生产的总经济效益达到最佳。

6.3.4.2　采空区处理方法

采空区的处理，原则上可从两个途径来考虑：一是使围岩的移动破坏以比较缓和的形式发展，二是使围岩在预控的时间或范围内破坏。常用的空区处理方法，主要有以下几种（图6-25）。

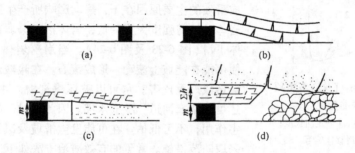

图 6-25　采空区处理方法示意图
（a）房柱采矿法形成的空区；（b）顶板缓慢下沉；（c）用充填法处理空区；
（d）用崩落顶板的方法处理空区

（1）自然闭合。对某些极薄矿脉，顶板较软弱，有自动下沉的趋势，此时主要是控制好顶板的下沉速度，使之缓慢下沉，直到完全闭合。在条件适当的前提下，自然闭合是一种既经济又安全的方法。

（2）封闭空区。对矿区边缘的分散或孤立的小采区，可不予处理，任其自然发展。但为了防止在突然冒落时出现的气浪冲击，需将各处通道封闭堵塞；只把连通地表的天井保持畅通，便于气流逸出。在巷道中，用岩墙堵塞的长度应大于 4m。如果封闭的空区中有冒落的松散岩堆作垫层，可使冒落气浪得到缓和。对人身而言，冲击压强必须小于 2MPa，风速应低于 15m/s。

顶板冒落时产生的空气冲击压强 p，可用下式来估算：

$$p = \frac{K}{1 - \eta} \times 10^5, \quad \text{Pa} \tag{6-14}$$

式中 K——气压影响系数, $K = \dfrac{井口大气压}{标准大气压}$;

η——落面积系数, $\eta = \dfrac{一次瞬间冒落的面积}{空区悬空顶板的总面积}$。

大同煤矿几次典型顶板大冒落的实测统计资料表明: $K = 0.86 \sim 0.87$; $\eta = 35.41\% \sim 82.83\%$, $p = (1.33 \sim 5.07) \times 10^5 \mathrm{Pa}$。

(3)充填采空区。用碎石或尾砂充填采空区,可有效地控制围岩的移动及冒落。充填法是保护地表的可靠手段。但由于充填费用高,使应用范围受到限制。

(4)崩顶。崩顶是有控制地崩落上盘围岩处理空区的方法。其作用如下:

一方面,崩落下来的松散岩堆可起到充填空区的作用。若崩落层不厚,可为后继的大冒落充当缓冲垫层。若崩落围岩将空区充满,便可阻止围岩冒落的继续发展。

另一方面,将空区上盘围岩崩下之后,可减轻或解除周围承压带的应力集中,起到卸载的作用。当上盘的崩落通达地表时,可起到完全卸载的作用。在未通达地表时,只要是直接顶板连同老顶均被崩落,碎胀的岩石充满空区,也可起到部分卸载的作用,见图6-26。

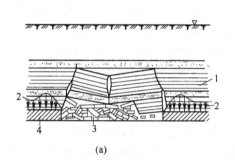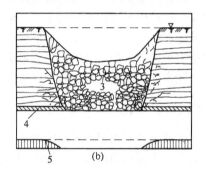

图 6-26 崩顶充填空区使承压带卸载
(a)崩落老顶与部分卸载;(b)崩落通达地表与完全卸载
1—老顶;2—承压带应力状态;3—崩落体;4—矿体;5—原岩应力线

空区围岩的崩落范围,要针对矿床开采的条件作具体分析。可按形成缓冲垫层防止气浪冲击危害的原则确定(垫层厚度以不大于20m为宜),或以崩透地表,彻底解除地压威胁的要求确定。例如,当空区较浅,接近地表,且上盘围岩易崩落时,就应促使其通达地表。而对于某些急倾斜矿体,由于上部崩落的围岩可向下转放,则可考虑利用它作为后继冒落的缓冲垫层,此时可适当减少空区处理的崩落量。

崩落围岩的方法,分为自然崩落法及强制崩落法。软弱或多裂隙岩体,可尽量以较少的工程形成足够暴露面积或跨度,促使顶板或上盘围岩自然冒落。整体性强的坚固岩体,则必须利用爆破来实现强制崩落。现将利用崩落法处理采空区的几个实例介绍如下。

【实例1】 湘西钨矿郭家冲矿区,开采深度为700m,矿床产状为中厚、中倾斜;走向长约1000m。采矿方法为空场法。每采完一个阶段后,即拆除空区内部的部分混凝土预制块,并回采矿柱,促使不稳固的紫色板岩自然冒落。这种处理空区的方法一直被延续下来。以至于开采深度达到480m,仍维持安全生产,未受到地压灾害的威胁。

【实例2】 赣南大吉山、铁山现等钨矿,采用深孔爆破法处理脉群开采遗留下来的矿柱和夹壁。结果,上盘围岩的崩落陆续通达地表,从而有效地控制了地压显现。

【实例3】 大同四老沟等煤矿的煤层顶板为粗砂岩、砾岩等坚硬岩体,难以冒落。在用长壁法开采时，按一定步距放顶往往难以奏效，为防止悬空顶板突然冒落造成危害，曾采用钻孔爆破法强制放顶。后又试用高压注水压裂软化方法，取得了良好效果。由于顶板被软化，成为易冒顶板，岩体被分解为层状小块，做到了随采随冒。顶板压力活动的周期明显缩短，周期来压步距由原来的 39.6m 缩减到 9.3m。顶板压力的瞬间冲击载荷的强度也明显减弱。

　　用崩落围岩来处理采空区，显然是经济而简便的方法。与充填法相比，更加显示出它的优越之处。然而，并非在任何条件下都可使用此种方法。用崩落法处理采空区，只能在下列条件下被采用：

　　(1)地表没有需要保护的建筑物或其他设施。

　　(2)陷落区上方的地表汇水面积不大，不会导致大量泥水汇集并涌入空区。

　　(3)围岩易于崩落。

6.4　崩落法开采中的地压问题

　　在开采矿石及围岩均不稳定的矿体时，根据矿体的赋存条件及矿体厚度，可采用壁式崩落采矿法、分段崩落采矿法、阶段崩落采矿法。前者用于开采水平或缓倾斜的顶板不够稳定的中厚以下矿床，而后两者则用于开采水平、缓倾斜、倾斜、急倾斜的厚大矿体。由于用崩落法回采矿体时，随矿石回采放出，上覆岩层便崩落而充填空区，崩落围岩是回采作业的一部分，已不存在采空区处理的问题。此时，需要解决的地压问题是：如何控制崩落条件，使矿体及围岩的崩落达到预定的范围及破碎的程度；研究在松散块体作用下，采场底部结构的地压问题。

6.4.1　壁式采矿法的地压活动

　　开采水平或缓倾斜顶板不够稳定的中厚以下矿床时，常采用壁式崩落采矿法。该方法的特点是，随回采工作面向前推进，周期地切断直接顶板，以崩落的顶板岩石充填采空区。

　　如图 6-27 所示，在工作面上方顶板岩层中的压力以及崩落岩石上方作用压力呈波状分布，而在两个压力波峰之间压力小，使回采工作面附近能保证安全。随回采工作面向前推进，顶板岩层中压力波也向前移动，在回采工作面前后形成：应力降低区 Ⅰ、应力升高区 Ⅱ 与原岩应力区 Ⅲ。应力升高区的应力值和分布范围取决于顶板岩层岩石力学性质、顶板管理方法、开采深度等。实验及现场测试证明，顶板岩层岩石强度越大，开采深度越深，则其应力峰值亦越高。与回采作业交替进行的顶板崩落作业(放顶)，既可及时消除采空区，又可减轻回采工作面前方所承受的压力，从而有利于安全回采。

　　采用壁式崩落采矿方法时，为使工作面附近有一个安全地段，应根据顶板岩层岩性正确选择最大悬顶距 l。只有悬顶距选择合理，才能保证回采作业面附近安全。沿工作面推进方向顶板悬空的最大距离 l_{max}，称为最大悬顶距。到达这一距离时，就要进行放顶。如图 6-28 所示，

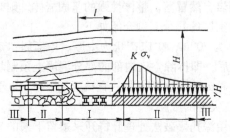

图 6-27　长壁式采矿法及其工作面
前方的承压带

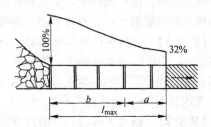

图 6-28　工作空间内支柱的受压曲线
a—控顶距；b—放顶距；l_{max}—最大悬顶距

一次放顶的距离为 b。由于 $a+b=l_{max}$，所以 a 称为控顶距。为此，在放顶前，在距离工作面为 a 的平行线上架设密集支柱，作为顶板的刚性支点。然后，撤去拟放顶空间的支柱，使顶板失去支撑，从而沿距离 a 处折断。所以，密集支柱对顶板起到切割的作用。放顶前后的受力分析及力学机理，如图 6-29 所示。

6.4.2 应用崩落法开采倾斜、急倾斜矿体地压活动

当前我国在开采倾斜、急倾斜金属矿床时，广泛采用崩矿采矿法。按崩矿高度分为：阶段崩落与分段崩落采矿法。而按有无出矿底部结构设施又可分为：有底柱崩落法与无底柱崩落法。崩落采矿法是一步骤回采，消除了采用空场采矿法所遗留造成地压活动隐患的大量采空区。因此地压活动对回采工作的危害，则集中表现在出矿巷道——耙道或进路的稳定性上。

下面分别来研究有底柱崩落采矿法底部出矿巷道在回采期间底柱承受压力变化，以及无底柱分段崩落采矿法进路周围岩体中应力分布。

6.4.2.1 有底柱崩落采矿法底部结构上所承受的压力

有底柱崩落采矿法是回采工作推进，围岩随之崩落，矿石通过底柱放矿巷道放出，底部结构上的地压，则来自上部已崩落矿石和覆岩的压力，所以这种采矿方法的地压控制问题，主要表现在维持底柱出矿巷道（耙道）的稳定性上。

在回采期间，底部结构上的地压活动规律一般可分为三个阶段：

第一阶段：采场进行切割拉底后（未进行崩矿），此时电耙巷道上部是实体。虽然此时也有压力作用于下部，但因未采动矿石本身对周围岩体有一定的承载能力，故此时底部结构上所承受压力比较小；

第二阶段：采场崩矿之后，底部结构上充满了松散矿石，其压力就作用在底柱上。此时底柱不仅要承受崩下矿石自重造成的压力，还要承受上覆崩落岩石传递给底柱的压力，比第一阶段承受压力明显增大。崩下的松散矿石作用在底柱上的压力是不均匀的，采场周边作用压力小，中心部分压力较大。这是由于崩落矿石与未采动矿石之间存在摩擦阻力和承压拱作用的结果，作用底柱上的压力简图如图 6-29 所示。

第三阶段：随放矿进行，作用在底柱上的压力降低。这是因为随放矿进行漏斗上部矿石发生二次松散，在放矿漏斗上部形成一个椭球状松动空间（图 6-30a）。处于松动椭球体内部的矿石不再承受上部传递下来的荷载，其上部形成免压拱。拱上部松散矿石荷载被传递给附近漏斗上部矿石，从而在放矿过程中，处于放矿的漏斗中心压力降低，出现降压带（图 6-30b）。降压

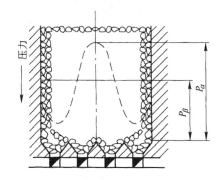

图 6-29 底部结构承受压力分布图

P_{β}—最大压力；P_{α}—平均压力

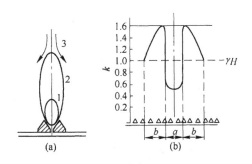

图 6-30 矿石放出过程漏斗上部压力变化

（a）放矿椭球体的御压作用；（b）漏斗上部压力分布图

1—放出椭球体；2—松散椭球体；3—压力传递方向

带发生在松散椭球体范围内，距放矿漏斗轴线越近，压力值降低越大。如果当几个漏斗同时放矿时，它们的松动椭球体可能联合形成一个大的免压拱，拱上的压力也将四周传递，情况同单斗放矿相似。但当漏斗数目（即放矿面积）增加到一定时，这个大免压拱就不容易形成了，压力的分布有恢复到单斗放矿时的情况。基于上述原因，我们就可以利用控制放矿面积及其压力传递的规律，来免除因压力过于集中，可能造成底部结构的破坏。但是，当放矿强度很低时，降压带和增压带的作用都不明显，如再利用压力传递的规律来控制地压，其收效就甚微了。

保证崩落采矿法底柱出矿巷道稳定性，除考虑根据底柱岩体的力学性质选用合适的支护类型外，合理确定矿块尺寸能达到降低崩落矿岩对底柱的压力。根据前苏联采用崩落采矿法矿山经验，适当缩小矿块尺寸能明显降低作用于底柱上的压力。

此外，尚可借助提高放矿强度来降低作用于底柱上的压力。应强调指出，采场开始放矿之后，不要随意中断放矿工作，否则，将使相邻采场遭受高的压力作用使底柱出矿巷道压垮。

6.4.2.2　无底柱分段崩落法进路周围岩体中的应力分布

无底柱分段崩落法比有底柱崩落法结构简单，整个回采过程——凿岩、崩矿、出矿都是在同一回采巷道（进路）中完成，因而使凿岩、装药、出矿等工艺过程易于实现机械化，便于采用大型设备。因此维护回采巷道，保证回采巷道的稳定性，对安全生产、提高回采经济效益具有重大意义。

为了维护回采巷道（进路）的稳定性必须了解进路周围岩体中应力分布，以及回采顺序对它的影响，以便采取相应维护措施。

计算模型如图 6-31 所示，作用于从回采阶段中取出的 ll_1m_1m 上的荷载有：邻近崩落岩层第一个分段上的荷载除垂直方向的上覆崩落岩石的重量 p 外，尚承受本分段矿石自重荷载作用；在水平方向作用着由崩落的上覆岩层自重引起的侧压力 $q = \gamma H \tan^2\left(\dfrac{\pi}{4} - \dfrac{\phi}{2}\right)$。应用有限元法计算出进路周围岩体中应力分布如图 6-32 所示。

从图 6-32 看出，在进路两侧矿柱中形成应力升高区，而在巷道顶板上方形成应力降低区，从图 6-33 看出，在拱脚、墙脚处应力值较高，巷道帮中点处次之，而在巷道顶板中点处则最小。这一分布特点可由采用无底柱分段崩落法矿山进路遭受地压破坏的形迹来证实。由于拱脚处承受较大的压应力，喷在巷道表面的混凝土喷层经常鼓翘，进而逐渐破坏剥落。在墙脚处也可看到类似现象。

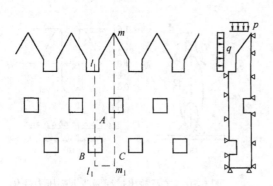

图 6-31　进路周围岩体应力
分布计算模型

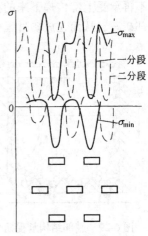

图 6-32　进路周围岩体中
应力分布图

在回采后进路轴向方向周围岩体中应力变化据符山铁矿观测，在进路中距工作面10m以内为应力降低区，10～25m为应力升高区（图6-34），25m以外不受影响应力恢复正常。

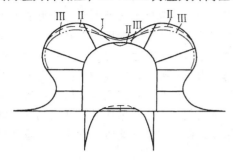 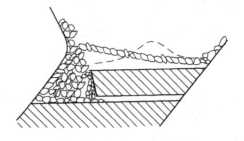

图6-33　不同回采顺序进路周边应力分布图

Ⅰ—各进路推进速度相同；Ⅱ—进路推进速度较慢，落后于相邻进路；Ⅲ—进路一侧超前回采

图6-34　垂直走向方向进路顶板应力分布

结构面对进路稳定性及地压活动有很大影响。据湖北程潮铁矿观测，在破碎带附近应力值有很大变化，可高达正常值的6.3～10倍；河北玉石洼铁矿进路很大一部分破坏是由于受到结构面分布的影响。

上部分段回采完全与否，对相邻下分段进路稳定性影响很大，因上部分段未崩完全的实体矿石对下分段造成很大的集中压力，使位于其下部的进路破坏并可能引起底鼓。河北玉石洼铁矿260m分段有些进路即因此破坏。

同一分段相邻进路回采顺序、推进速度对进路周围岩体中应力分布影响较大。曾应用有限元法计算过下列三种回采顺序条件下的进路周围岩体中应力分布情况：各进路推进速度相同、一进路推进速度较慢落后于相邻进路、进路一侧超前回采，得出结果如图6-33所示。从该图看出，在拱脚部以上三种情况应力值不同，其中以进路一侧超前回采情况应力值最低，而在两帮中点处三种情况相同，对下部分段采准巷道周围岩体中应力影响均不大。

6.5　充填体及其作用

在用充填法回采矿体时，回采作业与充填作业交替进行，充填体的作用既可维护围岩稳定，又可充当工作台。用空场法及留矿法回采以后的空区，也可采用充填法来处理。此时，充填的目的在于控制采场的地压显现，限制和减轻岩层及地表下沉、移动的范围。本节对充填体的稳定性以及控制地压的作用机理作简要介绍。

6.5.1　充填体对地压显现的作用

按充填材料不同，可将充填采矿法划分为干式充填及水砂充填两类，后者又有河砂及尾砂之分。为了提高充填体的抗变形能力，可在水砂中加入水泥砂浆，使之成为胶结充填体。然而，与围岩相比，充填体的强度仍然相当低，通常不到围岩强度的十分之一，见图6-35。图中，横坐标表示充填体的压缩率K。

充填体在控制地压显现方面，可能起到的作用

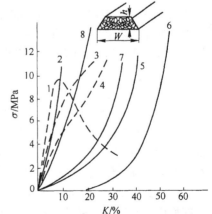

图6-35　各种充填体的压缩率

1—硬石膏；2—砂子；3—实心木垛；4—内充碎石的木垛；5—废煤；6—碎石带，宽高比$W/h=4$；7—$W/h=8$；8—$W/h>10$

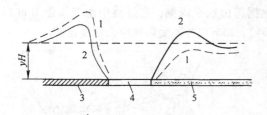

图 6-36　充填体对地压的影响

1—松散充填体的顶板压力曲线；2—胶结充填体的顶板
压力曲线；3—矿体；4—开采空间；5—充填体

如下：

（1）对两侧围岩的支撑作用。充填体对围岩的支撑作用，取决于它与围岩的变形协调关系，类似支架承受变形地压时的状况。一般说来，由于充填体的刚性小得多，它对围岩变形的限制能力是有限的，尤其在它们被充分压实前更为突出。显然，胶结充填体所提供的支撑作用大于松散充填体，尤其是强度较高的粗骨料胶结体，在分担围岩地压、影响应力重新分布方面，有着显著作用，见图 6-36。

（2）对围岩及地表变形的限制作用。随着围岩的变形，充填体逐渐被压实，从而可提供强大的支撑能力，足以限制围岩的继续变形。因此，充填法可以控制围岩的破坏范围及地表的下沉作用。

充填体对地压的控制作用与充填质量及充填体的稳定性密切相关。例如，某矿曾用胶结充填法回采了 30% 的采区，另有 70% 的采区用空场法回采，并用胶结充填法处理采空区。就是说，全部采区都是用胶结充填法处理的。但由于充填质量不佳，再加上部分采区曾使用分层崩落法，从而削弱了胶结充填的作用，结果仍然产生了岩石移动。

（3）提高围岩及矿柱的自支承能力。在未充填时，围岩及矿柱的表面处于二维应力状态，而且表层的低应力破裂区强度很低。矿柱被充填体包裹后，表面受到侧压力作用，破裂度受到约束，从而使围岩和矿柱处于三向应力状态，围岩和矿柱的强度得到极大提高。根据库仑强度理论，岩体抗压强度 σ_c 与侧压力 σ_a 之间有如下关系：

$$S_c = \sigma_c + k\sigma_a$$

式中　K——岩体的塑性系数，$K = \dfrac{1 + \sin\phi}{1 - \sin\phi}$。

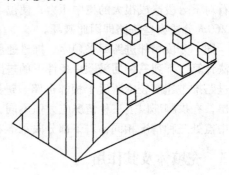

图 6-37　充填体包围中的矿柱

从图 6-37 可以看出，与无充填的房柱法相比，矿柱强度可大为提高。对于立柱充填法来说，为了提高回采率，还可适当减小矿柱尺寸。例如，加拿大斯特拉斯矿在设计立柱充填法的矿柱时，取安全系数 $n = 0.8 \sim 1$，使矿柱矿量减少了 23%。

6.5.2　充填体的稳定性

6.5.2.1　尾砂胶结体的强度特性

各种水泥含量尾砂胶结体的强度特性，见表 6-3。随着水泥含量的增加，胶结体的内摩擦角有所提高，但提高幅度远不如凝聚力大。当尾砂中加入细砂或石块时，两者都有明显提高。不过，增加水泥含量必将大大提高充填费用，因而含有较多石块的粗骨料胶结充填取得了良好的效益。

6.5.2.2　人工矿柱的稳定性

在用胶结充填法开采矿体时，往往是分两步进行。第一步回采矿房，第二步回采间柱。在第二步回采间柱时，矿房中的胶结充填体便起到人工矿柱的作用，如图 6-38 所示。人工矿柱必须有足够的强度，以便承担两侧围岩的地压。人工矿柱的强度可参照式（6-8）及式（6-13）进行验算。

表6-3 尾砂胶结体的强度特性

水泥含量/%	养护时间/d	试样数目	凝聚力 C/MPa	内摩擦角 φ/(°)
4	7 28	22 23	0.13 0.15	30 30
8	7 28	24 24	0.24 0.31	33 33
16	7 28	24 24	1.02 1.46	36 36
0(加入细砂)	205	11	0.03	32
4(加入细砂)	207	12	0.21	37

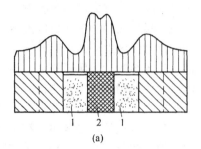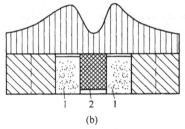

图6-38 胶结矿柱的承压作用
(a) 第一步回采；(b) 第二步回采
1—矿房；2—间柱

6.5.2.3 水砂充填体的稳定性

水砂充填是用水力将河砂或尾砂输送到采场或采空区进行充填的方法。在砂体的重力作用下，河沙或尾砂逐渐沉降压实，并将含水析出，然后送回地面。为此，要使充填体具有稳定性，充填体必须具有良好的渗透性；否则，充填体将处于水饱和状态。这时，砂粒间存在的水膜会使内摩擦力大为降低，呈现流体状态。密封挡墙在巨大静水压力下可能被突破，以致造成砂浆流失，充填失效。

为使水砂充填料具有良好的渗透性，要对其粒度进行控制。研究表明，要使渗透系数保持在 $5 \sim 10\mathrm{cm/h}$ 以上，应将充填料中 $20\mu\mathrm{m}$ 以下的细级砂含量控制在8%以下。

6.6 采场地压控制及回采顺序

研究采场地压的主要目的在于摸清采场地压的分布、转移、显现规律，寻求经济有效的地压控制方法，以维护回采期间采场的稳定和防治采后地压危害，并尽可能使采动后围岩或矿体中的应力分布有利于改善回采条件、提高生产率，降低矿石损失贫化、降低开采成本。

采场地压控制的各种方法已在前述各节中作了扼要阐述，本节仅对此作一概括与补充。

6.6.1 采场地压控制方法综述

采场地压控制方法，概括起来有以下几种：

（1）合理确定采场形状及采场结构参数，利用矿柱及围岩的自承能力来维护回采矿房的稳定性，是采场地压控制的基本方法。矿房的形状、跨度以及矿柱的尺寸，都要在这一原则下来确定。

（2）岩体的支撑与加固。在回采不稳固矿体时，常利用人工方法来支护回采空间，以防止冒落。传统的方法是用立柱、支架、木垛等进行支撑。近代则又发展了岩体加固技术，即用锚杆、长锚索、注浆等方法提高岩体的强度，以维护稳定。在回采前，将不稳固矿体先行加固，可收到预控的效果，即形成类似在稳固矿体中进行回采的条件。此时，可用常规方法顺利地回采矿石。

（3）充填。在回采期间，利用充填体改善围岩及矿柱的受力状态，借以增强稳定性，是现今常用的地压控制方法之一。充填也是阻止围岩冒落，缓和地压显现，控制地表下沉的有效手段，因而也是采空区处理的方法之一。

（4）崩落。利用崩落围岩的方法控制地压显现，使承压带卸载，借以改善采区的回采条件，是利用崩落控制地压显现的有效途径。在地表允许崩落的条件下，崩落法是积极而又简便的方法，也是处理采空区常用的方法。

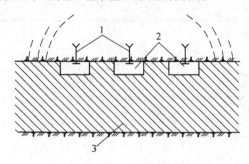

图 6-39　超前切顶空间形成的免压拱

1—锚杆；2—超前切顶空间；3—待采矿块

（5）合理利用免压拱效应。在高应力区开采矿体时，可用超前切顶的方法使待采矿块处于免压拱的保护之下。免压拱将原岩中的高载荷转移到采区以外，从而改善了采区的回采条件，见图 6-39。为保证安全，要控制切顶空间的尺寸并采用锚杆支护方法。只要将切顶空间安排得当，就会使高应力获得释放。

（6）合理的回采顺序。在矿体中进行开采时，地压的分布与转移随开采空间的变动而变动。这样，按不同顺序进行回采，就会使待采矿块处于不同的地压控制之下，或增加其回采难度，或有利于安全回采。因此，选择合理的回采顺序对控制采场地压具有重要作用。控制回采顺序，实质上是一种时间与应力的综合控制方法。

6.6.2　合理回采顺序实例

（1）首先回采局部构造应力带。以褶皱矿体为例，在其轴部多存在局部构造应力，如图 6-40 所示。如果先回采轴部，可使局部应力得以释放。反之，如果将轴部的采区推迟到最后回采，则由于应力的进一步集中，将使回采工作遇到更大的困难。因此，先回采局部应力带，是消除应力集中的有效方法。

（2）保护矿柱不宜最后回采。在开采缓倾斜矿体时，为保护下盘的运输平巷，往往留有一定宽度的保护矿柱，如图 6-41 所示。然而这将导致过高的应力集中，使得平巷难以维护。反之，

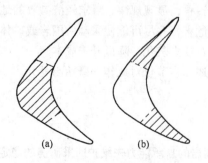

图 6-40　褶皱矿体回采顺序

（a）先采两翼；（b）先采轴部

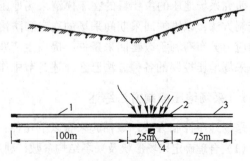

图 6-41　保护矿柱的应力集中现象

1、3—采空区；2—保护矿柱；4—运输平巷

按正常的顺序开采，不留保护矿柱，则可避免应力集中。

（3）从结构面的上盘向下盘推进。在穿越节理、断层等结构面时，从上盘向下盘方向推进更为合理，如图6-42所示。反之，如果回采工作面从下盘向上盘推进，则工作面前方的矿体将处于高应力控制之下，回采作业难以进行。

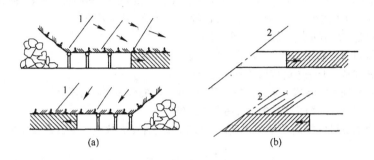

图6-42　穿越结构面的回采方向

（a）穿越节理带；（b）穿越断层

1—节理；2—断层

（4）合理布置进路的方向。尽可能使进路与最大主应力方向平行，使围岩处于二维变形状态，以利于围岩稳定。如果采场不是以进路形式回采，则应使回采空间的长轴与最大主应力方向平行。

（5）用数值计算法设计回采顺序。在选择回采顺序时，采用数值计算法编制方案，是近年来发展的一项新技术。图6-43为南非斯梯尔方丹金矿的计算实例。该矿采用竖井开拓，开采深度为100m，原岩最大主应力为26.5MPa。由于采空区的影响，竖井矿柱的最大主应力提高至49.82MPa。原岩的许用应力为53.0MPa。为使竖井矿柱的应力不致过分增高，在准备回采附近7个残柱时，拟定了两个方案，并用数值计算方法进行了验算。

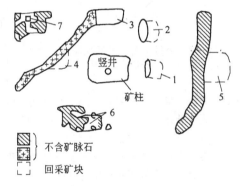

图6-43　残柱回采顺序

1~7—矿柱编号

计算结果表明，如果先回采残柱1及2的一部分，则竖井矿柱应力迅速提高到允许极限，使得其余残柱无法回采，总回采量仅为残柱矿量的20%。第二方案是先回采较远的矿柱5、4及7，此时竖井矿柱的应力变化不大，以至还可以回采残柱1及2的一部分，总回采率可达到76%。

思考题及习题

6-1　采场地压与巷道地压有无区别？

6-2　地压显现的强度与地压强弱有无区别？

6-3　在地下开采过程中，采场围岩或矿柱中是否都可见到地压显现，如何观测地压的强弱？

6-4　当开采空间形成以后，围岩中的应力分布有何变化，什么是承压带，什么是卸压区，在开采过程中地压是否会转移，承压带及卸压带是否也会转移？

6-5　空区覆盖岩层的变形、位移以及破坏的规律是什么，如何控制地表的下沉？

6-6　在地下开采过程中，在什么条件下，围岩的破坏会波及地表？

6-7　什么是崩落角，崩落角大小与开采深度有什么关系，当围岩的破坏不波及地表时能否确定崩落角？

6-8　水体（例如河流）下的矿床，以什么采矿方法较好，可否采用崩落法？

6-9　采空区的处理方法有哪些，其适用条件是什么？

6-10　什么是极限跨度，它在工程上有什么意义，怎样确定其尺寸？

6-11　试分析矿柱在地下开采中的作用及留矿柱的利弊。

6-12　试分析确定矿柱尺寸的基本原则，并对现有计算方法的合理性作出评价。

6-13　原岩应力场对确定采场及矿柱的尺寸有什么影响？

6-14　为什么用充填法可以提高矿柱的强度，立柱充填法有什么优点，可否在高应力区或深部开采中应用？

6-15　在什么条件下可形成免压拱，它对采矿工程有什么意义？

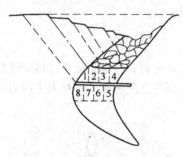

图 6-44　分段崩落法的回采顺序
1～8—矿块的崩落顺序

6-16　用分段崩落法回采褶皱轴部矿体时，拟定了自上盘向下盘方向回采的方案，如图 6-44 所示。试分析该方案的合理性。

6-17　某铁矿为多层状水平矿体。各层的埋藏深度如下：第一层 20m，第二层 80m，第三层 200m，矿体厚度均为 3m。利用房柱法开采时，矿房及矿柱的宽度都是 10m。围岩为砂岩，$\gamma = 28\text{kN/m}^3$，$\mu = 0.25$。试确定矿房顶板中央的应力值，并分析该矿床的开采对地表有什么影响。

6-18　某采场距地表 100m，覆盖岩石重度为 20kN/m^3，极限抗拉强度为 1.8MPa。如果取安全系数为 3，试计算采场的极限跨度。

6-19　某铁矿床平均厚度为 3.5m，倾角为 10°，埋深为 300m。采用房柱法回采，矿柱的长宽之比为 3:1。设计要求回采率不小于 80%。矿石的完整性好，节理不发育，$f = 10$。覆盖岩层为砂岩，$\gamma = 25\text{kN/m}^3$。若取安全系数为 4，试设计此矿柱。

6-20　结合图 6-41 的条件，为维护下盘运输巷道 4 的稳定性，在实际工程中可采取哪些补救措施？

6-21　某急倾斜矿体用留矿法开采。矿房宽度为 50m，上盘岩体移动角为 65°，内摩擦角为 40°。形成的滑动棱柱体厚度为 60m，沿走向每米长度的滑动棱柱体重力为 $3.5 \times 10^8 \text{N}$。矿体的许用压应力为 7.3MPa。试求间柱宽度。

6-22　有一急倾斜塑性泥状矿脉，如图 6-45 所示。矿体倾角为 75°。脉幅上窄下宽；$m_2 = 1\text{m}$，$m_1 = 0.5\text{m}$。矿石重度 $\gamma = 27\text{kN/m}^3$。矿脉与围岩之间有裂隙面存在，摩擦角为 18°。矿脉有整体脱落的趋势。若矿体的抗拉强度为 0.15MPa，试求整体脱落层的高度 h。

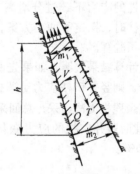

图 6-45　塑性泥状矿脉的整体脱落层

6-23　发生冲击地压的条件是什么，为什么在塑性岩体中不会发生冲击地压？

6 岩石力学在地下采场中的应用

对岩体的结构状况进行实地调查，并将有关资料作出综合整理，在此基础上对岩体的稳定性作出评估，这就是工程地质力学方法的主要内容。前者主要用来对结构面产状方面的资料作综合整理，并对岩体的结构特点进行分析；后者则主要用来评估岩体中的危险结构体或岩块的稳定性。在露天边坡稳定性的研究和实践中，这种方法得到了成功地应用。因为岩体的结构状况是影响边坡稳定性的主要因素，所以，建立在调查研究基础上的工程地质力学方法便成为评价边坡稳定性的主要方法。

实践和理论都证明，边坡角越缓，则稳定性越高，但这势必增加剥岩量，降低露天开采的经济效益。仅以南芬露天铁矿为例，如果将边坡角减小1°，则在沿走向1m的长度上就要增加20000t的岩石剥离量。不难想象，在走向长约3000m，境界周长约8000m的露天矿场内，所增加的岩石剥离量将是一个多么大的数字。然而，当为了节省剥离费用而提高边坡角时，边坡的不稳定因素将随之增加。显然，边坡角的提高，会增加岩体移动和破坏的危险性，从而威胁到矿山的正常生产，甚至给人民的生命财产带来巨大的损失。这方面的事例，在国内外矿山都有所发生。因此，边坡稳定性研究的实质，就是在安全性和经济性的矛盾中正确解决边坡角的问题。更确切地说，边坡稳定问题可归结为"设计与形成一个使露天矿生产既安全又经济的最优边坡角"的问题。

7.1 赤平极射投影原理

7.1.1 赤平极射投影原理

赤平极射投影（Stereographic projection）简称赤平投影，是将物体在三度空间的几何要素表现在平面上的一种投影方法，主要用来表示线、面的方位，相互间的角距关系及其运动轨迹，把物体三维空间的几何要素（线、面）反映在投影平面上进行研究处理。它是一种简便、直观的计算方法，又是一种形象、综合的定量图解，广泛应用于地质科学中。运用赤平投影方法，能够解决地质构造的几何形态和应力分析等方面的许多实际问题，因此，它是研究地质构造以及岩体软弱结构面分析不可缺少的一种手段。

赤平投影本身只反映物体的线和面的产状和角距关系，不涉及它们之间的具体位置、长短和大小，但配合正投影图解，互相补充，则有利于解决包括角距关系在内的上述计量问题。

赤平投影是以一个球体作为投影工具（称为投影球），以球体的中心（球心）作为比较物体几何要素（线、面）的方向和角距的原点，并以通过球心的一个水平面（赤道平面）作为投影平面。通过球心并垂直于投影平面的直线与投影球面的交点称为球极（北极或南极）。

作赤平投影图时，一般是将物体的几何要素——线、面置于球心，使这些几何要素延伸与球面相交，得到球面投影。然后从投影球极向球面投影发出射线，它们与赤道平面的焦点就是该几何要素的赤平投影。本教材采用下半球投影，即射线由上半球球极发出，投影下半球的大圆弧和点。图7-1所示为一球体，*AC* 为垂直轴线，*BD* 是水平的东西轴线，*FP* 是水平的南北轴线，*BFDP* 为过球心的水平面，即赤平面。

　　平面的投影方法(图7-1)设一平面走向南北、向东倾斜、倾角40°，若此平面过球心，则其与下半球面相交为大圆弧 PGF，以 A 点为发射点，PGF 弧在赤平面上的投影为 PHF 弧。赤平投影圆弧与赤平大圆交点 F、D 两点连线，即代表该平面的走向线，其方位由 H 点或 B 点在赤平大圆上的方位读出。PHF 弧向东凸出，代表平面向东倾斜、走向南北，圆心 O 与 H 点的连线 OH 即为该平面的倾斜线；延长 OH 与赤平大圆的交点在赤平大圆上的方位即为该平面的倾向方位角。交点 DH 之长短代表平面的倾角。

　　直线的投影方法(图7-2)设一直线向东倾伏、倾伏角40°，此线交下半球面于 G 点。以 A 为发射点，球面上的 G 点在赤平面上的投影为 H，HD 的长短代表直线的倾伏角、D 的方位角即直线的倾伏向。同理，一条直线向南西倾伏、倾伏角20°，此线交下半球面于 J 点，其赤平投影为 K。

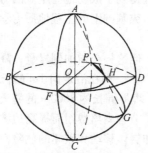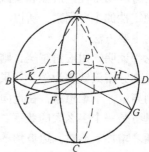

图7-1　平面的投影　　　　　　　　图7-2　直线的投影

7.1.2　投影网

　　为了迅速而准确地对物体几何要素进行赤平投影，需要使用赤平投影网。目前广泛使用的赤平投影网有两种：一种是吴尔福创造的赤平极射等角投影网(图7-3a)，简称吴氏网；另一种是施密特介绍的等面积投影网，简称施氏网(图7-3b)。两种网各有特点，但用法基本相同。这里只介绍吴氏网。

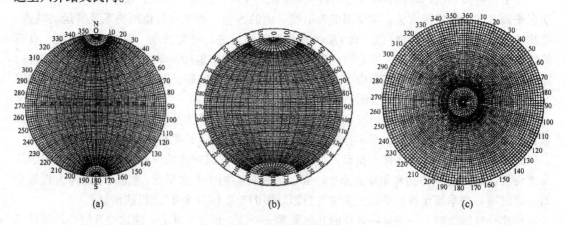

图7-3　赤平极射投影网
(a)吴氏经纬网；(b)施氏经纬网；(c)吴氏极点投影网

　　吴氏网是由基圆(赤平大圆)和一系列经纬网格所组成，经纬网格是由一系列走向南北的经向大圆弧和一系列走向东西的纬向小圆弧交织而成。标准吴氏网的基圆直径为20cm，网格的纵横角距为5°或2°，该网的成图原理为：

（1）基圆。即赤平面与球面的交线，是网的边缘大圆。由正北顺时针为0°～360°，每小格5°或2°，表示方位角，如走向、倾向、倾伏角等。

（2）两个直径。分别为南北走向和东西走向直立平面的投影。自圆心→基圆为90°→0°，每小格5°或2°，表示倾向、倾伏角。

（3）经线大圆弧。是由一系列通过球心、走向南北、向东或向西倾斜、倾角从0°到90°的许多平面的赤平投影组成，这些大圆弧与东西直径的各交点到直径端点（即E点和W点）的角距值，就是它们所代表的各平面的倾角值。

绘制方法：首先将投影网外圆 NW 弧段分度（每格5°或2°），并将分度所得各点与 S 点作直线相连，这些直线在 WO 线段上有一系列交点；然后作每个交点与 S 点之间线段的垂直平分线，这些平分线与 OE 线段或其延长线相交，又得到一系列交点。以这些交点为圆心，以这些交点到 S 点的距离为半径，作一系列通过 NS 的圆弧，它们就是投影于西半部的经向大圆弧（经线），如图7-4所示。同理，可作出东半部的经向大圆弧（经线）。

（4）纬线小圆。是一系列不通过球心的东西走向的直立平面的投影。它们将南北向直径、经线大圆和基圆等分，每小格5°或2°。

绘制方法：首先将投影网外圆 NW 弧段分度，每格5°或2°，将得各点与圆心 O 相连，然后自各点作切线，它们与 NS 的延长线相交于一系列的交点，以这些交点为圆心，以相应的交点至 NE 弧段上各分度点的切线段为半径作圆弧，这样所得一系列的圆弧即为北半部纬线，如图7-5所示。同理，可作出南半部的纬线。

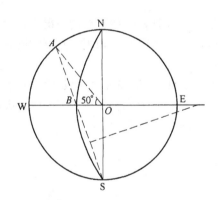

图7-4　吴氏赤平投影网经线的绘制

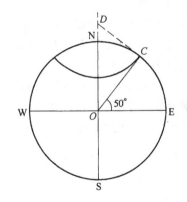

图7-5　吴氏赤平投影网纬线的绘制

在进行结构面统计时还常用极点网（或称子午线-纬度圈网）。此投影网由一系列以球心为锥顶、以直立轴为锥轴的半锥角距从0°到90°的圆锥与球面交成的水平小圆，与通过球心的不同方位的直立平面与球面交成的大圆投影而成，如图7-3c所示。

7.1.3　赤平投影的基本作图方法

将透明纸（或透明胶片等）蒙在吴氏网上，描绘基圆及"＋"字中心，固定网心，使透明纸能旋转。然后在透明纸上标上 N、E、S、W。

（1）已知面的产状，求作平面的投影。已知 A 面走向40°，倾向130°，倾角30°，求作此面投影。

如图7-6所示，将透明纸覆盖于投影网格上，画外圆，标出 NESW，并按网格方位在外圆

上标出走向点 $A(40°)$ 和倾向点 $G(130°)$。转动透明纸使标出的走向点 A 与网格上的 NS 线重合，倾向点 G 与网格上的 E（或 W）重合，然后在倾向点一侧找出与已知面倾角一致的经线（30°），描绘在透明图上，该弧 ABC 便是已知面的投影。

（2）已知线的产状，求作直线的投影。已知线段倾向 150°，倾角 40°，求作投影。

与作图法 1 相似，在透明图上线段的倾向方位 $G(150°)$。转动透明纸，使标出的倾向点 G 与网格上的 E（或 W）重合。在网格的 EW 线上，在倾向点一侧，找出与已知线段倾角（40°）一致的经线与 EW 线的交点 P，OP 连线即为已知线段的投影（图 7-7）。

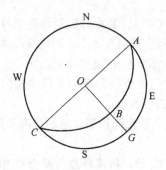

图 7-6　已知面的产状求其投影

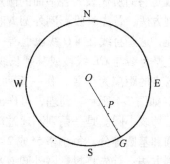

图 7-7　已知线的产状求其投影

（3）已知面，求作法线和极点。已知 A 面走向 30°，倾向 120°，倾角 40°，求作此面的法线和极点投影。

首先用作图法 1 绘制 A 面的投影 ABC 弧。然后在 AC 与网格 NS 线重合的情况下，自 ABC 弧与网格 EW 线的交点 B，向网格圆心方向数 90°，得 P 点，这就是 A 面的极点，OP 则是 A 面法线的投影（图 7-8）。

（4）已知直线，求作其垂直面（即已知极点，求其代表面）。已知线段 OP 已绘制在透明图上，将其覆于投影网上，转动 OP 使之与网格的 EW 线重合；自 P 点沿网格的 EW 线向圆心方向 90° 得 B 点，描出通过 B 点的经线大圆弧 ABC，即为所求面的投影（图 7-9）。

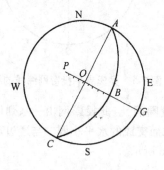

图 7-8　求面的法线和极点

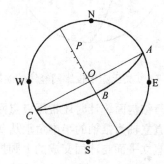

图 7-9　求已知线的垂直面

（5）已知两直线，求作包含此两直线的面。在透明图上已绘好 OB 和 OD 两直线段投影，要求作一面包含此两线段。为此，将透明纸覆于投影网上，转动透明纸，直到 B、D 两点落于网格的同一经线上，将此经线描出，得到 BD 弧，此即所求的投影（图 7-10）。此面产状可读出为：走向 330°，倾向 240°，倾角 30°。

（6）已知两直线，求作它们的夹角。如图 7-11 所示，透明纸上已绘好 OB 和 OD 两直线段，求作其夹角。首先按作图法5，作出包含此两线段的面的投影 *ABD* 弧，*BD* 弧其间的夹角即为 *OB* 和 *OD* 两直线段的夹角。或者转动透明纸，使 *ABD* 弧的 *A* 点与网格的 *N* 重合，将 *B*、*D* 两点沿各自所在的纬线移至外圆，得 *F*、*G* 两点，联结 *OF* 与 *OG*，∠*FOG* 就是 *OBOD* 的真正夹角。

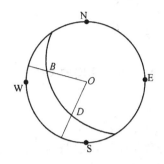

图7-10 求包含二已知线的面

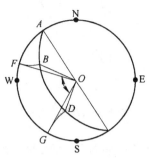

图7-11 求两直线的夹角

（7）过一直线，求作一面垂直于另一已知面。透明纸上已绘就代表已知面的 *ABC* 弧及一线段 *OD*，求作一经过 *OD* 并垂直于 *ABC* 面的平面（图7-12）。为此，先按作图法3作出已知面 *ABC* 弧的法线 *OP*，然后作一面包含已知线段 *OD* 和法线 *OP*。按作图法5得 *EDG* 弧，即所求面的投影。

（8）已知两结构面，求作它们的交线。首先按作图法1作出两已知面的投影 *ABC* 和 *DBF* 弧（图7-13），此两弧线的交点为 *B* 点，联结 *OB*，即为两已知面的交线，可读出其产状。

（9）已知两结构面，求作它们的夹角。首先按作图法1作出两已知面的投影 *ABC* 和 *DBF* 弧（图7-14），两弧交于 *I* 点，*OI* 为两结构面的交线；用作图法3求出 *OI* 线的垂直面，此面与两结构面分别交于 *OQ* 和 *OR* 线；再按作图法6求得此二线的夹角，此即为两结构面的夹角 *θ*。

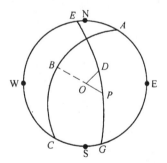

图7-12 求过一直线并垂直
　　　　已知面的面

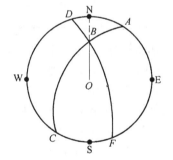

图7-13 求作两面的交线

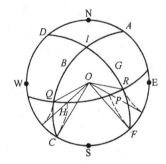

图7-14 求作两面的夹角

7.1.4　用赤平投影方法确定优势结构面

7.1.4.1　赤平等积投影原理

赤平等积同赤平极射投影一样，仍然是表示物体几何要素的空间方位和相互角度关系的投影。它也是以投影球作为工具，但用作投影面的不是通过球心的赤平面，而是位于投影球上方的水平切面（图7-15）。

若有一直线 *OP*，倾角为 *α*（等于90°−*β*）；可知其赤平极射投影为 *ρ*w，以切点 *O′* 为圆心，

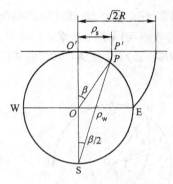

图 7-15　赤平等积投影原理图

以 $O'P$ 为半径，作弧与水平切面相交于 P' 点。于是，线段 ρ_s 就是直线 OP 的赤平等积投影。根据图中几何关系，可得到以下关系式：

$$\rho_w = R\tan\frac{\beta}{2} \tag{7-1}$$

$$\rho_s = 2R\sin\frac{\beta}{2} \tag{7-2}$$

消去两式中的 $\frac{\beta}{2}$，便可求得两种投影间的关系：

$$\rho_w = \sqrt{\frac{R^2\rho_s^2}{4R^2 - \rho_s^2}} \tag{7-3}$$

如果将投影面都用极坐标来表示，那么可知赤平等积投影就是赤平极射投影在极角保持不变的情况下所表现的一种极距变化，其变化的关系式即为上式。

按照赤平等积投影原理绘制的投影网又称施密特网。它的外圆直径等于投影球直径的 $\sqrt{2}$ 倍。施密特网也是由经线和纬线构成的，其作图与读图的用法也与吴氏网相同。

7.1.4.2　绘制结构面极点图

在野外详细测量了大量结构面数据，需要进行系统的整理与分析，找出主要的结构面，即优势结构面，进而分析各组结构面对岩体稳定性的影响。

整理大量结构面测量数据，赤平投影方法是有利的工具。一般常用等面积投影网，整理的程序是：首先绘制结构面的极点图，然后绘制极点等值图，根据极点等值线确定优势结构面组。

一个结构面可以用赤平投影大圆表示，也可以用极点表示。如需表示的结构面很多，采用大圆表示会显得纷乱，采用极点表示则清晰、方便。

绘制结构面极点图使用极点投影网比较方便。用一张透明纸画好外圆，标明方位，蒙在极点投影网上，极点网周边标明倾向角，从 0°～360°，圆心角代表倾角，圆心倾角为 0°，大圆周边为 90°。依次将野外测得的结构面倾向、倾角数据投影到透明图上。如果标绘倾向 50°、倾角 60° 的结构面的极点，则需找到倾向为 50° 的线，从中心向它的对侧 230° 线上找到该线与 60° 的同心圆的交点，就是该面的极点。用同样的方法把所有要绘制的结构面极点都点好，即可得到极点图（图 7-16）。

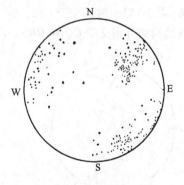

图 7-16　结构面极点图

7.1.4.3　绘制极点等值线图

有几种绘制极点等值线的方法，下面介绍网格法。

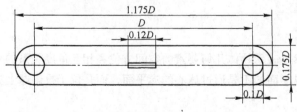

图 7-17　计数器尺寸图

网格法所需要的基本上其为一透明计数器，其构造如图 7-17 所示。计数器的尺寸用极点网的直径 D 的倍数来表示，板中央锯出 1mm 宽的窄缝。计数器可用有机玻璃自己制作。

把已绘制极点的透明纸放在一张网格上（网格线间距为网格直径的

1/20，对于20cm直径的极点网，网格间距为1cm），使计数器两端的一个圆孔的中心正好在网格交点上，数落在圆孔中的极点数，并将这个数目写在网格交点处。依次移动计数圆至相邻网格的交点上，并将所数点数记于每个交点上。当计算靠近极点网边缘的地方，使计数器的窄缝中央位于极点图的中心，数落于两个圆中的极点数目，将两个圆中的极点数加在一起分别写在两个交点上。如果网格交点靠近但不在边缘上时，则将计数器一端的圆孔中心放在网格交点上，数这个孔中的极点数，而计数器另一端孔中的极点也要加到前孔统计的极点数目中（此时计数器窄缝通过极点图的中心）（图7-18）。

　　在极点完全数好并将所有的数都记在交点上后，再将具有相同百分极点数的点连接起来，即得极点等值线。百分数是每个点的极点数被总极点数除。在所给的实例中，总极点数为234，1%为2.34，2%为4.68，10%为23.4…。等值线间隔可画以阴影或涂以不同的颜色，以便用者能很快地辨别出极的集中点（图7-19）。

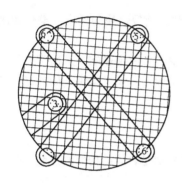

图7-18　极点计算方法

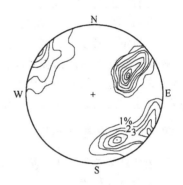

图7-19　极点等值线图

　　极的集中点代表优势结构面，极的中心点代表该组优势结构面的平均产状。根据极点在极点投影网上的位置就可读出其倾向、倾角和走向。

　　一幅极点等值线图一般有几个极的集中点，代表所在地段有几组优势结构面，进而可分析各组优势结构面的组合关系和它们对边坡和地下工程岩体稳定性的影响。

7.2　边坡的变形和破坏

7.2.1　边坡的变形和破坏的发展过程

　　露天矿边坡是在开采过程中形成的。边坡体主要由岩体构成，在地表处往往有一定深度的土体及岩体风化带。由于开采作业，形成了边坡的临空面，其结果是将部分岩体暴露出来，从而改变了原岩的应力状态及地下水流动的条件。在新应力场的作用下，岩体朝着临空面方向产生变形和位移。表层岩石的风化、地下水的作用，以及爆破震动等因素往往会加速边坡的变形过程。随着时间的推移，有的边坡变形逐渐减弱，最后趋于静止；有的则日益发展扩大，最终导致破坏。

　　一般说来，边坡由变形发展为破坏要经历一个长期变化的过程。通常将边坡破坏的发育过程划分为三个阶段，即蠕动变形阶段、滑动破坏阶段及渐趋稳定阶段。

　　从形成边坡到出现整体性破坏之前的这段时间，称为蠕动变形阶段。蠕动变形所经历的时间长短取决于边坡参数、岩体结构、地下水等多种因素，长的可达数年之久，短的仅数月或几天时间。一般说来，滑动的规模愈大，则蠕动变形持续的时间愈长。边坡破坏前出现的各种现象，叫做滑坡破坏前兆。尽早发现、观测和分析各种前兆现象，对于边坡破坏的预测和预防都是非常重要的。

在滑坡体的滑动过程中，水的侵入降低了滑动面岩石的内摩擦角，而重复剪切的作用，又使岩体的结构遭受多次破坏。所有这些都会引起岩体抗剪强度的进一步降低，促使滑体加速滑动。观测研究表明，滑体开始滑动后，滑动的加速度服从牛顿运动定律，并可用下式表达：

$$a = \frac{g}{W}(T - F) \tag{7-4}$$

式中　a——滑坡体在某一时刻的滑动加速度；

　　　g——重力加速度；

　　　W——滑坡体的重力；

　　　T——沿滑动面下滑力的总和；

　　　F——沿滑动面抗滑力的总和。

从式（7-4）可以看出，下滑力大于抗滑力是形成滑坡的前提。换句话说，要使边坡保持稳定，岩体的抗滑力必须大于其下滑力。

我国矿山曾发生过多起滑坡事件。每次滑坡都使生产受到了一定影响，从而带来了不同程度的经济损失。因此，研究边坡变形破坏的客观规律，为矿山开采设计提供正确依据，减少或避免滑坡的发生，是露天开采的一项重要课题。

7.2.2　露天矿边坡的破坏类型

露天矿边坡破坏类型，主要是受岩体的工程地质条件特别是岩体结构面的控制。常见的破坏形式主要有以下四种类型：

（1）平面滑坡。边坡沿一主要结构面如层面、节理、断层或层间错动面发生滑动（图7-20a）。边坡中如有一组结构面与边坡倾向相近，且其倾角小于边坡角而大于其摩擦角时，容易发生这类破坏。

（2）楔体滑坡。一般发生在边坡中有两组结构面与边坡斜交，且相互交成楔形体。当两结构面的组合交线倾向与边坡倾向相近，倾角小于坡面角而大于其摩擦角时，容易发生这类破坏（图7-20b）。坚硬岩体中露天矿台阶很多是以这种形式破坏的。

（3）圆弧形滑坡。滑动面为圆弧形。土体滑坡一般取此种形式，散体结构岩体或坡高很大的碎裂岩体边坡也可以此种形式破坏（图7-20c）。

（4）倾倒破坏。当岩体中结构面或层面很陡时，岩体发生倾倒破坏（图7-20d），其破坏机理与以上三种不同，它是在重力作用下岩块向外向下弯曲塌落，其破坏形式不是剪切破坏，而是弯曲断裂。

前三种滑坡的机理，都是沿着滑动面发生剪切性破坏。滑动面的形态与滑坡规模主要取决于岩体性质和岩体结构面在空间的组合形式。由于破坏机理一致，三种滑坡具有许多共同的特征，例如：滑坡前一般都表现出程度不同的前兆现象；滑坡的堆积体一般运距不远，因而滑体的内部层次在滑动前后变化不大；在运动状态方面，滑坡体基本上保持完整形状，沿着滑动面进行着由缓慢到加速的滑动；在滑动过程中，显然可能有某些间歇、跳跃等不连续的运动状态，但一般无翻转，流动等现象。

另外从边坡破坏规模来说，也可分为以下三种情况：

（1）单个台阶或组合台阶滑落。多呈平面或楔体形式滑落，这种滑落在露天矿山中是难以避免的，对采矿生产不会造成很大危害，但应注意人员和设备的安全。

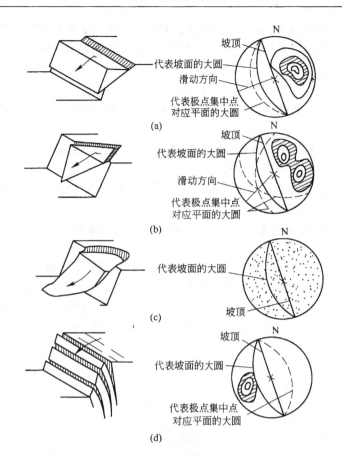

图 7-20 边坡破坏主要类型及相应的赤平图

（2）多个台阶滑落。多沿规模较大的结构面如断层面滑落，可以呈平面形或楔形破坏，滑面也可呈折线形。这种滑落对采场运输和生产会造成威胁。

（3）整体边坡变形破坏。可呈平面形、圆弧形或滑动-倾倒等形式。这种破坏可对采矿生产和安全造成严重威胁，应尽量避免这种破坏发生。

7.3 影响露天矿边坡稳定性的因素

露天边坡中的岩体是长期地质历史发展的产物，一般都不同程度地被各种地质界面所分割，使岩体具有复杂的不连续体的特征。由于岩体中有空隙存在，为地下水的渗入和流动创造了条件。由于露天开采、人工开挖以及自然营力作用所形成的露天边坡，改变了边坡岩体中的原岩应力状态，这样就有可能造成边坡岩体不稳定甚至破坏。影响露天边坡稳定的因素是复杂的，其中岩体的岩石组成、岩体构造和地下水是最主要的因素，此外，爆破和地震、边坡形状等也有一定影响。

7.3.1 岩石的组成

岩石是构成边坡岩体的物质基础，岩石的矿物成分和结构构造对岩石的工程地质性质起主要作用，对某些岩石边坡的稳定条件也起重要作用。

岩浆岩、厚层状沉积岩岩体，岩石自身强度都比较高，岩体性质较为均匀。变质岩岩体由于岩石自身有片理、片麻理，常具有明显的各向异性。如果构造结构面发育则使岩体破裂，影响其稳定性，边坡破坏多沿结构面发生。因此对结构面及其强度的研究就很重要。

7.3.2　岩体的结构特征

从边坡稳定性考虑，岩体结构面的主要特征将对边坡稳定状况、可能滑落形式、岩体强度等起重要作用。

结构面的产状是结构面的重要特征。结构面对边坡稳定性的影响，在很大程度上是取决于结构面的产状与边坡临空面的相对关系。

（1）当结构面的走向与边坡的走向近于垂直时，结构面对边坡稳定性的影响较小，它一般只能作为平面滑落的解离面或边界面。

（2）当结构面的走向与边坡走向近于平行时，则它对边坡稳定性的影响取决于它的倾向和倾角。

如图 7-21 所示，当结构面的倾向与边坡倾向相同，且倾角小于坡面角而大于结构面的摩擦角时，边坡是不稳定的，可能发生平面滑落（图 7-21c）；当结构面为水平或其倾向与边坡相同而其倾角小于结构面的摩擦角（图 7-21a、b），或结构面的倾向与边坡相同而倾角等于或大于坡面角（图 7-21d、e），以及结构面倾向与坡面相反的情况（图 7-21f），边坡应该是稳定的。

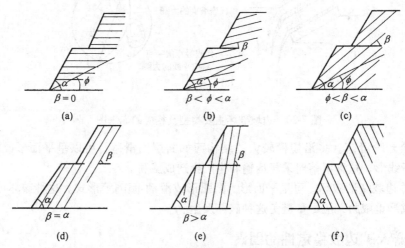

图 7-21　结构面产状与坡面的相互关系
α—坡面角；β—结构面倾角；φ—结构面摩擦角

当两组结构面与坡面斜交时，则往往在边坡面附近将岩体切割成楔形体。可根据楔形体的组合交线与坡面的相互关系，参照上述原理进行边坡是否稳定的判断。即当构成楔体的两平面的组合交线与坡面同倾向、且其倾角大于结构面的摩擦角而小于坡面角时，则楔体可能不稳定。

上述原则只适用于高度较小的边坡（如露天矿的台阶）稳定性的概略评价，作为工程设计依据，尚需根据岩体强度等做进一步的分析计算。

7.3.3　水文地质条件

水对边坡岩体的影响不仅是多方面的，而且是非常显著的。大量事实证明，大多数边坡的破坏和滑动都与水的活动有关。在冰雪解冻期和降雨季节,滑坡事故较多,就足以说明水是影响边坡岩体稳定性的重要因素。岩体中的水大都来自大气降水,因此在低纬度的湿热地带,因大气降水频繁,地下水补给丰富,水对边坡的影响就要比干旱地区更为严重。

地下水对边坡稳定性的作用,主要表现在以下几个方面。

7.3.3.1 静水压力和浮托力

A 静水压力

当地下水赋存于岩石裂隙中时,水对裂隙壁产生静水压力,如图 7-22 所示。当由于边坡岩体位移而产生的张裂隙充水时,则沿裂隙壁产生的静水压力,压强为 $\gamma_w Z_w$,总压力为

$$V = \frac{1}{2}\gamma_w Z_w^2 \tag{7-5}$$

式中 γ_w——水的重度;
Z_w——裂隙充水深度。

静水压力作用方向垂直于裂隙壁,作用点在 Z_w 的下三分之一处。此静水压力 V 是促使边坡破坏的推动力。

B 浮托力

当张裂隙中的水沿破坏面继续向下流动,流至坡脚逸出坡面时,则沿此破坏面将产生水的浮托力,压力分布如图 7-22(沿 AB 面)所示。沿 AB 面的总浮托力为

$$U = \frac{1}{2}\gamma_w Z_w L \tag{7-6}$$

式中 L——AB 面的长度。此力和沿 AB 面作用的正应力方向相反,抵消一部分正应力比作用,从而减小了沿该面的摩擦力,对边坡稳定不利。

当岩体比较破碎,地下水在岩体中比较均匀地渗透,并形成如图 7-23 所示的统一的潜水面,而且当滑动面为平面时,则作用于滑面上的浮托力可用滑面下所画的三角形水压分布近似地表示。总浮托力可用下式计算:

$$U = \frac{1}{2}\gamma_w h_w H_w \csc\psi_p \tag{7-7}$$

式中 h_w——滑面中点处的压力水头;其他符号见图 7-23。

如为圆弧滑面,用分条法进行稳定性分析时,则需在每分条中考虑水的浮托力。

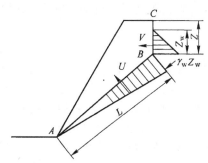

图 7-22 张裂隙充水所产生的
静水压力和浮托力

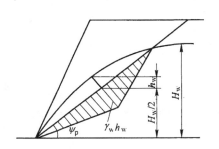

图 7-23 潜水对平面
滑面的浮托力

7.3.3.2 动水压力或渗透力

当地下水在土体或破碎岩体中流动时,会受到土颗粒或岩石碎块的阻力。只有克服了这些阻力,地下水才可流动。这种克服流动阻力的作用力称为动水压力或称渗透力。渗透力的方向

同水的流动方向一致，渗透力大小同所受到的阻力相等。

　　由于土粒及岩块的分散性，不可能分别计算作用在每个土粒或岩块上的动水压力，而只能计算出作用在单位体积内所有土粒或岩块上的动水压力的总和。因此，动水压力是体积力，其单位为 N/m³。通常用以下公式计算岩土中的总动水压力 D：

$$D = q\gamma_w I V_w \tag{7-8}$$

式中　q——岩土体的孔隙率；

　　　γ_w——水的重度；

　　　I——水力坡度；

　　　V_w——岩土体中渗流部分的体积。

　　在一般岩体中，裂隙体积的总和与整个岩体相比是一个较小的量，因此，对于动水压力可以忽略不计。但在计算土体或散体结构的边坡稳定性时，需要考虑动水压力的作用，因为它是一种推动岩体向下滑动的力。

7.3.3.3　水的物理化学破坏作用

　　水对岩体具有明显的化学作用。在一定条件下，岩体矿物会因吸收水分子而发生水化作用，也会因失去水分子而发生脱水作用。吸水或脱水，都会引起矿物体积的膨胀或收缩，从而导致岩体松散、破碎或改变其化学成分。特别是当水中含有 CO_2 等气体时，水的化学溶解和侵蚀能力将大为加强。水的化学作用在随同温度变化时的物理作用的配合之下，会促使风化作用向深部发展和扩散，从而加重岩体的破坏程度。

　　水对岩体的物理作用促使岩体碎裂。水在结冰时，其体积可增大 10% 左右。当渗入岩体裂隙中的水冻结时，可对岩体产生很大的膨胀力，致使岩体沿着原有的裂隙开裂和分解。水的蒸发会使裂隙中的某些次生充填物、松散夹层或黏土质软岩发生收缩性干裂，从而导致不同程度的破坏。

　　此外，水又是摩擦面之间的良好润滑介质。颗粒间和裂隙面间的摩擦系数，在一定范围内将随着温度的增加而急剧下降。因此，对于某些大型构造断裂带的软弱夹层面，特别是当含有黏土质充填物时，地下水的软化作用是不可忽视的。阜新海州露天矿边坡多年来频繁沿着泥质软弱夹层的滑动，主要是这种原因造成的。

7.3.3.4　地下水位

　　大量的实例表明，地下水位的高低对边坡稳定性有着极为显著的影响。因为水位高低表明了岩体实际的充水程度，即反映地下水对岩体的影响程度。图7-24表示对软质岩土边坡在三种水位条件下的计算结果。一个高度为 60m 的边坡，在饱和充水条件下，极限边坡角为 34°；若将地下水完全疏干，则极限边坡角可达 53°。这就清楚地说明了地下水的存在及水位高低对边坡稳定性的影响。

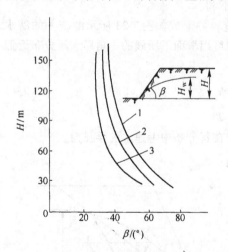

图 7-24　地下水位对边坡的影响
H_w—水位高度；1—$H_w=0$；2—$H_w=H/2$；3—$H_w=H$

7.3.4　爆破震动

　　露天矿的爆破作业频繁，而且不少爆破作业靠近边坡，所以爆破引起的震动作用对边坡的稳定性有重要影响。

爆破应力波的传播，在岩体中引起程度不同的变形及破坏。当压缩波到达自由面时，便转变为拉伸波向岩体内部反射。由于岩石的抗拉强度远低于其他强度，所以在拉应力的频繁作用下，坡面附近的裂隙逐步扩张和延伸，从而加速岩体的破坏，并不断产生新的裂隙。

近年来，许多露天矿在形成边坡时采用了控制爆破方法，以保护边坡岩体。有些矿山使用的小直径炮孔预裂爆破技术也获得了良好的效果。

当爆破应力波通过潜在的滑落面时，便在潜在滑体上形成附加的动力，从而加速滑坡的发生和发展。因此，在确定边坡角时，必须充分考虑到可能产生的附加外力。专门研究表明，爆破震动对岩体造成的破坏，取决于岩体振动速度的大小。完整岩体的几个临界振动速度如下：

< 25.4cm/s	完整岩体不破坏
25.4 ~ 61cm/s	岩体产生少量剥落
61 ~ 254cm/s	产生强裂伸和径向漏斗
> 254cm/s	岩体完全破碎

对于岩体的振动速度与爆破参数间的关系，目前的研究还不充分。我国研究单位多使用下面的经验公式来确定边坡岩体的振动速度 v（cm/s）：

$$v = K\left(\frac{\sqrt[3]{Q}}{R}\right)^{\alpha} \tag{7-9}$$

式中　Q——一次爆破的炸药量，kg；

　　　R——测点至爆源的距离，m；

　　　K——与岩石性质、地质条件及爆破方法有关的系数。对我国部分实测资料的分析，可给出 $K = 21 \sim 804$；

　　　α——爆破应力波随距离增大而衰减的系数。根据我国部分实测资料，α 取值在 0.88 ~ 2.80 之间。

由于 K 和 α 的变化范围很大，在使用式（7-9）时，要预先通过试验求出两个系数的准确值。

为了求出爆破震动产生的附加外力，必须得知岩石质点的加速度。当确认爆破的主震相符合正弦波时，则可运用正弦波的性质导出加速度。若已知主震相的振动频率 f，则不难获得角频率 ω，即

$$\omega = 2\pi f$$

如果以 A 代表应力波的振幅，那么，由纵波产生的质点位移 x、速度 v 及加速度 a，可分别用下列各式求出：

$$\chi = A\cos(\omega t + \varphi)$$

$$v = \frac{\mathrm{d}\chi}{\mathrm{d}t} = -\omega A\sin(\omega t + \varphi)$$

$$a = \frac{\mathrm{d}^2\chi}{\mathrm{d}t^2} = -\omega^2 A\cos(\omega t + \varphi)$$

式中　φ——初相角；

　　　t——时间。

由此不难求出，质点振动速度及加速度的极值（极大值或极小值）分别为

$$v_{\mathrm{m}} = -\omega A \qquad a_{\mathrm{m}} = -\omega^2 A$$

由此即可导出速度与加速度之间的关系：

$$a_m = \omega \nu_m$$

或
$$a = \omega \nu = 2\pi f \nu \tag{7-10}$$

为了安全起见，在分析边坡稳定性时总是以最不利的爆破震动条件为基础，除了对加速度取极值以外，还将加速度的方向按水平方向计算。考虑到作用于岩石质点上的振动力属于体积力，为了简化计算，将爆破产生的水平附加力取作岩体重力的 K_a 倍：

$$F = K_a W \tag{7-11}$$

式中　F——爆破震动产生的水平附加外力；

　　　W——潜在滑体的重力。

显然 K_a 等于质点加速度极值 a_m 与重力加速度 g 之比：

$$K_a = \frac{a_m}{g} \tag{7-12}$$

这种将动载荷视为静载荷的计算方法，称为伪静力法。

【例题 7-1】　某露天矿的上盘岩石为角闪岩。位于断裂结构面上部的潜在滑体的重力为 $W = 56000\text{kN}$。由于工程需要，计划在附近进行硐室爆破。药室中心到滑体的距离 $R = 60\text{m}$，一次爆破所需炸药量 $Q = 8000\text{kg}$。经实测得知，岩体的爆破震动速度参数及振动频率分别为 $K = 37.2$，$\alpha = 2.1$，$f = 29.5$。求爆破产生的岩体附加外力。

解：

（1）计算边坡岩体质点的振动速度 ν_m：

$$\nu_m = K \left(\frac{\sqrt[3]{Q}}{R} \right)^{\alpha} = 3.7\text{cm/s}$$

（2）求岩体质点的加速度 a_m：

$$a_m = 2\pi f \nu_m = 685.8\text{m/s}^2$$

（3）求爆破震动系数 K_a：

$$K_a = \frac{a_m}{g} = \frac{685.8}{980} = 0.7$$

（4）求水平附加振动力：

$$F = K_a W = 0.7 \times 56000 = 39200\text{kN}$$

7.3.5　边坡的几何形状

如果从岩体的稳定性来考虑，那么圆锥形采场最为理想，因为它的内向曲率较大而且均匀。一般说来，向采场方向凹进的边坡岩体，受到两侧岩体的挤压作用，因而下滑阻力大，岩体稳定性好。反之，向采场方向凸出的边坡岩体，下滑阻力小，岩体稳定性差（图 7-25）。

边坡的垂直断面形状有三种类型，即平面形边坡、凹形边坡和凸形边坡，见图 7-26。

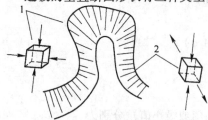

图 7-25　边坡形状对稳定性的影响

1—不出现拉应力；2—出现拉应力

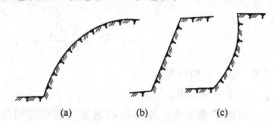

图 7-26　边坡的垂直断面形状

（a）凸形；（b）平面形；（c）凹形

平面形边坡在设计中经常采用，这种边坡的计算和绘制都很简单。但是，平面形边坡是按组成岩体的平均性质来计算的，在深露天矿中，如果岩体的强度不一致，且差别较大时，即使采用较大的安全系数，也难以避免在弱岩层中发生滑坡。此外，由于露天矿的边坡是逐年形成的，上部边坡存在的时间最长，因而受到各种因素的影响大。因此，对于深露天矿来说，平面形边坡上部显得过陡，而下部又显得过缓。通常，此种边坡适用于中等深度的露天矿。

凹形边坡是根据松散介质力学计算出来的边坡形状。这种边坡具有上陡下缓的外形，它完全同露天矿边坡逐步形成的历史过程及其特点相违背。因此，尽管有较充分的理论根据，却同实际不相符合。在相同的条件下，凹形边坡要比平面形边坡多挖岩石，因此它只适用于深度不大的露天矿。

凸形边坡具有上缓下陡的外形。在保证边坡稳定性的条件下，它符合露天矿边坡形成的时间特点，可消除以上两种边坡的缺点，还可以少剥岩石和多采矿石。因此，它是适用于深露天矿边坡的断面形状。

7.3.6 其他影响因素

7.3.6.1 露天边坡的高度及服务年限
露天边坡越高，服务年限越长，其边坡的稳定性越差，所以要相应地减缓边坡角。

7.3.6.2 岩体的风化作用
岩体在风化作用下的破坏程度，随着时间的延长而逐渐向纵深发展，最终也可能严重威胁到边坡的稳定性。一般说来，风化速度与岩石的矿物成分、结构和构造等因素有关，同时也受湿度、温度、降雨、地下水及爆破震动等环境条件的影响。岩石的强度越低，风化作用的速度越快。在温度变化大、降雨量多的地区，岩体受风化的速度也会加快。服务年限长的边坡，岩体受风化的程度大。岩性条件相同的边坡，上部的风化程度大，稳定条件也相应地较差。

7.3.6.3 边坡上的附载荷
边坡上部地面附近，往往存在各种建筑物和排土场。有时为了减少基建投资和缩短基建时间，不适当地将排土场设在境界近处，从而加大了边帮的附加重量。附加载荷加强了边坡内潜在滑体的下滑力，因而对稳定性不利。有松散表土层覆盖的露天矿，边坡的上部由冲积土构成；它自身的强度本来就很低，如果上部再增设排土场势必会导致滑坡。因此，新建矿山的排土场和大型构筑物必须设在边帮的稳定境界200m以外。

7.4 边坡稳定性的分析与计算

7.4.1 概述

稳定性的分析与计算是边坡研究的核心问题。边坡稳定性分析与计算的主要任务有两个：一是分析和验算现存边坡的稳定性，以便决定是否需要采取防护措施，以及采取何种措施；二是确定经济合理的新的边坡组成。

边坡稳定性的分析和计算方法，目前国内外仍广泛采用极限平衡法。此种方法的实质，是将边坡稳定性问题作为刚体平衡问题来研究。它仅研究出现在滑动面上的下滑力（或力矩）与抗滑力（或力矩）间的关系，而未考虑滑体内部各点的受力状态。近年来，有限元法及概率分析法获得了一定的进展，对滑体内部的力学关系也有所研究，但尚未在工程实践中获得较普遍地应用。因此，本节主要讲述极限平衡法。

在极限平衡法中，采用安全系数（或称稳定性系数）来表述边坡的稳定性程度。安全系数就是在预测的滑动面（或称潜在滑动面）上抗滑力（或力矩）与下滑力（或力矩）的比值。当安全系数等于1时，边坡岩体处于极限平衡状态，大于1则岩体稳定，小于1岩体不稳定。

在边坡稳定性计算中，安全系数的选取也是个重要问题。取值的大小，主要取决于对边坡岩体的研究程度，岩体强度指标的可靠性、边坡稳定性计算方法的可靠性，以及边坡工程本身的重要程度等。一般选取安全系数值为1.2~1.3。

边坡稳定性的分析计算是在大量岩体工程地质调查和岩体力学强度试验的基础上进行的。根据工程地质调查的结果，推断和确定边坡岩体可能出现的破坏模式及滑动面形状，再根据取样试验的结果确定岩体的各项力学参数；然后，利用获得的各项数据计算潜在滑动面的安全系数。

7.4.2　边坡稳定性的初步评估

边坡工程地质调查的目的，主要是查明露天矿边坡的工程地质特征。这些特征主要是指岩性、岩体强度、结构面分布及地下水活动等。通过野外工程地质勘测和室内资料分析整理，可绘制出采场工程地质和岩体结构分析的有关图表。在此基础上分别对全矿各段边坡的工程地质条件和稳定性做出初步评估。初步评估的内容包括以下几个方面。

7.4.2.1　判断边坡的破坏模式

边坡的破坏方式有三大类型。其中第一类崩塌破坏属于表层破坏，通过实地调查即可做出评估，其方法比较简单。第二类倾倒破坏与结构面的特定形态有关，在实地调查的基础上也可以做出准确的评估。第三类为滑坡破坏，它又分为三种滑坡形式，都与结构面的分布有关。可见，第二类及第三类破坏方式都与岩体的结构形式有关。各类破坏方式的岩体结构特征如下：

（1）圆弧形滑坡。岩体中没有集中的主导结构面，不具备沿结构面滑动的条件，是圆弧形滑坡的必要条件。表土覆盖层、排土场或遭受强烈破坏、结构面很发育但无主导结构面的岩体，均可判断为潜在圆弧形滑坡地段，见图7-27a。

（2）平面形滑坡。岩体的结构特征是，有一组优势结构面，走向与边坡大体一致；结构面的倾向与边坡相同；结构面的倾角小于边坡角。具有这些特征的岩体，可初步判断为潜在的平面形滑坡地段，见图7-27b。

（3）楔形滑坡。岩体中有两组集中的优势结构面，且其组合交线的倾向与边坡相同，倾角小于边坡角。具有这些结构特征的岩体，可初步判断为潜在的楔形滑坡地段。然后通过计算可进一步求得楔形滑体的安全系数，见图7-27c。

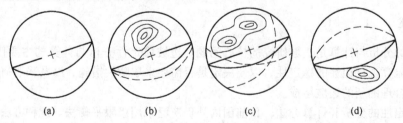

(a)　　　　　　　(b)　　　　　　　(c)　　　　　　　(d)

图7-27　边坡破坏方式与结构面的关系
（a）圆弧形滑坡；（b）平面形滑坡；（c）楔形滑坡；（d）倾倒破坏

（4）倾倒破坏。优势结构面的走向与边坡大体一致，倾向相同或相反，但倾角陡峻。这些特征是倾倒破坏的必要条件，但不是充分条件。做出倾倒破坏判断，还要看其他必要条件是否具备，如结构面发育程度、结构面密度、地下水活动等，见图7-27d。

7.4.2.2 摩擦圆作图法

假设在倾角为 α 的斜面上有一重力为 W 的岩块。随着倾角 α 的逐步增大，岩块逐渐由稳定状态向不稳定状态转变。当 α 增大到某一数值时，岩块开始滑动。这是岩块处于极限平衡状态的标志。如果岩块与斜面之间仅存在摩擦力，则此时岩块沿斜面的下滑力为 $W\sin\alpha$，斜面对岩块的摩擦阻力等于坡面上的正压力与摩擦系数 $(f = \tan\phi)$ 的乘积，即 $W\cos\alpha\tan\phi$。在达到极限平衡的时刻，上述两作用力的方向相反，数值相等。

$$W\sin\alpha = W\cos\alpha\tan\phi$$

所以

$$\alpha = \phi$$

可见，岩块处于极限平衡状态的条件是 $\alpha = \phi$。如果 $\alpha > \phi$，则岩块就要滑动，如图7-28a所示。若用 α 代表某结构面的倾角，用 β 代表边坡角，那么当 $\beta > \alpha$，且 $\alpha > \phi$ 时，结构面以上的岩体必然要滑落下来。因此，促成这种边坡岩体的不稳定条件是 $\beta > \alpha > \phi$，见图7-28b。

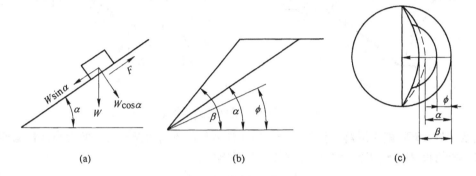

图7-28　应用摩擦圆评估边坡的稳定性

也可用作图方法把上述条件反映到赤平极射投影图上。先画出坡面的投影大圆，在投影圆的外侧，以赤平面中心为圆心，以圆心至摩擦角的投影点为半径作圆弧，同坡面大圆相交。所得摩擦圆与坡面大圆围成的面积属于滑动危险区。如果结构面投影大圆通过该区，则表明可能发生滑动，见图7-28c。

对于楔形滑体，要着重考查结构面组合交线的倾角与内摩擦角、边坡角的相互关系。如果组合交线的倾角 α 大于内摩擦角 ϕ，而又小于边坡角 β 时，则有可能发生楔形滑坡。显然，上述关系也同样可用赤平极射投影方法表现出来，读者可自行作出。

必须指出，上述方法只是定性的和初步的分析，仅作为边坡稳定性分析计算的基础。在此基础上还要作详细的边坡稳定性分析计算，即进行全面的定量性评估。其具体方法将按照边坡的破坏类型分别阐述。

7.4.3 平面形滑坡

边坡岩体沿着某一斜面发生滑动，必须具备的条件如下：

（1）滑面走向与边坡走向平行或近于平行，走向线间的夹角不大于20°；

（2）滑面与边坡坡面相交，同时滑面的倾角小于边坡角，而又大于该面上的内摩擦角，即 $\beta > \alpha > \phi$；

（3）滑体两侧有割裂面，即侧面阻力甚小，以致可忽略不计；

完全符合上述条件的纯几何意义的平面形滑坡是不多见的。但类似上述特征的滑坡还是常有的，而且平面形滑坡实为楔形滑坡的一个特例。

　　在平面形滑坡分析中，一般按二维问题进行处理，即取边坡的走向长度为1m，在断面图上进行受力分析。平面形滑坡分析的力学模型如图7-29所示。为了简化某些条件，特作以下假定：

　　（1）滑动面及张裂隙的走向均与边坡走向平行；

　　（2）张裂隙是垂直的，深度为Z，其中充水深度为Z_w；

　　（3）张裂隙内充水，且岩体本身不透水。裂隙水经过滑面从边坡底部逸出，水压沿裂隙呈线性分布；

　　（4）滑体所受的外力，都通过滑体的重心。滑体仅沿滑面平移，不受转动力矩的作用；

　　（5）滑体受到爆破地震的附加水平力F的作用，作用点也位于滑体的重心；

　　（6）滑面的抗剪强度由凝聚力C及内摩擦角ϕ来确定，并遵守库仑剪切定律$\tau = C + \sigma\tan\phi$

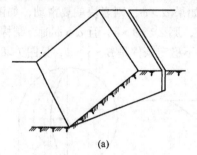
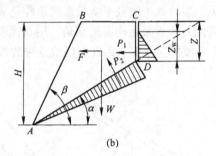

图7-29　平面形滑坡的力学模型

　　边坡岩体$ABCD$能否滑落，将取决于作用于该岩体的下滑力及抗滑力的大小。根据假定条件，岩体沿滑面ADC的下滑力T由以下几个分量组成：

$$T = W\sin\alpha + F\cos\alpha + P_2\cos\alpha \qquad (7\text{-}13)$$

　　阻止岩体滑动的抗滑力S，由作用在滑面上的总凝聚力CL及摩擦力构成。后者等于有效正压力P与摩擦系数的乘积：

$$S = P\tan\phi + CL = (W\cos\alpha - P_2 - F\sin\alpha - P_1\sin\alpha)\tan\phi + CL \qquad (7\text{-}14)$$

式中　　L——滑面的有效联结长度。

　　由于平面形滑体的形状规则，式（7-14）中与几何形状有关的参数均可直接求出。

$$L = \frac{H - Z}{\sin\alpha} \qquad (7\text{-}15)$$

$$W = \frac{1}{2}\gamma H^2\left\{\left[1 - \left(\frac{Z}{H}\right)^2\right]\cot\alpha - \cot\beta\right\} \qquad (7\text{-}16)$$

$$P_2 = \frac{1}{2}\gamma_w Z_w L = \frac{1}{2}\gamma_w Z_w\frac{H - Z}{\sin\alpha} \qquad (7\text{-}16')$$

　　边坡的安全系数n，等于抗滑力与下滑力之比：

$$n = \frac{S}{T} = \frac{(W\cos\alpha - P_2 - F\sin\alpha - P_1\sin\alpha)\tan\phi + CL}{W\sin\alpha + F\cos\alpha + P_1\cos\alpha} \qquad (7\text{-}17)$$

　　【例题7-2】　某露天矿边坡高度为250m。岩石以闪长岩为主，不透水，重度$\gamma = 26\text{kN/m}^3$，边坡角$\beta = 47°$。岩体中优势结构面走向与边坡近似平行，倾向与边坡一致，倾角$\alpha = 36°$。边坡上部平台有若干条张裂隙，走向与坡顶线平行。经声波法测出其最大深度为50m，其中充水深度$Z_w = 30$m。经取样测试，获得结构面的力学参数为：$C = 270\text{kN/m}^3$，$\phi = 39°$，爆破震动系数$K_a = 0.12$。求边坡的安全系数。

解： 虽然优势结构面的倾角小于其内摩擦角，但考虑到地下水及爆破震动等因素的综合作用，对边坡的稳定性仍不能掉以轻心。因此，建立在工程地质调查基础上的综合分析仍是十分必要的。

对于地面上的若干条张裂隙，按其中最不利的条件考虑。假设某结构面上部与张裂隙连接，$Z = 50m$，下部通过边坡底部。利用已知公式便可分别求出滑体重力等参数：

$$W = \frac{1}{2}\gamma H^2 \left\{ \left[1 - \left(\frac{Z}{H} \right)^2 \right] \cot\alpha - \cot\beta \right\} = 315250 kN$$

$$L = \frac{H - Z}{\sin\alpha} = 357.7 m$$

$$P_2 = \frac{1}{2}\gamma_w Z_w L = 52582 kN$$

$$P_1 = \frac{1}{2}\gamma_w Z_w^2 = 4410 kN$$

式中 $\gamma_w = 9.8 kN/m^3$。

利用上述参数，便可分别求出平面形滑体的下滑力、抗滑力及安全系数：

$$F = K_a W = 37830 kN$$

$$T = W\sin\alpha + F\cos\alpha + V\cos\alpha = 185300 + 30605 + 3568 = 219437 kN$$

$$S = (W\cos\alpha - U - F\sin\alpha - V\sin\alpha)\tan\phi + CL = 143882 + 132349 = 275231 kN$$

所以安全系数 $n = \dfrac{S}{T} = 1.26$。

经过分析计算可知，安全系数可以满足要求的。因此，可对边坡做出稳定性可靠的评估。

对以上计算过程作进一步分析，有助于深入了解安全系数的意义。图 7-30a 是平面形滑体的受力分析图。各线段的长度分别代表相应的作用力大小。由各作用力构成的多边形见图 7-30b。由图可知多边形是闭合的，表明该力系满足平衡要求。但其中一个边 DB 的延长部分 BH，构成了封闭多边形的一个多余线段。显然，这段多余的线段所代表的力不是可有可无，而是必不可少的；它决定着安全系数的大小，决定着边坡是否稳定可靠。然而，由于 BH 是凝聚力和摩擦力的一部分，因而它所代表的是实际上未表现出来的潜在能力。

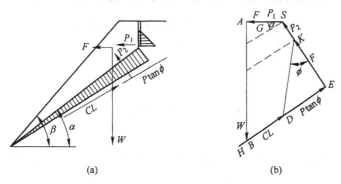

(a)　(b)

图 7-30　平面形滑体受力分析

(a) 滑体受力图；(b) 力多边形

7.4.4 楔形滑坡

发生楔体滑动的条件是：两组结构面与边坡斜交，其组合交线倾向边坡，倾角大于结构面的内摩擦角而又小于边坡角，即组合交线在坡面上露出，见图 7-30。

如图7-31所示的楔形滑体，假定两组结构面的内摩擦角（φ）相等，夹角为θ；岩体滑面上只存在摩擦强度，不考虑凝聚力及地下水的作用。由于两组结构面均与边坡斜交，楔形体只能沿组合交线的方向滑动（组合交线的倾角为φ），故下滑力为岩体重力沿组合交线方向的分力$W\sin\varphi$，见图7-31。作用于楔形体的抗滑力由两个滑面上的摩擦力组成，摩擦力大小取决于两个滑面所承受的岩体重力。若用R_A和R_B分别代表两个滑面的法向反力，那么在图7-31a所示的平面上可求出两个法向反力与岩块重力W的关系。将它们沿横向和纵向分解，则可建立起两个平衡方程：

$$\begin{cases} R_B\sin\left(\alpha+\dfrac{\theta}{2}\right)-R_A\sin\left(\alpha-\dfrac{\theta}{2}\right)=0 \\ R_A\cos\left(\alpha-\dfrac{\theta}{2}\right)-R_B\cos\left(\alpha+\dfrac{\theta}{2}\right)-W\cos\varphi=0 \end{cases} \tag{7-18}$$

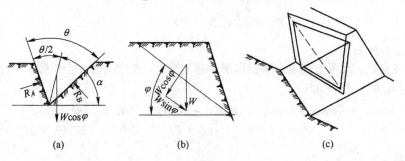

图7-31　楔形体滑动模型

求解方程组，可获得R_A和R_B值。将两个法向反力相加，可得

$$R_A+R_B=\frac{W\cos\varphi\sin\alpha}{\sin\dfrac{\theta}{2}} \tag{7-19}$$

作用于楔形体的抗滑力，由两个滑面上的摩擦力组成。于是有

$$S=(R_A+R_B)\tan\phi=\frac{W\cos\varphi\sin\alpha\tan\phi}{\sin\dfrac{\theta}{2}} \tag{7-20}$$

楔形体的安全系数，等于该岩体所受的抗滑力与下滑力之比。

$$n=\frac{S}{T}=\frac{(R_A+R_B)\tan\phi}{W\sin\varphi}=\frac{\sin\alpha\tan\phi}{\sin\dfrac{\theta}{2}\tan\varphi}=K\frac{\tan\phi}{\tan\varphi} \tag{7-21}$$

式中，$K=\dfrac{\sin\alpha}{\sin\dfrac{\theta}{2}}$，称为楔体系数，其大小与$\theta$角有关。

根据几何关系可知，当$\theta=180°$时，$\alpha=90°$，于是$K=1$。此时边坡的安全系数与平面形滑坡相等：

$$n=\frac{\tan\phi}{\tan\varphi}=\frac{\cos\varphi\tan\phi}{\sin\varphi}$$

【例题7-3】　某边坡岩体为两组结构面所切割，具有构成楔形滑体的条件。已知边坡坡面的产状为S50°W/50°，两组结构面的产状分别为：（A）S10°E/40°，（B）N70°W/45°。两组结构面上的内摩擦角相等，$\phi=30°$。试评估边坡岩体的安全系数。

解：作结构面A、B的赤平极射投影图。在投影图上，求结构面A、B的夹角，得$\theta=108°$，

$\alpha = 88°$，$\varphi = 22°$。代入有关公式中，即可求得楔形滑体的楔体系数 K 及边坡的安全系数 n。

$$K = \frac{\sin\alpha}{\sin\frac{\theta}{2}} = \frac{\sin 88°}{\sin 54°} = 1.24$$

$$n = K\frac{\tan\phi}{\tan\varphi} = 1.24\frac{\tan 30°}{\tan 22°} = 1.24 \times 1.42 = 1.76$$

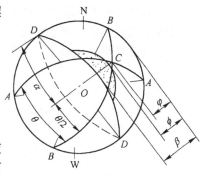

图 7-32　楔形体稳定性分析

边坡的安全系数值相当大，可以认为楔形岩体的稳定性可靠，不存在楔形滑坡危险。从赤平投射投影图上也可看出（图 7-32），组合交线 OC 的端点落在摩擦圆外，说明岩体的稳定性好，事实上，组合交线的倾角 $\varphi = 22°$，远小于滑面的内摩擦角（$\phi = 30°$）。如果不考虑地下水等因素，即可直接做出稳定性可靠的判断。

7.4.5　圆弧形滑坡

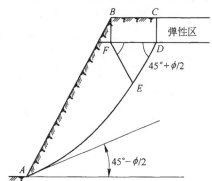

图 7-33　圆弧形滑落面的组成

土体边坡的滑坡多呈圆弧（圆柱）形，露天矿排土场和尾矿坝的滑落面也多为圆弧形。在受强风化或破碎岩体的边坡中，滑落面为近似圆弧形。均质岩体或没有集中优势结构面的岩体，也常按圆弧形滑坡分析评估。

7.4.5.1　潜在滑落面的组成

前苏联学者费申科提出了按松散介质极限平衡理论来确定滑动面的方法。他认为潜在滑落面由三部分组成（图 7-33）：

（1）垂直段 CD。在没有外加载荷时，这一段是岩体的弹性区，不会产生剪切破坏。当下部岩体由于达到极限状态而发生滑动时，带动上部岩体位移，形成一定高度内的拉断破坏，于是产生垂直断裂面。

（2）平面段 DE。位于垂直段的下方。岩体在压缩状态下，沿剪切面破坏。在自重应力作用下，最大主应力为铅垂方向，因此剪切破坏面与水平面的夹角为 $45° + \frac{\phi}{2}$。直线段 DE 与 EF 代表两组破坏面。三角形 DEF 是以 E 为顶点的等腰三角形。E 点代表平面剪切破坏的极限深度，在此深度内，最大主应力保持铅垂方向。

（3）圆弧段 EA。在 E 点以下，最大主应力逐渐向坡面方向偏斜，这种偏斜是由边坡岩体的几何形状引起的。在自重应力作用下，坡面下方某一点与边坡内部的邻近点相比，其最大主应力必小于邻近点。因此，在边坡岩体中，愈是靠近坡面，最大主应力愈是趋向坡面方向。在坡面上，最大主应力与坡面的倾向平行。圆弧滑落体的厚度自上而下逐渐变小，所以剪切破坏面逐渐变缓。在边坡底脚处，应力高度集中，最易发生破坏；此处的剪切破坏面与坡面的夹角为 $45° - \frac{\phi}{2}$。边坡岩体主应力的这种分布状况，已被光弹性研究的结果证实，见图 7-34。

图 7-34　边坡断面的光弹性分析

7.4.5.2　垂直段深度的确定

地表一定深度内仅受其自重作用的岩体，一般认为可按单向压缩状态来考虑。单轴抗压强度与凝聚力及内摩擦角的函数关系为

$$S_C = 2C \cdot \tan\left(45° + \frac{\phi}{2}\right)$$

设 H_{90} 代表垂直段的极限深度。由于最大主应力为垂直方向，所以在极限深度处的主应力等于单轴抗压强度：

$$S_C = \gamma H_{90} = 2C \cdot \tan\left(45° + \frac{\phi}{2}\right)$$

$$H_{90} = \frac{2C}{\gamma}\tan\left(45° + \frac{\phi}{2}\right) \tag{7-22}$$

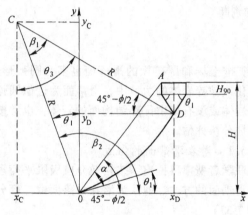

图 7-35　滑落圆弧的参数

7.4.5.3　圆弧参数的确定

现以边坡底脚为原点建立坐标系，如图 7-35 所示。假设边坡高度 H、边坡角 α、垂直段深度 H_{90} 均为已知。令 C 点代表圆弧的圆心，R 代表半径；根据圆弧滑落面的组成条件可知，圆弧在坡脚 O 点的切线与坡面线 OA 的夹角为 $45° - \frac{\phi}{2}$，$\theta_3 = 45° + \frac{\phi}{2}$。根据几何关系，可以导出以下几个角：

$$\theta_1 = \alpha - \left(45° - \frac{\phi}{2}\right) = \alpha - 45° + \frac{\phi}{2}$$

$$\beta_1 = \theta_3 - \theta_1 = 90° - \alpha$$

$$\beta_2 = 90° + \theta_1 = \alpha + 45° + \frac{\phi}{2} = \alpha + \theta_3$$

设 C、D 两点的坐标分别为 x_C、y_C 及 x_D、y_D。利用上述已知条件可建立求解未知点坐标的方程组如下：

$$\begin{cases} x_C = R\cos(\alpha + \theta_3) & (1) \\ y_C = x_C\tan(\alpha + \theta_3) & (2) \\ x_D = R(\sin\theta_3 - \sin\theta_1) & (3) \\ y_D = R(\cos\theta_1 - \cos\theta_3) & (4) \\ y_D = H - H_{90} - (x_D - H\cot\alpha)\tan\theta_3 & (5) \end{cases}$$

方程组中的未知量为 R、x_C、y_C 及 x_D、y_D，其他参数均为已知。未知量与方程的数目相等，说明方程组可解。将式（3）和式（4）分别代入式（5）中，即可导出圆弧半径 R 的表达式：

$$R = \frac{H + H\cot\alpha\tan\theta_3 - H_{90}}{\cos\theta_1 - \cos\theta_3 + (\sin\theta_3 - \sin\theta_1)\tan\theta_3} \tag{7-23}$$

将 R 值分别代入式（1）～式（4），即可导出圆心 C 点和 D 点（圆弧段与平面段的连接点）的坐标。利用求得的参数值即可绘制出圆弧形滑落体断面的完整图形。在此基础上还可进一步导出圆弧的长度 L。由于圆弧的圆心角为 β_1，故弧长 L 等于 β_1 与 R 的乘积：

$$L = \frac{\pi}{180}\beta_1 R = \frac{\pi}{180}(90° - \alpha)R \qquad (7-24)$$

7.4.5.4　条分法

圆弧形滑落面没有固定不变的倾斜角，难以计算岩体沿固定斜面的正压力和下滑力，因此一般采用垂直条块法求其近似值。首先利用求得的参数画出滑落体的断面图，然后将滑落体划分为若干个垂直条块，如图 7-36 所示。条块厚度要尽可能适应岩体结构的变化。计算条块重量时，每个条块底边按直线处理，因此条块的厚度越小，计算的精度越高。每个条块底边的倾角以底边中点的倾角代替。

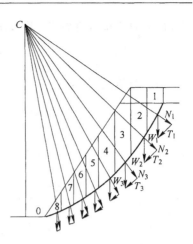

图 7-36　垂直条块法

若取滑体的走向长度为单位值（1m），则可在断面图上直接计算出每个条块的重量。根据每个条块的几何形状分别求其面积。通常以条块的中心线高度乘以条块厚度来近似计算条块的面积。对于每个条块，都要计算其重量 W_i，正压力 N_i、下滑力 T_i，地下水浮托力 U_i（N/m²）、滑面凝聚力 C_i 及摩擦角 ϕ_i。此外，还需要爆破震动系数 K_a 及地下水的水平压力 V 等数据。将这些参数分别代入下面的方程，即可求得边坡岩体的安全系数：

$$n = \frac{\sum\limits_{i=1}^{m}(W_i\cos\theta_i - U_i L_i - K_0 W_i\sin\theta_i)\tan\phi_i - V\sin\theta\tan\phi + \sum\limits_{i=1}^{m}C_i L_i}{\sum\limits_{i=1}^{m}(W_i\sin\theta_i + K_0 W_i\cos\theta_i) + V\cos\theta} \qquad (7-25)$$

式中　m——条块数目；

　　　L_i——条块底边的长度；

　　　θ——滑体底边的平均倾角，$\theta = \dfrac{\sum\limits_{i=1}^{m}\theta_i}{m}$；

　　　ϕ——滑面的平均内摩擦角，$\phi = \dfrac{\sum\limits_{i=1}^{m}\phi_i}{m}$。

必须指出，上述计算并未考虑各条块之间的相互作用力。对此曾有不少学者进行过专门研究。一般认为，滑体在滑动过程中，若本身不变形，可视为刚体运动。于是，各条块之间的相互作用力只作为内力存在，不影响对岩体稳定性的分析计算。对于理想圆弧面来说，即使分裂为若干部分，如果相互间未出现相对位移，仍可视为整体，相互间的作用力仍属于内力。然而，实际滑面多数不是理想圆弧面，滑体在滑落过程中多有变形和破裂发生，于是，各块体之间的作用力对滑落过程必有所影响。因此，按理想圆弧面计算出的安全系数值偏低。若将岩块间的相互作用力考虑进去，边坡的稳定性还要提高些。

【**例题 7-4**】　某边坡岩体由泥质石灰岩构成，结构面不发育。边坡高度 $H = 120\text{m}$，边坡角 $\alpha = 45°$，岩体重度 $\gamma = 26\text{kN/m}^3$，岩体内摩擦角 $\phi = 30°$。地表风化层约 10m；由于风化较重，强度低，$C_1 = 90\text{kN/m}^2$。深部岩体的完整性好，$C = 330\text{kN/m}^2$。岩体充水，但渗流能力较强，单位面积的浮托力 $U = 16.2\text{kN/m}^2$，水平推压力 V 取值 80kN。经实测确定，爆破震动系数 $K_a = 0.2$。求潜在滑落体参数及边坡的安全系数。

解：由于岩体结构面不发育，无优势结构面存在，故按圆弧形滑落来评估边坡的稳定性。

（1）计算垂直段深度。将风化层的凝聚力 C_1 代入式（7-21）：

$$H_{90} = \frac{2C_1}{\gamma}\tan\left(45° + \frac{\phi}{2}\right) = 12\text{m}$$

（2）计算圆弧参数：

$$\theta_1 = \alpha - 45° + \frac{\phi}{2} = 15°$$

$$\theta_3 = 45° + \frac{\phi}{2} = 60°$$

$$R = \frac{H + H\cot\alpha\tan\theta_3 - H_{90}}{\cos\theta_1 - \cos\theta_3 + (\sin\theta_3 - \sin\theta_1)\tan\theta_3} = 208\text{m}$$

$$L = \frac{\pi}{180}R(90° - \alpha) = 176\text{m}$$

$$x_C = R\cos(\alpha + \theta_3) = -59\text{m}$$

$$y_C = x_C\tan(\alpha + \theta_3) = 220\text{m}$$

$$x_D = R(\sin\theta_3 - \sin\theta_1) = 126\text{m}$$

$$y_D = R(\cos\theta_1 - \cos\theta_3) = 97\text{m}$$

（3）绘制潜在滑落体断面图，并划分条块（从略）。

（4）计算边坡安全系数（$m = 9$）。

$$\theta = \frac{\sum_{i=1}^{m}\theta_i}{m} = 56.4°$$

$$\phi = \frac{\sum_{i=1}^{m}\phi_i}{m} = 30°$$

$$n = \frac{\sum_{i=1}^{m}(W_i\cos\theta_i - U_iL_i - K_0W_i\sin\theta_i)\tan\phi_i - V\sin\theta\tan\phi + \sum_{i=1}^{m}C_iL_i}{\sum_{i=1}^{m}(W_i\sin\theta_i + K_0W\cos\theta_i) + V\cos\theta} = 1.26$$

由于按圆弧法计算出的安全系数偏低，可以对边坡岩体做出稳定性可靠的评估。

7.5　露天矿边坡的维护

露天矿边坡维护的目的，是确保矿山正常生产，确保设备及人员的安全，提高矿山生产的经济效益。可见，边坡的维护是矿山生产管理的一个重要组成部分。对于现存的边坡，维护工作的任务是作好日常监测和滑坡的预防及治理。对于尚未形成的边坡，要加强在开采工艺上采取保护边坡的技术措施。

边坡角的确定是露天开采的一项重大课题。为了保证生产安全而减小边坡角，其结果必然是过量剥离岩石，从而降低矿山的经济效益。因此，简单地考虑安全而尽量减小边坡角的做法，是不可取的。然而，也不应只考虑经济效益，不顾安全而盲目地提高边坡角。问题的核心，是寻求一个既安全而又经济的最优边坡角。

对于稳定性较差的边坡，不应该消极地等待其自行滑落，而需积极采取措施，有效地防止其滑落。近年来，国内外露天矿都有提高边坡角的趋向，其原因是采用了有效的加固手段。这也是技术进步的反映。

7.5.1 滑坡防治方法分类

治理滑坡的原则应是：早期发现，预防为主，查明情况，对症下药，治早治好，防止恶化，综合治理，确保安全。滑坡的防治方法，按其特征可分为三类：

（1）减小下滑力、增大抗滑力的方法；

（2）提高边坡岩体强度的方法；

（3）用人工建筑物加固不稳定边坡的方法。

根据所采取的技术措施及施工方法，各类防治方法又包括若干种具体方法。各种方法的特征、作用原理及适用条件，详见表7-1。

滑坡的防治，应以预防为主，立足于防。表7-1中所列举的各类防治方法，各有其不同的特征及适用条件，应该有选择地应用。通常在选用各种防治方法时，按以下顺序进行：

（1）截集并排出流入滑坡区的地下水；

（2）采取疏干措施，降低地下水水位；

（3）采取削坡减载或反压坡脚等工程措施；

（4）采用人工加固工程。

现将若干常用的边坡治理方法，重点介绍如下：

表7-1 滑坡防治方法

类 型	方 法	作 用 原 理	适 用 条 件
减少下滑力增大抗滑力	削坡减载法	滑体上部作削坡处理，从而减小其下滑力	滑体下部有抗滑部分存在，有备用的采掘运输设备
	减重压脚法	滑体上部作削坡处理，并将削坡岩体堆积在抗滑部分，从而减小下滑力增大抗滑力	滑体有抗滑部分存在，同时滑体下部有足够的宽度容纳削坡岩土
提高边坡岩体的强度	爆破破坏滑面法	用松动爆破法破坏滑面，增大其内摩擦角，同时便于地下水通过松动岩石渗入稳定地带	滑面单一，滑面附近的岩体稳定性好，排水性良好，滑坡体上没有重要设备
	疏干排水法	将滑坡体内及附近的地下水疏干，以提高岩体的内摩擦角和凝聚力	滑坡岩体含水率高，而滑床岩体透水性不好
	注浆法（包括喷浆）	用浆液注入裂缝，以增加岩体的完整性，堵塞地下水活动通道	岩体坚硬，有连通裂隙，且为地下水对边坡影响严重的地段
	焙烧法	对滑面附近的岩体作焙烧处理，以提高岩体的强度，同时排出地下水	以黏土质为主要成分的岩体
人工建造支挡物	抗滑桩支挡法	在桩体与周围岩体的相互作用下，将滑体的下滑力由桩体传递到滑面下的稳定岩体	滑面单一，滑体完整性好的浅层和中厚层滑坡
	锚索（锚杆）加固法	对锚索施加预应力，以增大滑面上的正压力，使滑面附近的岩体形成压密带	出现明显滑动面的硬岩，特别是深层滑坡
	挡墙法	在滑体下部修筑挡墙，以增大滑体的抗滑力	滑体松散的浅层滑坡，要有足够的施工场地和材料供应
	超前挡墙法	在滑体的滑动方向上预先砌筑人工挡墙	一般用于山坡排土场的下部

7.5.2   排水疏干

水是影响边坡稳定性的主要因素之一。因此，防水治水是治理边坡的有效途径。大量的工程实践表明，对于那些与水的活动有关的危险边坡，用排水疏干的防治方法均可收到良好的效果。

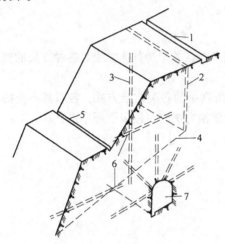

图 7-37   排水疏干方法示意图
1—地面排水沟；2—潜在张裂隙；3—垂直排水井；
4—潜在滑动面；5—集水沟；6—水平钻孔；
7—地下疏干巷道

治理地表水一般称为排水，治理地下水，以降低其水位，则称为疏干。常用的排水及疏干方法，如图 7-37 所示。

（1）地表排水。主要方法是在边坡的外围掘筑排水沟，以便将地表水引到远处。排水沟要有一定的坡度，底部不应漏水。要经常进行维护，以保持水流畅通。边坡顶面也要有一定的坡度，以避免积水。

在易降暴雨的地区，开口的张裂隙是很危险的，因为在充满水时所产生的水压将会导致边坡破坏。对于这类开口的张裂隙，除了将地表水引开以外，还须使用黏土类物料将裂隙堵塞密封。但黏土只能用来封住裂隙的顶部。当裂隙比较宽大时，裂隙深部应先用砾石等透水物料充填，以便于地下水自由通过。要避免使用灰浆或混凝土充填张裂隙，因为它会起到阻水作用，有可能形成危险的水压。

（2）水平疏干孔。指在坡面上向岩体内打的钻孔，它对降低张裂隙或潜在破坏面附近的水压是很有效的。钻孔一般应垂直于岩体的地质结构面，向上倾斜角等于 2° ~ 5°，孔径 10 ~ 15cm，孔深 30 ~ 50m，间距 10 ~ 20m。为使钻孔中排出的水不再进入边坡内部，应使其通过排水沟排走，以免继续影响边坡的稳定。

（3）垂直排水井。是在边坡顶部钻凿的一些竖直钻孔，井内装有深井泵。它也是边坡疏干的有效方法之一。垂直排水井的间距取决于岩体的地质构造及充水情况。对于水力联系好的岩体，垂直排水井收效很高。

（4）地下疏干巷道。是在边坡后部或底部开掘的永久性专用排水巷道。巷道的断面积大，水力联系好，排水能力强，是最有效的疏干方法。巷道具有一定的坡度，可以自流排水，所以能够长期使用，比较可靠。坑内排水系统不受地面气候的影响，也不与采场作业相互干扰，同时还可利用坑内条件进行地质调查和监测岩体的变形或移动。

为了提高坑道的排水效果，可在排水巷道内构筑两道密封隔离墙。在两墙中间安置水泵，并将墙内的空气抽出，以利用真空抽水。同时，还可在巷道内钻凿扇形排水钻孔，使之交切更多的地质结构面，以充分发挥巷道排水的功能。

开掘巷道是一项耗资较大的工程，所以地下巷道仅用于重要的边坡。在地下水流情况已准确了解、充水量大、其他方法收效不大时，可考虑采用地下疏干巷道的方法。

7.5.3   人工加固

用人工方法加固露天矿边坡，不仅是治理危险边坡的有效措施，而且它已发展为一种提高设计边坡角，减少岩石剥离量，从而提高矿山经济效益的露天开采工艺。当前国内外所采用的人工加固边坡的方法有很多种。现将其中主要方法予以简要介绍。

7.5.3.1 抗滑桩

抗滑桩是国内外广泛采用的加固边坡方法之一，是将木材、钢轨、钢管、钢筋混凝土等材料埋入钻孔内加固岩体的方法。抗滑桩的作用是提高边坡岩体的抗滑力，因而桩体的深度必须能穿过危险滑动面。由于抗滑桩的深度不大，一般适用于浅层滑体，以及局部不稳定的地段。抗滑桩的间距为 3~5m，排距为 2~3m，埋入滑床（滑动面以下的岩体）的深度为 3.5~5m，桩体直径为 250~300mm，见图 7-38。

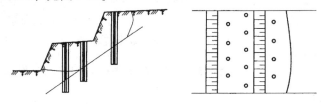

图 7-38 抗滑桩

抗滑桩的应用要适应边坡岩体的结构类型及其相应的变形与破坏方式。在设计抗滑桩时，要进行弯曲及剪切应力计算，以满足抗弯曲、抗剪断及抗偏斜的要求。

抗滑桩具有施工安全方便、工期短、省工省料等优点，因而在国内外已被广泛采用。

7.5.3.2 大型锚杆及锚索

在露天边坡加固作业中经常使用大型锚杆及锚索。它们也是由锚头、张拉段及锚固段三部分组成的。锚头的作用是对锚杆或锚索施加拉力，张拉段是将锚杆（索）的拉力均匀地传递给周围的岩体，锚固段是提供足够的锚固力。锚固的深度可以从几米到几十米，甚至一百多米。除了大型锚杆以外，近年来锚索也获得了广泛应用。

为了保证锚杆（索）加固边坡的效果，在锚头的内侧铺设钢筋混凝土横梁和钢丝网，并在钢丝网上喷射水泥砂浆，以防止坡面上碎块岩石的滚落和风化。这样便构成了一个完整的锚杆（索）加固体系。

锚杆（索）对边坡的作用，实质上是提高岩体的抗滑力。锚杆上的预应力通过锚头传到滑体上，使滑体受到了水平附加力 P 的作用，如图 7-39 所示。此时，滑面下岩体的反作用力由 N 提高为 N'，同时摩擦力由 F 提高为 F'。如果在锚固前岩块处于极限平衡状态，那么在锚固以后，由于反作用力 N' 及摩擦力 F' 都有所提高，所以抗滑力也提高了，使边坡岩体处于稳定状态。在图 7-39b 中，F 的多余部分便是抗滑力的潜在部分。这种潜在抗滑力的存在是安装锚杆（索）的结果。显然，作为一种潜在能力，它代表尚未表现出来的备用的力。

为使锚杆（索）发挥有效作用，必须正确选择锚杆的方向。图 7-40 表示一组安装于平面形滑体内的锚杆，锚杆方向与滑面法线的夹角为 β，滑体所受的作用力如图所示。如果用 P 代

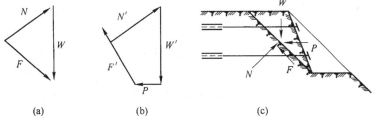

图 7-39 锚杆（索）的加固作用

(a) 锚固前作用于滑体的外力；(b) 锚固后作用于滑体的外力；(c) 滑体受力分析

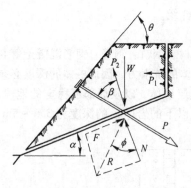

图 7-40　锚杆的安装方向

表锚杆的总拉力，则作用于滑体的下滑力 T 及抗滑力 S 分别为

$$T = W\sin\alpha + P_1\cos\alpha - P\sin\beta$$

$$S = (W\cos\alpha - P_1\sin\alpha - U + P\cos\beta)\tan\phi + CL$$

假设滑体处于极限平衡状态，即 $T = S$。此时锚杆的总拉力 P 为

$$P = \frac{W\sin\alpha + V\cos\alpha - (W\cos\alpha - V\sin\alpha - U)\tan\phi - CL}{\sin\beta + \cos\beta\tan\phi}$$

上式表明，锚杆总拉力 P 是角 β 的函数。显然，当锚杆总拉力 P 为最小值时，角 β 具有最优值。于是令 $\dfrac{\mathrm{d}P}{\mathrm{d}\beta} = 0$，即可导出角 β 的最优值：

$$\frac{\mathrm{d}P}{\mathrm{d}\beta} = -\frac{[W\sin\alpha + V\cos\alpha - (W\cos\alpha - V\sin\alpha - U)\tan\phi - CL](\cos\beta - \sin\beta\tan\phi)}{(\sin\beta + \cos\beta\tan\phi)^2} = 0$$

于是有

$$\cos\beta - \sin\beta\tan\phi = 0$$

所以

$$\tan\phi = \cot\beta$$

$$\beta + \phi = 90° \tag{7-26}$$

令 R 代表反作用力 N 与摩擦力 F 的合力。显然，由图可知，P 与 R 垂直。即锚杆的安装方向应同反作用力的合力相垂直。

将 $\beta = 90° - \phi$ 代入原方程中，即可导出总拉力 P：

$$P = \frac{W\sin\alpha + V\cos\alpha - (W\cos\alpha - V\sin\alpha - U)\tan\phi - CL}{\sin(90° - \phi) + \cos(90° - \phi)\tan\phi} \tag{7-27}$$

然而，若按上式求得的结果来设计锚杆，还必须设计一个恰当的安全系数，使锚杆的锚固力留有余地。考虑到各有关参数的准确程度不一致，Londe 建议对各项参数分别乘以安全系数。对于可靠性高的参数，将安全系数取低值，如凝聚力的安全系数为 0.67，摩擦系数的安全系数为 0.83。对于可靠性低的参数则取高值，如水压力的安全系数为 2。于是，可获得乘入安全系数的锚杆总拉力 P 如下：

$$P = \frac{W\sin\alpha + 2V\cos\alpha - 0.83(W\cos\alpha - 2V\sin\alpha - 2U)\tan\phi - 0.67CL}{\sin(90° - \phi) + 0.83\cos(90° - \phi)\tan\phi} \tag{7-28}$$

7.5.3.3　挡土墙

常作为防治大型滑坡的综合措施之一来使用，也可单独用于小型滑坡，还可用来加强土质岩石及破碎岩石的稳定性。挡土墙是一种整体性的构筑物。这种加固方法的优点是可就地取材，施工方便，但必须有足够大的施工现场，并要求把滑面情况了解得十分清楚，否则防治工作易于失败。

挡土墙的作用是依靠自身的重力和强度来抵消滑坡体的下滑力。然而它难以阻止大型滑坡岩体的滑落，因此只能用作辅助性措施。在单独使用时，主要用于小型滑坡体，以防止和限制坡脚移动。但由于施工工程量大，费用高，在使用挡土墙时，必须同其他方法进行比较，才可做出选择。

7.5.3.4　注浆法

此法是通过钻孔向裂隙中注入胶结性浆液的方法。浆液凝结以后，既能提高岩体的强度，又可以堵塞地下水的通道。浆液材料主要是水泥，此外还有环氧树脂，聚氨酯等化学浆液。

在使用这种方法之前，必须准确地了解滑落面的深度及形状。注浆管可以安装在钻孔中，也可以直接打入裂隙内，但所注的浆液必须浸入滑面以下的一定深度。

目前，注浆法在局部性堵水方面取得了良好的效果。但由于所用的材料价值昂贵，施工费用高，还没有得到大量应用。

7.5.4　边坡监测

边坡监测是边坡维护的一项日常工作，对于了解岩体的变形破坏，及时采取防治措施是极为重要的手段。在边坡维护工作中，应将岩体的变形监测列为重要内容之一。从兴建边坡工程的第一天起就要着手进行监测，这对于检验边坡设计和预报岩体的活动动向是十分必要的。整理后的边坡监测数据可以反映出以下问题：

（1）边坡整体或局部地段的变形；

（2）岩体变形的速度、变形的特征以及变形的机制；

（3）边坡滑动面的类型。

查明这些问题，就能够有效地采取相应的防治措施，从而确保安全生产，提高经济效益。

监测方法有变形观测、滑坡记录仪观测、位错观测、裂缝观测、探洞观测等。这些观测方法简便易行，关键在于长期坚持，积累资料，才能取得大量宝贵数据。倘若条件许可，能在现场进行岩体应力测量，以及应用钻孔伸长计、钻孔挠度计、钻孔倾斜计等工具进行测量，必能获得更为全面的资料。要结合工程地质调查，对边坡岩体的变形机制进行深入地研究，这对于保证边坡的稳定性和进一步发展岩石力学理论将有深远意义。

思考题及习题

7-1　露天矿边坡稳定性研究的实质是什么，它有什么重要意义，能用你所知道的实例来加以说明吗？

7-2　赤平极射投影法与机械制图中所采用的正交轴射投影法有何不同，它有什么特殊用途，能否用它来反映结构面的间距？

7-3　在吴氏网上，经线所对应的平面都是倾斜面，它们的倾角可由对应的经度角测读出来，这个说法对吗？

7-4　在吴氏网上，纬线所对应的平面都是铅垂平面（走向东西），它们对应的纬度不能代表倾角。这个说法对吗？

7-5　在赤平极射投影图上，为什么一个点也能表示出一个结构面的产状？试举例说明。

7-6　作出下列各结构面的极点投影：

结构面号	产状（倾向/倾角）	结构面号	产状（倾向/倾角）
1	S86°E/56°	6	S60°E/80.5°
2	S82°E/76°	7	N50°W/81°
3	S64°E/51°	8	N54°W/75°
4	S65°E/56°	9	S51°W/63°
5	S60°E/55°	10	N23°E/76°

7-7　绘出下列三组结构面的交线，并写出它们的产状（倾向/倾角）：

　　A：S30°W/30°；B：N20°W/30°；C：N60°W/45°。

7-8　求出上题中 A、B 结构面的夹角。

7-9　求出上题中 A、B 的交线与结构面 C 的夹角。

7-10　有三组结构面，已知 $B \perp A$，且 $C \perp A$，A 的产状为 S60°W/50°，B 的走向为 N30°E，C 的走向为 N30°E，求 B，C 的产状。

7-11　边坡破坏有几种类型，从赤平极射投影图上看有什么区别？

7-12　影响边坡稳定性的因素有哪些，它们的影响各有什么特征？

7-13　下滑力与抗滑力各包括哪些力，能否用测试方法把它们分别测出？

7-14　某边坡高度为 70m，边坡角为 48°。有一结构面通过坡底线，并与坡顶部一张裂隙相交。结构面倾角为 25°，摩擦角为 38°。张裂隙深度为 30m，水柱深度为 20m。岩石重度为 27kN/m³，水重度为 10kN/m³，结构面凝力为 500kN/m²。爆破震动系数 $K_a = 0.6$。求该边坡岩体的安全系数。

7-15　某边坡与两组结构面相交，将岩体切割成楔形块体。边坡坡面产状为 N5°E/50°，结构面产状分别为 A：N75°W/45°；B：N55°E/70°。摩擦角均为 32°。岩体渗水性强，不含水。边坡附近不进行集中爆破作业，开采作业中的爆破震动影响可不计。求边坡岩体的安全系数。

7-16　某边坡高度为 200m，岩体内没有明显的影响边坡稳定性的结构面。边坡角为 50°，岩石重度为 25kN/m³。岩体上部风化带深度为 10～15m。岩体内摩擦角为 30°，凝聚力为 75kN/m²。下部岩体的内摩擦角为 41°，凝聚力为 300kN/m²。边坡远离爆破震源，不充水。求滑坡体形式，滑坡体参数及安全系数。

7-17　边坡岩体地质条件同上题。岩体充水，水压参数为 $V = 0$，$U = 10.5kN/m²$。爆破震动系数 $K_a = 0.3$。求边坡岩体的安全系数。

7-18　边坡坡面上是否有应力，如果有，指出主应力方向。由坡面向岩体内部转移时，主应力方向有何变化？

7-19　边坡维护的主要任务是什么，边坡维护与边坡设计之间有什么联系，如果说在边坡设计中，对于边坡的稳定性已有充分考虑，那么，边坡维护工作是否成为多余的了？

7-20　提高矿山边坡稳定性有什么重要意义？

7-21　在选择防治滑坡方法时，必须遵循的原则和顺序是什么，为什么必须这样进行？

8 岩石力学在岩基工程中的应用

8.1 概述

所谓岩基，是指建筑物以岩体作为持力层的地基。人们通常认为在土质地基上修建建筑物比在岩石地基上更具有挑战性，这是因为在大多数情况下，岩石相对于土体来说要坚硬很多，具有很高的强度以承受建筑物的荷载。例如，完整的中等强度岩石的承载力就足以承受来自于摩天大楼或大型桥梁产生的荷载。因此，国内外基础工程一般都重点关注在土质地基上，对于岩石地基工程的研究相对来说就少得多，而且工程技术人员普遍都倾向于认为岩石地基上的基础不会存在沉降与失稳的问题。然而，在实际工程中面对的岩石在大多数情况下都不是完整的岩块，而是具有各种不良地质结构面（包括各种断层、节理、裂隙及其填充物）的复合体，即所谓的岩体。岩体还可能包含有洞穴或经历过不同程度的风化作用，甚至非常破碎。所有这些缺陷都有可能使表面上看起来有足够强度的岩石地基发生破坏，并导致灾难性的后果。

由此，我们可以总结出岩石地基工程的两大特征：第一，相对于土质地基，岩基可以承担大得多的外荷载；第二，岩石中各种缺陷的存在可能导致岩体强度远远小于完整岩块的强度。岩体强度的变化范围很大，从小于 5MPa 到大于 200MPa 都有。当岩石强度较高时，一个基底面积很小的扩展基础就有可能满足承载力的要求。然而，当岩石中包含有一条强度很低且方位较为特殊的裂隙时，地基就有可能发生滑动破坏，这生动地反映了岩基工程的两大特征。

由于岩石具有比土体更高的抗压、抗拉和抗剪强度，因此相对于土质地基，可以在岩基上修建更多类型的结构物，比如会产生倾斜荷载的大坝和拱桥，需要提供抗拔力的悬索桥，以及同时具有抗压和抗拉性能的嵌岩桩基础。

为了保证建筑物或构筑物的正常使用，对于支撑整个建筑荷载的岩石地基，设计中需要考虑以下三个方面的内容：

（1）地基岩体需要有足够的承载能力，以保证在上部建筑物荷载作用下不产生碎裂或蠕变破坏；

（2）在外荷载作用下，由岩石的弹性应变和软弱夹层的非弹性压缩产生的岩石地基沉降值应该满足建筑物安全与正常使用的要求；

（3）确保由交错结构面形成的岩石块体在外荷载作用下不会发生滑动破坏，这种情况通常发生在高陡岩石边坡上的基础工程中。

与一般土体中的基础工程相比，岩石地基除应满足前两点，即强度和变形方面的要求外，还应该满足第三点，即地基岩石块体稳定性方面的要求，这也是由岩基工程的重要特征——地基岩体中包含各种结构面所决定的。

由于岩基具有承载力高和变形小等特点，因此岩基上的基础形式一般较为简单。根据上部建筑荷载的大小和方向，以及工程地质条件，在岩石上可以采取多种基础形式。目前对岩基的利用，主要有以下几种方法：

（1）墙下无大放脚基础。若岩基的岩石单轴抗压强度较高，且裂隙不太发育，对于砌体结构承重的建筑物，可在清除基岩表面风化层上直接砌筑，而不必设基础大放脚（图 8-1a）。

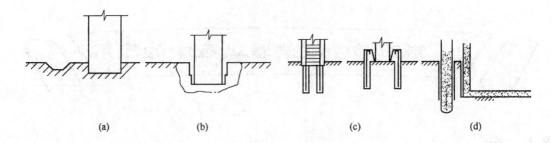

图 8-1　岩基上的基础类型

(a) 墙下无大放脚基础；(b) 预制柱的岩石杯口；(c) 锚杆基础；(d) 嵌岩桩基

（2）预制柱直接插入岩体。以预制柱承重的建筑物，若其荷载及偏心矩均较小，且岩体强度较高、整体性较好时，可直接在岩基上开凿杯口，承插上部结构预制柱（图 8-1b）。

（3）锚杆基础。对于承受上浮力（上拔力）的结构物，当其自身重力不足以抵抗上浮力（上拔力）时，需要在结构物与岩石之间设置抗拉灌浆锚杆提供抗拔力，称之为抗拔基础。当上部结构传递给基础的荷载中，有较大的弯矩时，可采用锚杆基础。锚杆在岩基的基础工程中，主要承受上拔力以平衡基底可能出现的拉应力（图 8-1c）。

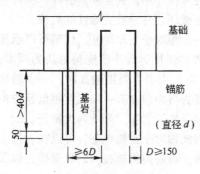

图 8-2　锚杆基础的构造

锚杆的锚孔是利用钻机在基岩中钻成。其孔径 D 随成孔机具及锚杆抗拔力而定。一般取 $(3～4)d$（d 为锚筋的直径），但不得小于 $d+50mm$，以便于将砂浆或混凝土捣固密实。锚孔的间距，一般取决于基岩的情况和锚孔的直径。对致密完整的基岩，其最小间距可取 $(6～8)$ D；对裂隙发育的风化基岩，其最小间距可增大至 $(10～12)D$。锚筋一般采用螺纹钢筋，其有效长度应根据试验计算确定，并不应小于 $40d$，如图 8-2 所示。

（4）嵌岩桩基础。当浅层岩体的承载力不足以承担上部建筑物的荷载或者沉降值不满足正常使用要求时，就需要使用嵌岩桩将上部荷载直接作用到深层坚硬岩层上。例如，在已有建筑物附近没有空间修建扩展基础的情形时，可以考虑设置嵌岩桩，将荷载传递到临近建筑物基底水平面下的坚硬岩石上。嵌岩桩的承载力由桩侧摩阻力、端部支承力和嵌固力提供。嵌岩桩可以被设计为抵抗各种不同形式的荷载，包括竖向压力和拉力，水平荷载以及力矩（图 8-1d）。

8.2　岩基中的应力分布

研究岩基稳定，首先要研究在外力作用下岩基中的应力分布，确定岩基中应力分布的意义主要在于两个方面：一是将地基中的应力水平与岩体强度比较，以判断是否已经发生破坏，二是利用地基中的应力水平计算地基的沉降值。

目前，计算岩基中的应力分布，一般都基于弹性理论。

8.2.1　均质各向同性岩石地基

8.2.1.1　集中荷载作用下的应力分布

对于弹性半平面体上作用有垂直集中荷载的情形（图 8-3），岩体中任意一点的应力一般采用布辛涅斯克（Boussinesq）解法，其应力表达式如下：

$$\left.\begin{array}{l}\sigma_z = \dfrac{3P}{2\pi}\dfrac{z^3}{R^5} = \dfrac{3P}{2\pi z^2}\dfrac{1}{\left[1+\left(\dfrac{r}{2}\right)^2\right]^{\frac{5}{2}}} \\[4mm] \sigma_r = \dfrac{P}{2\pi}\left[\dfrac{3zr^2}{R^5} - \dfrac{1-2\mu}{R(R+z)}\right] \\[4mm] \sigma_\theta = \dfrac{P}{2\pi}(1-2\mu)\left[\dfrac{1}{R(R+z)} - \dfrac{z}{R^3}\right] \\[4mm] \tau_{rz} = \dfrac{3P}{2\pi}\dfrac{z^2 r}{R^5} \\[4mm] \tau_{\theta r} = \tau_{r\theta} = 0 \end{array}\right\} \tag{8-1}$$

式中　μ——泊松比；

　　　r——地基中任意单元体距集中荷载的水平距离；

　　　z——地基中任意单元体距集中荷载的垂直距离；

　　　R——地基中任意单元体距集中荷载的距离。

值得注意的是，这些应力表达式没有考虑地基岩体的自重，即均为附加应力值，如果要用来计算地基中的应力，则必须叠加上由自重引起的应力值。

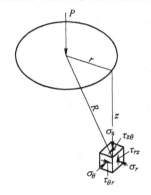

图8-3　集中荷载作用下弹性半
平面体中的应力计算

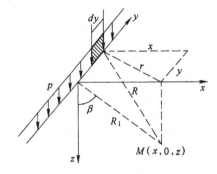

图8-4　线荷载作用下弹性半
平面体中的应力计算

8.2.1.2　线荷载作用下的应力分布

当荷载为线荷载和在二维的情况下（图8-4），岩基中任一点的应力为

$$\left.\begin{array}{l}\sigma_x = \dfrac{2P}{\pi z}\sin^2\theta\cos^2\theta \\[4mm] \sigma_z = \dfrac{2P}{\pi z}\cos^4\theta \\[4mm] \sigma_r = \dfrac{2P}{\pi z}\cos^2\theta \\[4mm] \tau_{xz} = \dfrac{2P}{\pi z}\sin\theta\cos^3\theta \\[4mm] \sigma_{r\theta} = 0 \end{array}\right\} \tag{8-2}$$

8.2.1.3　均布荷载作用下的应力分布

在均布荷载作用下岩基中的应力分布，可借助纽马克图解法，从圆形均布荷载的解答得

到。设荷载集中力为 p，圆形面积中心线 Z 上任意点的垂直应力 σ_z 可按布辛涅斯克解，经过积分求得。

这时，可以把荷载面积分为微分圆环（图 8-5），圆环上的荷载为 $\mathrm{d}p = 2\pi r\mathrm{d}rp$，用 $\mathrm{d}p$ 代替式（8-1）中的集中荷载 P，对 r 进行积分得

$$\sigma_z = \frac{3z^3}{2\pi}\int_0^a \frac{2\pi r\mathrm{d}rp}{(r^2 + z^2)^{\frac{5}{2}}} = p\left[1 - \frac{z^3}{(r^2 + a^2)^{\frac{5}{2}}}\right] = p\left\{1 - \left[\frac{1}{1 + \left(\frac{a}{z}\right)^2}\right]^{\frac{3}{2}}\right\}$$

即

$$\frac{\sigma_z}{p} = 1 - \left[\frac{1}{1 + \left(\frac{a}{z}\right)^2}\right]^{\frac{3}{2}} \tag{8-3}$$

由上式可知，中心线上各点的垂直应力随比值 a/z 而变，如表 8-1 所示。例如，从 $a/z = 1.91$ 至 $a/z = 1.39$ 的环形面积上的荷载，在深度为 z 处的中心线上产生的垂直应力为

$$\sigma_z = 0.9p - 0.8p = 0.1p$$

表 8-1 纽马克曲线数据

a/z	σ_z/p	a/z	σ_z/p
∞	1	0.77	0.5
1.91	0.9	0.64	0.4
1.39	0.8	0.58	0.3
1.11	0.7	0.4	0.2
0.92	0.6	0.27	0.1

如将环形面积分为 20 等分，得到如图 8-6 所示的纽马克曲线。纽马克图中每一小块面积的影响系数为 0.005。

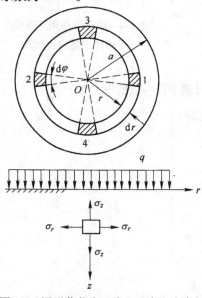

图 8-5 圆形荷载中心线上垂直应力求解

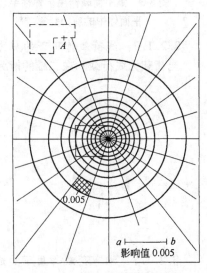

图 8-6 纽马克图曲线图解

对于非圆形承载面积，按比例作出纽马克图和建筑物地基承载面积的透明图，即可利用纽马克图近似求解计算深度处某点的垂直应力。例如，将图 8-6 左上方的丁字形地基面积移至纽马克图，使 A 点对准圆心，数出地基面积覆盖的小方块数 N 为 31.5，A 点的垂直应力：

$$\sigma_z = 0.005N \times p = 0.005 \times 31.5 \times 1500 = 236.3 \text{kPa}$$

8.2.2 双层岩石地基

在双层岩石地基中，当上层岩体较为坚硬，而下卧层较软弱时，上层岩体将承担大部分的外荷载，同时其内部的应力水平也将远远高于下卧层。图 8-7 表示双层岩石地基中，随着上下层岩体模量比的变化，其竖向应力分布的变化过程。从图中可以看出，当上下模量比为 1 时，即为均质地基的情形，其分布符合 Boussinesq 解；当上下模量比增大至 100 时，下卧软弱岩层中的附加应力就小得可以忽略不计了，即外荷载全部由上部岩层承担。

8.2.3 横观各向同性岩石地基

对于横观各向同性岩石地基，由于层理、节理、片理、裂隙等结构面的存在，必须对均质各向同性岩石地基的情形进行修正得到其应力分布。

图 8-8 表示结构面均匀分布的半平面岩体有倾斜荷载 R 作用的情形。对于均质各向同性岩石地基来说，其压应力等值线，俗称压力泡，应该按图中的曲线圆分布；但是这不适用于存在结构面的情形，因为合应力不能与各个结构面成统一角度。根据结构面内摩擦角 ϕ_j 的定义，径向应力 σ_r 与结构面法向之间夹角的绝对值必定等于或小于 ϕ_j，因此压力泡不能超出与结构面的法向成 ϕ_j 角的 AA 线和 BB 线以外（与图 8-8 相比）。由于压力泡被限制在比均质各向同性岩石地基中更窄的范围之内，它必定会延伸得更深，这意味着在同一深度上的应力水平肯定高于各向同性岩石的情况。随着线荷载的方向与结构面的方位变化，一部分荷载也能扩散到平行于结构面的方向上去，对于图中所示情形，平行于结构面的任何应力增量都将是拉应力。值得注意的是，由于对层间发生破坏的情形还是使用弹性的 Boussinesq 解，因此图中的修正压力泡形状是近似的。

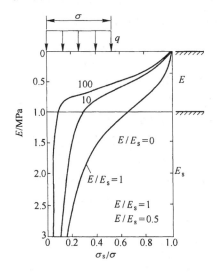

图 8-7 双层岩石地基中的应力分布

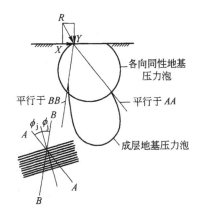

图 8-8 节理岩体中的压力泡

为了更好地研究结构面对岩石地基中应力分布的影响，Bray 提出"等效横观各向同性介质"的概念进行分析，即研究考虑存在一组结构面的横观各向同性岩石地基。如图 8-8 所示，将倾斜线荷载分解到平行和垂直于结构面的两个方向，两个分量分别为 X 和 Y，此时岩体中的应力还是呈辐射状分布的，即 $\sigma_\theta = \tau_{r\theta} = 0$，径向应力为

$$\sigma_r = \frac{h}{\pi r}\left[\frac{X\cos\beta + Y\sin\beta}{(\cos^2\beta - g\sin^2\beta)^2 + h^2\sin^2\beta\cos^2\beta}\right] \tag{8-4}$$

式中　h、g——描述岩体横观各向同性性质的无因次量，计算如下：

$$g = \left[1 + \frac{E}{(1-\mu^2)k_n S}\right]^{\frac{1}{2}}$$

$$h = \left\{\left(\frac{E}{1-\mu^2}\right)\left[\frac{2(1+\mu)}{E} + \frac{1}{k_s S}\right] + 2\left(g - \frac{\mu}{1-\mu}\right)\right\}$$

　　E、μ——岩石的弹性模量和泊松比；

　　　S——结构面间距；

　k_n、k_s——结构面的法向和切向刚度；

　　　β——径向应力和结构面之间的夹角。

利用上述方法可以计算结构面呈任意角度时岩石基础中的应力分布。

8.3　岩基上基础的沉降

岩基的基础沉降主要是由于岩体在上部荷载作用下变形而引起的。对于一般的中小型工程来说，由于荷载相对较小所引起的沉降量也较小。但对于重型和巨型建筑物来说，则可能产生较大的变形，尤其是当地基较软弱或破碎时，产生的变形量会更大，沉降量也会较大。另外，现在越来越多的高层建筑和重型建筑多采用桩基等深基础。把上部荷载传递到下伏基岩上由岩体来承担。在这类深基础设计时，需要考虑由于岩体变形而引起的桩基等的沉陷量。

8.3.1　浅基础的沉降

计算基础的沉降可用弹性理论求解，一般采用布辛涅斯克（Boussinesq）解法。当半无限体表面上作用有一垂直集中力 p 时，根据布辛涅斯克解，在半无限体表面处（$z=0$）的沉降为

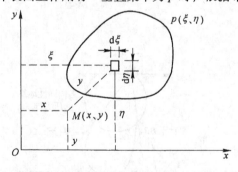

图 8-9　半无限体表面的荷载示意图

$$W = \frac{p(1-\mu^2)}{\pi E_m r} \tag{8-5}$$

式中　W——沉降量，m；

　　　E_m——地基岩体的变形模量，MPa；

　　　μ——地基岩体的泊松比；

　　　r——沉降量计算点至集中荷载 p 处的距离，m。

如果半无限体表面作用荷载 $p(\xi,\eta)$（图8-9），则可按积分法求出表面上任一点 $M(X,Y)$ 处的沉降量 $W(X,Y)$

$$W(X,Y) = \frac{1-\mu^2}{\pi E_m}\iint_F \frac{p(\xi,\eta)\,\mathrm{d}\xi\mathrm{d}\eta}{\sqrt{(\xi-x)^2 + (\eta-y)^2}} \tag{8-6}$$

式中　F——荷载 p 的作用范围，其他符号意义同前。

下面分别介绍用弹性理论求解圆形、矩形及条形基础的沉降。

8.3.1.1 圆形基础的沉降

A 圆形柔性基础的沉降

当圆形基础为柔性时（图 8-10），如果其上作用有均布荷载 p 和在基础接触面上没有任何摩擦力时，则基底反力 q_v 也将是均匀分布并等于 p。这时，通过 M 点作一割线 MN，再作一无限接近的另一割线 MN_1，则微单元体（图 8-10 中阴影所示）的面积 dF $= rdrd\phi$，于是，微单元体上作用的总荷载 dp 为

$$dp = pdF = prdrd\phi \quad (8-7)$$

按式（8-5）可得微单元体的荷载 dp 引起 M 点的沉降 dW 为

$$dW = \frac{dp(1 - \mu^2)}{\pi E_m r} = \frac{1 - \mu^2}{\pi E_m} pdrd\phi \quad (8-8)$$

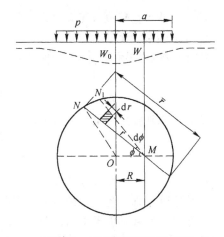

图 8-10 圆形基础沉降计算图

而整个基础上作用的荷载引起 M 点的总沉降量 W 为

$$W = \frac{1 - \mu^2}{\pi E_m} p \int dr \int d\phi = 4p \frac{1 - \mu^2}{\pi E_m} \int_0^{\frac{\pi}{2}} \sqrt{a^2 - R^2 \sin\phi} d\phi \quad (8-9)$$

式中 R——M 点到圆形基础中心的距离，m；

a——基础半径，m。

由式（8-9）可知，圆形柔性基础中心（$R = 0$）处的沉降量 W_0 为

$$W_0 = \frac{2(1 - \mu^2)}{\pi E_m} pa \quad (8-10)$$

圆形柔性基础边缘（$R = a$）处的沉降量 W_a 为

$$W_a = \frac{4(1 - \mu^2)}{\pi E_m} pa \quad (8-11)$$

于是

$$\frac{W_0}{W_a} = \frac{\pi}{2} = 1.57$$

可见，对于圆形柔性基础，当承受均布荷载时，其中心沉降量为其边缘沉降量的 1.57 倍。

B 圆形刚性基础的沉降

对于圆形刚性基础，当作用有集中荷载 p 时，基底各点的沉降将是一个常量，但基底接触压力 q_v 不是常量（图 8-11），它可用下式确定：

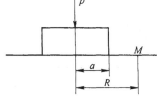

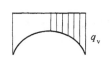

图 8-11 圆形刚性基础及基底压力分布图

$$\frac{1 - \mu^2}{\pi E_m} \iint q_v drd\phi = 常数 \quad (8-12)$$

$$q_v = \frac{p}{2\pi a \sqrt{a^2 - R^2}} \quad (8-13)$$

式中 a——基础半径，m；

R——计算点到基础中心的距离，m。

由式（8-13）可以看出，当 $R \rightarrow a$ 时，$q_v \rightarrow \infty$。这表明在基础边缘接触压力无限大，实际上不可能是这样。出现这种情况的原因是假设基础是完全刚性体，实际上基础结构并非

完全刚性，并且基础边缘在应力集中到一定程度时会产生塑性屈服，使应力重新调整。因此，在边缘处不会形成无限大的接触压力。

在集中荷载作用下，圆形刚性基础的沉降量 W_0 可按下式计算：

$$W_0 = \frac{p(1 - \mu^2)}{2aE_m} \tag{8-14}$$

受荷面以外各点的垂直位移 W_R 可用下式计算：

$$W_R = \frac{p(1 - \mu^2)}{\pi aE_m}\arcsin\left(\frac{a}{R}\right) \tag{8-15}$$

8.3.1.2 矩形基础的沉降

矩形刚性基础承受中心荷载 p 或均布荷载 p 时，基础底面上各点沉降量相同，但基底压力不同；矩形柔性基础承受均布荷载 p 时，基础底面各点沉降量不同，但基底压力相同。当基础底面宽度为 b，长度为 a 时，无论刚性基础还是柔性基础，其基底的沉降量都可按下式计算：

$$W = bp\frac{1 - \mu^2}{E_m}\omega \tag{8-16}$$

式中　ω——沉降系数，对于不同性质的基础及不同位置，其取值并不相同。表 8-2 列出了不同类型、不同形状的基础不同位置的沉降系数，以供对比使用。

表 8-2　各种基础的沉降系数 ω 值表

基础形式	沉降系数 ω				
	a/b	柔性基础中点	柔性基础角点	柔性基础平均值	刚性基础
圆形基础	—	1.00	0.64	0.58	0.79
方形基础	1.0	1.12	0.56	0.95	0.88
矩形基础	1.5	1.36	0.68	1.15	1.08
	2.0	1.53	0.74	1.30	1.22
	3.0	1.78	0.89	1.53	1.44
	4.0	1.96	0.98	1.70	1.61
	5.0	2.10	1.05	1.83	1.72
	6.0	2.23	1.12	1.96	—
	7.0	2.33	1.17	2.04	—
	8.0	2.42	1.21	2.12	—
	9.0	2.49	1.25	2.19	—
	10.0	2.53	1.27	2.25	2.12
条形基础	30.0	3.23	1.62	2.88	—
	50.0	3.54	1.77	3.22	—
	100.0	4.00	2.00	3.70	—

8.3.2　深基础的沉降

由于深基础类型不同，其沉降量的确定方法也不相同。现以岩石桩基为例介绍深基础沉降量的确定方法。

岩石桩基沉降量由下列三项组成：

（1）桩端压力作用下，桩端的沉降量（W_b）；

（2）桩顶压力作用下，桩本身的缩短量（W_p）；

（3）考虑沿桩侧由侧壁黏聚力传递荷载而对沉降量的修正值（ΔW）（图 8-12）。

这样，桩基的沉降量 W 可表示为

$$W = W_b + W_p - \Delta W \tag{8-17}$$

下面就分别介绍 W_b、W_p 和 ΔW 的确定方法。

8.3.2.1 W_b 的确定

如图 8-13 所示，有一桩通过覆盖土层深入到下伏基岩中，假定桩深入岩体深度为 l，桩直径为 $2a$，在桩顶作用有荷载 p_t，桩下端荷载为 p_e，基岩的变形模量为 E_m，泊松比为 μ，则桩下端沉降量 W_b 为

$$W_b = \frac{\pi p_e (1 - \mu^2) a}{2 n E_m} \tag{8-18}$$

式中　n——埋深系数，其大小取决于桩嵌入岩体的深度 l，具体取值见表 8-3。

表 8-3　埋深系数（n 值）表

μ \ n \ l/a	0	2	4	6	8	14
0	1	1.4	2.1	2.2	2.3	2.4
0.3	1	1.6	1.8	1.8	1.9	2.0
0.5	1	1.6	1.6	1.6	1.7	1.8

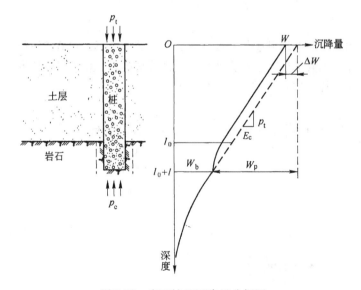

图 8-12　岩石桩基沉降量分析图

（据 Goodman，1980）

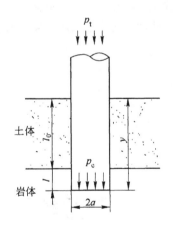

图 8-13　桩端沉降计算图

8.3.2.2 W_p 的确定

如图 8-12 所示，W_p 可按下式确定：

$$W_p = \frac{p_t (l_0 + l)}{E_c} \tag{8-19}$$

式中　$l_0 + l$——桩的总长度，其中 l 是桩嵌入基岩的长度，m；

　　　E_c——桩身变形模量，m。

8.3.2.3 ΔW 的确定

ΔW 可按下式确定（图 8-12）：

$$\Delta W = \frac{1}{E_c} \int_{l_0}^{l_0 + l} (p_t - \sigma_y) dy \tag{8-20}$$

式中 σ_y——地表以下深度 y 处桩身承受的压力，MPa，它可以由下式计算：

$$\sigma_y = p_t e^{-\left\{ \left[2\mu_c f/(1-\mu_c + (1+\mu)E_c/E_m) \right] \frac{y}{a} \right\}}$$

$\quad\quad\quad \mu_c$、μ——分别为混凝土桩和岩体的泊松比；

$\quad E_c$、E_m——分别为桩和岩体的变形模量，MPa；

$\quad\quad\quad\quad a$——桩半径，m；

$\quad\quad\quad\quad f$——桩与岩体间摩擦系数。

从 σ_y 的表达式可以看出：当 $y = 0$ 时，$\sigma_y = p_t$，σ_y 为桩顶压力。当 $y = l_0 + l$ 时，σ_y 即为桩端压力 p_e。

8.4 岩基的承载能力

在上部结构荷载作用下，当岩基中的应力超过岩体的强度，则岩基发生破坏，故为保证岩基的稳定性，需确定其承载力。岩基极限承载力是指岩基在荷载作用下到达破坏状态前或出现不适于继续承载的变形前所对应的最大荷载。岩基承载力特征值是指静载试验测定的岩基变形曲线线形变形段内规定的变形所对应的压力值。

8.4.1 岩基破坏模式

在自然界中，岩体的成分和结构构造以及埋藏条件千变万化，在荷载作用下，它的破坏模式也是各种各样的。而对同一种岩体，不同荷载大小也会产生不同的破坏模式。勒单尼曾研究过脆性无孔隙岩基在荷载作用下发生破坏的模式（图 8-14a、b、c）。

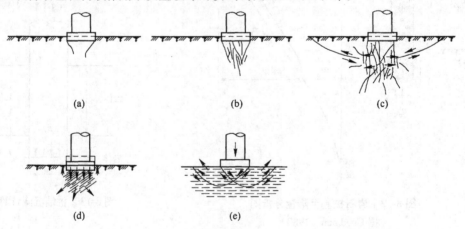

图 8-14 岩基破坏模式

（a）开裂；（b）压碎；（c）劈裂；（d）冲切；（e）剪切

在上部荷载作用下，当岩基中应力超过其弹性极限时，岩基从基脚处开始产生裂缝，并向深部发展（图 8-14a）。当荷载继续作用，岩基就进入岩体压碎破坏阶段（图 8-14b）。压碎范围随着深度增加而减少，据试验观测，压碎范围近似倒三角形。当荷载继续增大，则基底下岩体的竖向裂缝加密且出现斜裂缝，并向更深部延伸，这时，进入劈裂破坏阶段（图 8-14c）。

该阶段由于裂缝张开使压碎岩体产生向两侧扩容的现象，基脚附近的岩体发生剪切滑移，并使基脚附近的地面破坏。

图 8-14d 是岩基冲切破坏的模式。这种破坏模式多发生于多孔洞或多孔隙的脆性岩体中，如钙质或石膏质胶结的脆性砂岩、熔渍胶结的火山岩、溶蚀严重或溶孔密布的可溶岩类等。如图 8-15 所示，有时在一些风化沉积岩（如石灰岩、玄武岩、砂岩等）中分布纵横密布的张开竖向节理，也会产生冲切破坏。

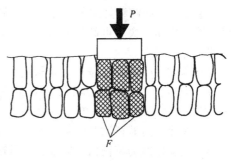

图 8-15 张开竖节理风化沉积岩的冲切破坏
F—断裂位移岩体

图 8-14e 是岩基发生剪切破坏的模式，这种破坏多发生于高压缩性的黏土岩类岩基中，如页岩、泥岩等。这种破坏常常在基础底面下的岩体出现压实楔，而在其两侧岩体有弧线的滑面。如图 8-16 所示，分布有竖向节理的风化岩基可产生直线剪切滑面。如图 8-17 所示，当岩基内有两组近于或大于直角的节理相交，则剪切面追踪此两组节理，也可形成直线剪切滑动面，使岩基破坏。

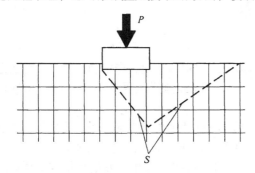

图 8-16 闭合竖节理风化岩的剪切破坏
S—剪切面

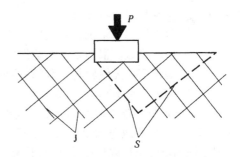

图 8-17 追踪两组相交节理的剪切破坏
J—节理；S—剪切面

8.4.2 岩基承载力确定

在《建筑地基基础设计规范》（GB 50007—2002）中确定岩基承载力特征值的方法为岩基载荷试验方法，也可根据室内岩石饱和单轴抗压强度计算。另外，根据岩基破坏模式，介绍基脚压碎岩基和直线剪切破坏岩基极限承载力计算的理论公式。

8.4.2.1 规范方法

A 岩基载荷试验

《建筑地基基础设计规范》（GB 50007—2002）规定，岩基载荷试验适用于确定完整、较完整、较破碎岩基作为天然地基或桩基础持力层时的承载力。

载荷板采用圆形刚性承压板，直径为 300mm。当岩石埋藏深度较大时，可采用钢筋混凝土桩，但桩周需采取措施以消除桩身与土之间的摩擦力。加载方式采用单循环加载，荷载逐级递增直到破坏，然后分级卸载。荷载分级为第一级加载值为预估设计荷载的 1/5，以后每级为 1/10。加载后立即测读沉降量，以后每 10min 读数一次。当连续三次读数之差均不大于 0.01mm 时，达到稳定标准，可加下一级荷载。

当出现下述现象之一时，即可终止加载：

（1）沉降量读数不断变化，在24h内，沉降速率有增大的趋势；

（2）压力加不上或勉强加上而不能保持稳定。

卸载时，每级卸载为加载时的两倍，如为奇数，第一级可为3倍。每级卸载后，隔10min测读一次，测读三次后可卸下一级荷载。全部卸载后，当测读到半小时回弹量小于0.01mm时，即认为稳定。

岩基承载力特征值f_a按以下步骤确定：

（1）对应于p-s曲线上起始直线段的终点为比例界限。符合终止加载条件的前一级荷载为极限荷载。将极限荷载除以安全系数3，所得值与对应于比例界限的荷载相比较，取小值；

（2）每个场地载荷试验的数量不应少于3个，取最小值作为岩基承载力特征值；

（3）岩基承载力特征值不需要进行基础埋深和宽度的修正。

对破碎、极破碎的岩基承载力特征值，可根据地区经验取值，无地区经验时，可根据适合土层的平板载荷试验确定。

B　按室内饱和单轴抗压强度计算

《建筑地基基础设计规范》（GB 50007—2002）规定，对完整、较完整和较破碎的岩基承载力特征值，也可根据室内饱和单轴抗压强度按下式计算：

$$f_a = \psi_r f_{rk} \tag{8-21}$$

式中　f_a——岩基承载力特征值；

　　　f_{rk}——岩石饱和单轴抗压强度标准值；

　　　ψ_r——折减系数。根据岩体完整程度以及结构面的间距、宽度、产状和组合，由地区经验确定。无经验时，对完整岩体可取0.5，对较完整岩体可取0.2~0.5，对较破碎岩体可取0.1~0.2。

上述折减系数值未考虑施工因素及建筑物使用后风化作用的继续。对于黏土质岩体，在确保施工期及使用期不致遭水浸泡时，也可采用天然湿度的试样，不进行饱和处理。

岩石饱和单轴抗压强度标准值f_{rk}计算中，岩样数量不应少于6个，并进行饱和处理。f_{rk}由以下公式统计确定：

$$f_{rk} = \psi f_{rm} \tag{8-22}$$

式中　f_{rk}——岩石饱和单轴抗压强度标准值；

　　　f_{rm}——岩石饱和单轴抗压强度平均值；

　　　ψ——统计修正系数，$\psi = 1 - \left(\dfrac{1.704}{\sqrt{n}} + \dfrac{4.678}{n^2} \right) \delta$；

　　　n——试样个数；

　　　δ——变异系数。

8.4.2.2　基脚压碎岩体的承载力

假设在地基岩体上有一条形基础，在上部荷载q_f作用下，条形基础下产生岩体压碎并向两侧膨胀而诱发裂隙。因此，基础下的岩体可分为如图8-18a所示的压碎区A和原岩区B。由于A区压碎而膨胀变形，受到B区的约束力p_h的作用。p_h可取B区岩体的单轴抗压强度，q_f由A区岩体三轴强度给出，见图8-18b，因此，可得

$$p_h = 2C_B \tan\left(45° + \frac{\phi_B}{2}\right) \tag{8-23}$$

$$q_f = p_h \tan^2\left(45° + \frac{\phi_A}{2}\right) + 2C_A \tan\left(45° + \frac{\phi_A}{2}\right) \tag{8-24}$$

式中 C_A、ϕ_A、C_B、ϕ_B——分别为 A 区和 B 区岩体的内聚力和内摩擦角。

由式（8-23）、式（8-24）可获得基脚压碎岩体的承载力 q_f。若把 A 区、B 区看作是同一种岩体，取相同力学参数，即 $C_A = C_B = C$，$\phi_A = \phi_B = \phi$，则式（8-24）可简化为

$$q_f = 2C\tan\left(45° + \frac{\phi}{2}\right)\left[1 + \tan^2\left(45° + \frac{\phi}{2}\right)\right] \tag{8-25}$$

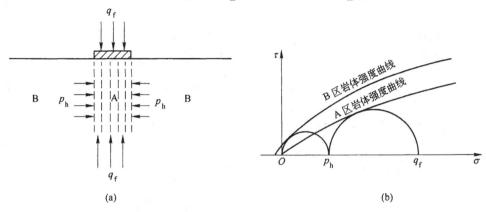

图 8-18 基脚压碎岩体承载力计算

8.4.2.3 基脚岩体直线剪切破坏的承载力

基脚岩体剪切破坏面可呈曲线形（图 8-14b）和直线形（图 8-16、图 8-17）两种。岩体中由于结构面的存在，多数剪切破坏呈直线剪切滑面。

如图 8-19 所示，设在半无限体上作用着宽度为 b 的条形均布荷载 q_f，q 为作用在荷载 q_f 附近岩基表面的均布荷载。为便于计算，假设：

（1）破坏面由两个互相正交的平面组成；

（2）荷载 q_f 的作用范围很长，以致 q_f 两端面的阻力可以忽略；

（3）荷载 q_f 作用面上不存在剪力；

（4）对于每个破坏楔体可以采用平均的体积力。

将图 8-19a 的岩基分为两个楔体，即 x 楔体和 y 楔体。如图 8-19b 所示，对于 x 楔体，由

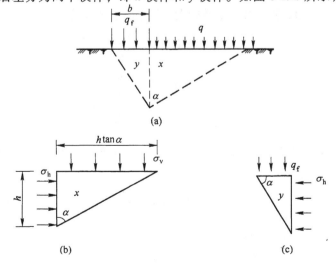

图 8-19 基脚直线剪切破坏岩体的承载力计算

于 y 楔体受 q_f 作用，会产生一水平正应力 σ_h 作用于 x 楔体，这是作用于 x 楔体的最大主应力，而岩体的自重应力和岩基表面均布荷载 q 的合力 σ_v 是作用于 x 楔体的最小主应力，即

$$\sigma_h = \sigma_v \tan^2\left(45° + \frac{\phi}{2}\right) + 2C\tan\left(45° + \frac{\phi}{2}\right) \tag{8-26}$$

$$\sigma_v = \frac{1}{2}\gamma h + q \tag{8-27}$$

式中，γ 为岩体重度。

如图 8-19c 所示，对于 y 楔体，σ_h 为最小主应力，而最大主应力为

$$q_f + \frac{1}{2}\gamma h = \sigma_h \tan^2\left(45° + \frac{\phi}{2}\right) + 2C\tan\left(45° + \frac{\phi}{2}\right) \tag{8-28}$$

联合式 (8-26)、式 (8-27) 和式 (8-28)，并由 $h = b\tan\left(45° + \frac{\phi}{2}\right)$，得到

$$q_f = \frac{1}{2}\gamma b\tan^5\left(45° + \frac{\phi}{2}\right) + 2C\tan\left(45° + \frac{\phi}{2}\right)\left[1 + \tan^2\left(45° + \frac{\phi}{2}\right)\right]$$
$$+ q\tan^4\left(45° + \frac{\phi}{2}\right) - \frac{1}{2}\gamma b\tan\left(45° + \frac{\phi}{2}\right) \tag{8-29}$$

式 (8-29) 最后一项远小于其他各项，可将其略去，令

$$N_r = \tan^5\left(45° + \frac{\phi}{2}\right) \tag{8-30}$$

$$N_c = 2C\tan\left(45° + \frac{\phi}{2}\right)\left[1 + \tan^2\left(45° + \frac{\phi}{2}\right)\right] \tag{8-31}$$

$$N_q = \tan^4\left(45° + \frac{\phi}{2}\right) \tag{8-32}$$

式 (8-29) 可写为

$$q_f = \frac{1}{2}\gamma bN_r + 2CN_c + qN_q \tag{8-33}$$

式中，N_r、N_c、N_q 称为承载力系数。

如果破坏面是一曲面，则承载力系数较大，可按以下公式确定：

$$N_r = \tan^6\left(45° + \frac{\phi}{2}\right) - 1 \tag{8-34}$$

$$N_c = 5\tan^4\left(45° + \frac{\phi}{2}\right) \tag{8-35}$$

$$N_q = \tan^6\left(45° + \frac{\phi}{2}\right) \tag{8-36}$$

以上 N_r、N_c、N_q 为条形基础的承载力系数。对于方形或圆形基础，承载力系数中仅 N_c 有显著改变，可由下式确定：

$$N_c = 7\tan^4\left(45° + \frac{\phi}{2}\right) \tag{8-37}$$

8.5　坝基岩体的抗滑稳定性

重力坝、支墩坝等挡水建筑物的岩基除承受竖向荷载外，还承受着库水、泥沙等产生的水

平荷载作用，因此，坝体和坝基便会产生向下游滑移的趋势。在水利水电工程建设中，坝基岩体抗滑稳定性研究是一项十分重要的内容。

8.5.1　坝基岩体承受的荷载分析

坝基岩体承受的荷载大部分是由坝体直接传递来的，主要有坝体的重力、库水的静水压力、泥沙压力、波浪压力、岩基重力、扬压力等。此外，在地震区还有地震作用，在严寒地区还有冻融压力等。由于坝基多呈长条形，其稳定性可按平面问题来考虑。因此，坝体地基受力分析通常是沿坝轴线方向取 1m 宽坝基（单宽坝基）为单位进行计算。

下面仅对泥沙压力、波浪压力和扬压力作简要介绍。

8.5.1.1　泥沙压力 F

当坝体上游坡面接近竖直面时，作用于单宽坝体的泥沙压力的方向近于水平，并从上游指向坝体。泥沙压力 F 的大小可按朗肯土压力理论来计算，即

$$F = \frac{1}{2}\gamma_s h_s \tan\left(45° - \frac{\phi}{2}\right) \tag{8-38}$$

式中　γ_s——泥沙重度，kN/m^3；

h_s——坝前淤积泥沙厚度，m，可根据设计年限、年均泥沙淤积量及库容曲线求得；

ϕ——泥沙的内摩擦角，(°)。

8.5.1.2　波浪压力 p

波浪压力的确定比较困难，当坝体迎水面坡度大于 $1:1$，而水深 H_w 介于波浪破碎的临界水深 h_f 和波浪长度 L_w 的二分之一时，即 $h_f < H_w < 0.5L_w$，水深 H_w' 处波浪压力的剩余强度 p' 为

$$p' = \frac{h_w}{\cosh\left(\dfrac{\pi H_w'}{L_w}\right)} \tag{8-39}$$

式中　h_w——波浪高度，m。

当水深 $H > 0.5L_w$ 时，在 $0.5L_w$ 深度以下可不考虑波浪压力的影响，因而，作用于单宽坝体上的波浪压力 p 为

$$p = \frac{1}{2}\gamma_w \left[(H_w + h_w + h_0)(H_w + p') - H_w^2 \right] \tag{8-40}$$

式中　γ_w——水的重度，kN/m^3；$h_0 = \dfrac{\pi h_w^2}{L_w}$。

波浪高度 h_w 和波浪长度 L_w 可以根据风吹程 D 和风速 v 来确定，即

$$h_w = 0.0208 v^{\frac{5}{4}} D^{\frac{1}{3}} \tag{8-41}$$

$$L_w = 0.304 v D^{\frac{1}{2}} \tag{8-42}$$

式中，风速 v 应根据当地气象部门实测资料确定；吹程 D 是沿风向从坝址到水库对岸的最远距离，可根据风向和水库形状确定。

8.5.1.3　扬压力 U

扬压力对坝基抗滑稳定的影响很大，相当数量的毁坝事件是由扬压力的剧增引起。扬压力一般被分解为浮托力 U_1 和渗透压力 U_2 两部分。浮托力的确定方法比较简单，渗透压力的

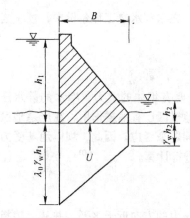

图 8-20　坝底渗透压力的分布

确定则比较困难，至今仍没有找到一种准确有效地确定渗透压力的方法。

如图 8-20 所示，在没有灌浆和排水设施的情况下，坝底渗透压力 U_2 可按下式确定：

$$U_2 = \gamma_w B \frac{\lambda_0 h_1 + h_2}{2} \tag{8-43}$$

式中　U_2——单宽坝底所受渗透压力，kN；

　　　　B——坝底宽度，m；

　　　　λ_0——不大于 1.0 的系数，但为安全起见，目前大多数设计取 1.0；

　　　　h_1、h_2——分别为坝上游和下游水的深度，m。

当坝基有灌浆帷幕和排水设施时，坝底上渗透压力的大小，除坝底宽度 B、上下游水的深度（h_1，h_2）外，还受坝基岩体的渗透性能、灌浆帷幕的厚度和深度、排水孔间距以及这些措施的效果等因素影响。渗透压力的确定通常先根据经验对具体条件下的渗透压力分布图进行某些简化，然后再根据这些简化图形计算渗透压力。如果仅有排水设施，可取 $\lambda_0 = 0.8 \sim 0.9$，仍按式（8-43）确定渗透压力 U_2。

如果能够确定坝基岩体内地下水渗流的水力梯度 I，也可以按下式计算渗透压力

$$U_2 = \gamma_w I \tag{8-44}$$

8.5.2　坝基岩体的破坏模式

根据坝基失稳时滑动面的位置可以把坝基滑动破坏分为三种类型：即接触面滑动、岩体内滑动和混合型滑动。这三种滑动类型发生与否在很大程度上取决于坝基岩体的工程地质条件和性质。

8.5.2.1　接触面滑动

接触面滑动是坝体沿着坝基与岩基接触面发生的滑动，如图 8-21 所示。由于接触面剪切强度的大小除与岩体的力学性质有关外，还与接触面的起伏差和粗糙度、清基干净与否、混凝土标号以及浇注混凝土的施工质量等因素有关。因此，对于一个具体的挡水建筑物来说，是否发生接触面滑动，不单纯取决于岩基质量的好坏，而往往受设计和施工方面的因素影响很大。正是由于这种原因，当坝基岩体坚硬完整，其强度远大于接触面强度时，最可能发生接触面滑动。

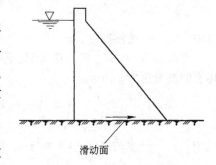

图 8-21　接触面滑动示意图

8.5.2.2　岩体内滑动

岩体内滑动是坝体连同一部分岩体在倾斜荷载作用下，沿着坝基岩体内的软弱面发生的滑动破坏。该类型滑动破坏主要受坝基岩体中发育的结构面所控制，而且只在具备滑动几何边界条件的情况下才有可能发生。根据结构面的组合特征，按可能发生滑动的几何边界条件可大致将岩体内滑动划分为五种类型，如图 8-22 所示。

（1）沿水平软弱面滑动。当坝基为产状水平或近水平的岩层而大坝基础砌置深度又不大，坝趾部被动压力很小，岩体中又发育有走向与坝轴线垂直或近于垂直的高倾角破裂构造面时，往往会发生沿层面或软弱夹层的滑动，如图 8-22a 所示。例如西班牙梅奎尼扎（Mequinenza）

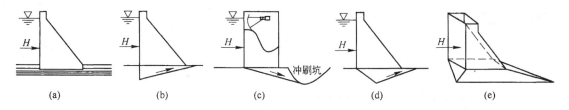

图 8-22 岩体内滑动类型示意图

坝就坐落在埃布罗（Ebro）河近水平的沉积岩层上，该坝为重力坝，坝高 77.4m，坝长 451m，坝基为渐新统灰岩夹褐煤夹层，经抗滑稳定性分析，有些坝段的岩基稳定性系数不够，为保证大坝安全不得不进行了加固。我国的葛洲坝水利枢纽以及朱庄水库等水利水电工程坝基岩体内也存在缓倾角泥化夹层问题，为了防止大坝沿坝基内近水平的泥化夹层滑动，在工程的勘测、设计以及施工中，均围绕着这一问题展开了大量的研究工作，并都因地制宜地采取了有效的加固措施。

（2）沿倾向上游软弱结构面滑动。可能发生这种滑动的几何边界条件必是坝基中存在着向上游缓倾的软弱结构面，同时还存在着走向垂直或近于垂直坝轴线方向的高角度破裂面，如图 8-22b 所示。在工程实践中，可能发生这种滑动的边界条件常常遇到，特别是在岩层倾向上游的情况下更容易遇到。

（3）沿倾向下游软弱结构面滑动。可能发生这种滑动的几何边界条件是坝基岩体中存在着倾向下游的缓倾角软弱结构面和走向垂直或近于垂直坝轴线方向的高角度破裂面，并在下游存在着切穿可能滑动面的自由面，如图 8-22c 所示。一般来说，当这种几何边界条件完全具备时，坝基岩体发生滑动的可能性最大。

（4）沿倾向上下游两个软弱结构面滑动。当坝基岩体中发育有分别倾向上游和下游的两个软弱结构面以及走向垂直或近于垂直坝轴线的高角度切割面时，坝基存在着这种滑动的可能性，如图 8-22d 所示。一般来说，当软弱结构面的性质及其他条件相同时，这种滑动较沿倾向上游软弱结构面滑动要容易，但较沿倾向下游软弱结构面滑动要难一些。

（5）沿交线垂直坝轴线的两个软弱结构面滑动。可能发生这种滑动的几何边界条件是坝基岩体中发育有交线垂直或近于垂直坝轴线的两个软弱结构面，且坝趾附近倾向下游的岩基自由面有一定的倾斜度，能切穿可能滑动面的交线，如图 8-22e 所示。

8.5.2.3 混合型滑动

混合型滑动则是部分沿接触面、部分沿岩体内结构面发生的。它是接触面滑动和岩体内滑动的组合破坏类型。

8.5.3 坝基岩体抗滑稳定性计算

坝基岩体抗滑稳定性计算需在充分研究岩基工程地质条件的基础上并获得必要的计算参数之后才能进行，其结果正确与否取决于滑体几何边界条件确定的正确性、受力条件分析是否准确全面、各种计算参数的安全系数选取是否合理、是否考虑可能滑面上的强度和应力分布的不均一性、长期荷载的卸荷作用以及其他未来可能发生变化的因素的影响等。一般来说，在这一系列影响因素中，如何正确确定剪切强度参数和安全系数对正确评价岩基的稳定性具有决定意义。

8.5.3.1 接触面抗滑稳定性计算

对于可能发生接触面滑动的坝体来说，其坝底接触面如果为水平或近于水平，如图 8-23

所示，其抗滑稳定系数 K 可用下式计算：

$$K = \frac{f(\Sigma V - U)}{\Sigma H} \tag{8-45}$$

式中　K——抗滑稳定系数；

　　　　f——坝体与岩基接触面的摩擦系数；

ΣV、ΣH——分别为作用于坝体上的总竖向作用力和水平推力，kN；

　　　　U——作用在坝底的扬压力，kN。

当考虑接触面岩体内聚力时，抗滑稳定系数 K 为

$$K = \frac{f(\Sigma V - U) + Cl}{\Sigma H} \tag{8-46}$$

式中　C——接触面岩体的内聚力，MPa；

　　　　l——单宽坝基接触面长度，m。

有时为增大坝基抗滑稳定性系数，将坝体和岩体接触面设计成向上游倾斜的平面，如图 8-24所示。这时，抗滑力 R 为

$$R = f(\Sigma H \sin\alpha + \Sigma V \cos\alpha - U) + Cl \tag{8-47}$$

滑动力 F 为

$$F = \Sigma H \cos\alpha - \Sigma V \sin\alpha \tag{8-48}$$

则接触面的抗滑稳定性系数 K 为

$$K = \frac{R}{H} = \frac{f(\Sigma H \sin\alpha + \Sigma V \cos\alpha - U) + Cl}{\Sigma H \cos\alpha - \Sigma V \sin\alpha} \tag{8-49}$$

式中　α——接触面与水平面夹角。

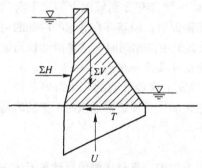

图 8-23　接触面抗滑稳定性计算

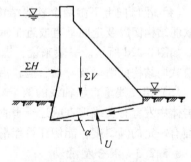

图 8-24　坝底面倾斜接触面
抗滑稳定性计算

8.5.3.2　坝基岩体内滑动的稳定性计算

坝基岩体内滑动的稳定性分析，首先应根据岩体软弱结构面的组合关系，充分研究可能发生滑动的各种几何边界条件，对每一种可能的滑动都确定出稳定性系数，然后根据最小的稳定性系数与所规定的稳定安全系数相比较进行评价。

下面就分别论述各种类型的岩体内滑动的抗滑稳定性计算问题：

A　沿水平软弱结构面滑动的稳定性计算

大坝可能沿水平软弱结构面发生滑动的情况多发生在水平或近水平产状的岩基中，由于岩层单层厚度多小于2.0m，因此，可能沿之发生滑动的层面距坝底较近，在抗滑力中不应再计入岩体抗力。如果滑动面埋深较大则应考虑岩体抗力的影响。

将坝基可能滑动面上总的法向压力 ΣV 和切向推力 ΣH 求得后，可按式（8-46）确定抗滑

稳定性系数 K，这时，式（8-46）中的 f，C 分别为可能滑动面的摩擦系数和内聚力，l 为可能滑动面的长度（m）。

B 沿倾向上游软弱结构面滑动的稳定性计算

如图 8-25 所示，当坝基具备这种滑动的几何边界条件时可按式（8-49）计算其抗滑稳定性系数。

C 沿倾向下游软弱结构面滑动的稳定性计算

当坝基岩体中具备这种滑动的几何边界条件时，对大坝的抗滑稳定最为不利。此时，坝体与坝基承受的作用力如图 8-26 所示，其稳定性系数为

$$K = \frac{R}{H} = \frac{f(\sum V\cos\alpha - \sum H\sin\alpha - U) + Cl}{\sum H\cos\alpha + \sum V\sin\alpha} \tag{8-50}$$

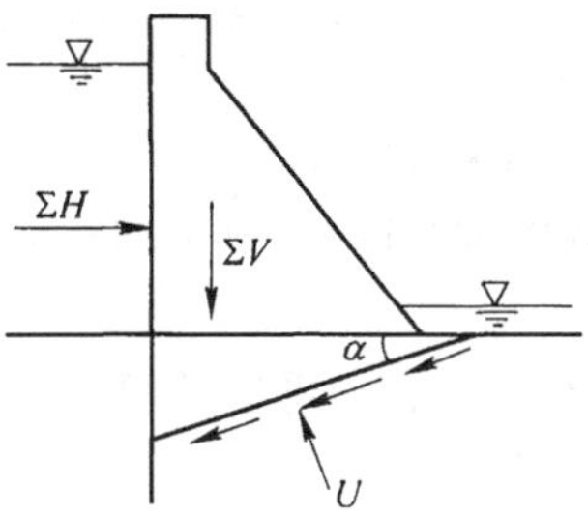

图 8-25 倾向上游结构面滑动稳定性计算 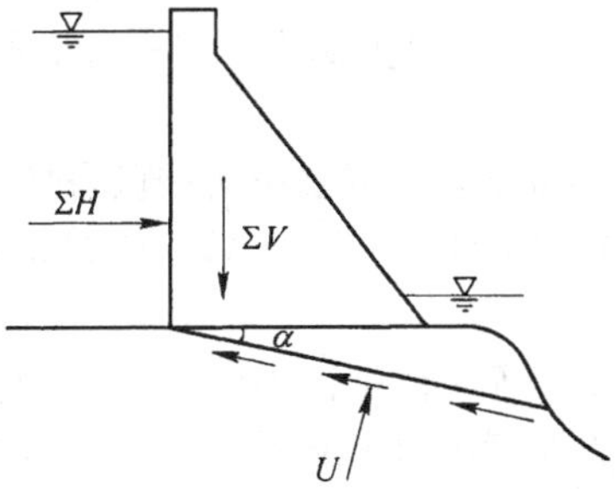　　图 8-26 倾向下游结构面滑动稳定性计算

比较式（8-49）和式（8-50），可以看出，当其他条件相同时，沿倾向上游软弱结构面滑动的稳定性系数将显著大于沿倾向下游软弱结构面滑动的稳定性系数。

D 沿两个相交软弱结构面滑动的稳定性计算

沿两个相交软弱结构面滑动可分为两种情况：一种是沿着分别倾向上、下游的两个软弱结构面的滑动，如图 8-22d 所示；另一种是沿交线垂直坝轴线方向的两个软弱结构面的滑动，如图 8-22e 所示。后者的抗滑稳定性是两个软弱结构面抗滑稳定的叠加；前者抗滑稳定性系数一般可用非等 K 法和等 K 法计算。

如图 8-27 所示，分析时将滑动体分成 ABD 和 BCD 两部分。由于 BCD 所起的作用是阻止 ABD 向前滑动，故把 BCD 称为抗力体。抗力体作用在 ABD 的力 P 称为抗力，P 的作用方向有三种假设：① P 与 AB 面平行；② P 垂直 BD 面；③ P 与 BD 面的法线方向成 α 角，α 为 BD 面的内摩擦角。一般常假定 P 与 AB 面平行，以下分析采用该假定。

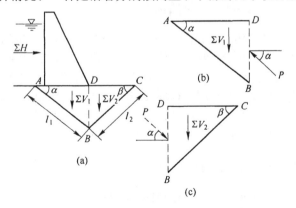

图 8-27 倾向上下游两个结构面滑动稳定性计算

（1）非等 K 法。滑体 ABD 和抗力体 BCD 的稳定系数 K_{ABD}、K_{BCD} 分别为

$$K_{ABD} = \frac{f_1(\sum V_1\cos\alpha - \sum H\sin\alpha - U_1) + C_1 l_1 + P}{\sum V_1\sin\alpha + \sum H\cos\alpha} \tag{8-51}$$

$$K_{BCD} = \frac{f_2(\sum V_2\cos\beta + P\sin(\alpha + \beta) - U_2) + C_2 l_2}{P\cos(\alpha + \beta) - \sum V_2\sin\beta} \tag{8-52}$$

式中　f_1、f_2——AB 面和 BC 面摩擦系数；

　$\sum V_1$、$\sum V_2$——作用在滑体 ABD 和抗力体 BCD 的总竖向作用力；

　　　$\sum H$——作用在坝体上总的水平推力；

　U_1、U_2——作用在 AB、BC 面上的扬压力；

　C_1、C_2——AB、BC 面岩体内聚力；

　l_1、l_2——AB、BC 面长度；

　α、β——AB、BC 面与水平面的夹角；

　　　P——抗力。

令 $K_{ABD} = 1$，由式（8-51）得抗力 P 代入式（8-52），可得 K_{BCD}，即为表示坝基抗滑稳定性系数。有时根据地质条件，也可反过来先假设 $K_{BCD} = 1$ 求得 K_{ABD}，以 K_{ABD} 作为坝基抗滑稳定性系数。

（2）等 K 法。等 K 法分为非极限平衡等 K 法和极限平衡等 K 法两种。

若令式（8-51）、式（8-52）中的 $K_{ABD} = K_{BCD} = K$，联立求解获得 K，即为非极限平衡等 K 法。

极限平衡等 K 法是将 AB、BC 面上的抗剪指标 C_1、f_1、C_2、f_2 同时降低 K 倍，使滑体 ABD 和抗力体 BCD 都处于极限平衡状态，即 $K_{ABD} = K_{BCD} = 1$，因此有

$$\frac{f_1}{K}(\sum V_1\cos\alpha - \sum H\sin\alpha - U_1) + \frac{C_1}{K}l_1 + \frac{P}{K} = \sum V_1\sin\alpha + \sum H\cos\alpha \tag{8-53}$$

$$\frac{f_2}{K}(\sum V_2\cos\beta + P\sin(\alpha + \beta) - U_2) + \frac{C_2}{K}l_2 = P\cos(\alpha + \beta) - \sum V_2\sin\beta \tag{8-54}$$

联立式（8-52）、式（8-53），即可获得极限平衡等 K 法的坝基稳定性系数 K。

8.6　岩基的加固措施

建（构）筑物的地基，长期埋藏于地下，在整个地质历史中，它遭受了地壳变动的影响，使岩体存在着褶皱、破裂和折断等现象，直接影响到建（构）筑物地基的选用。对于设计等级较高的建（构）筑物，首先在选址时就应该尽量避开构造破碎带，断层、软弱夹层、节理裂隙密集带和溶洞发育等地段，将建（构）筑物选在良好的岩基上。但实际上，任何地区都难找到十分理想的地质条件，多少存在着各种各样的不足。因此，一般的岩基都需要进行一定的处理，以确保建（构）筑物的安全。

8.6.1　岩基处理的要求

处理过的岩基应达到如下的要求：

（1）地基的岩体应具有均一的弹性模量和足够的抗压强度。尽量减少建（构）筑物修建后的绝对沉降量。要注意减少地基各部位间出现的拉应力和应力集中现象，使建（构）筑物不致遭受倾覆、滑动和断裂等威胁。

（2）建（构）筑物的基础与地基之间要保证结合紧密，有足够的抗剪强度，使建（构）筑物不致因承受水压力、土压力、地震力或其他推力而沿着某些抗剪强度低的软弱结构面滑动。

（3）如为坝基，则要求有足够的抗渗能力，使库区蓄水后不致产生大量渗漏，以避免增

高坝基扬压力和恶化地质条件，导致坝基不稳。

8.6.2 岩基处理的方法

为了达到上述要求，一般采用如下方法对岩基进行处理：

（1）开挖和回填。开挖和回填是处理岩基的最常用方法，也是较为有效的方法。当断层破碎带、软弱夹层、带状风化位于岩基表层，一般采用明挖，局部的用槽挖或洞挖等，使基础位于比较完整的坚硬岩体上。如遇破碎带不宽的小断层，可采用"搭桥"的方法，以跨过破碎带。对一般张开裂隙的处理，可沿裂隙凿成宽缝，再回填混凝土。

（2）固结灌浆。由于固结灌浆能够较好地改善岩体的强度和变形，提高岩基的承载能力，达到防止或减少不均匀沉降的目的，因此固结灌浆是处理岩基裂隙的最好方法，它可使基岩的整体弹性模量提高 1~2 倍，对加固岩基有显著的作用。

（3）增加基础开挖深度或采用锚杆与插筋等方法提高岩体的力学强度。

（4）**帷幕灌浆**。如为坝基，在坝基上游做一道密实帷幕灌浆，并在帷幕上加设排水孔或排水廊道，使坝基的渗漏量减少、扬压力降低和排除管涌事故。帷幕灌浆一般用水泥浆或黏土泥浆灌注，有时也用热沥青灌注。

思考题及习题

8-1 岩基工程有哪些特点，岩基上常用的基础形式有哪几种？

8-2 岩基上柔性基础和刚性基础沉降计算有何区别？

8-3 岩基破坏模式有哪几种，如何确定岩基承载力？

8-4 重力坝坝基破坏模式有哪些？如何计算不同破坏模式下坝基的稳定性？

8-5 岩基的加固措施主要有哪些？

8-6 某建筑场地地基为紫红色泥岩，在同一岩层（中风化）取样，测得其饱和单轴抗压强度值为 3.6、4.7、5.8、6.2、4.5、8.1MPa。取折减系数 $\psi_r = 0.20$，试求该岩基承载力特征值。

8-7 某岩基上圆形刚性基础，直径 $\phi 0.5$，基础上作用有 $N = 1000 \text{kN/m}$ 的荷载，基础埋深 1m，已知岩基变形模量 $E_m = 400 \text{MPa}$，泊松比 $\mu = 0.2$，求该基础沉降量。

8-8 某岩基各项指标如下：$\gamma = 25 \text{kN/m}^3$，$C = 30 \text{kPa}$，$\phi = 30°$，若作用一条形荷载，宽度 $b = 1\text{m}$，则按基脚岩体直线剪切破坏计算岩基极限承载力。

参 考 文 献

1　张永兴. 岩石力学. 北京：中国建筑工业出版社，2004

2　高磊. 矿山岩石力学. 北京：机械工业出版社，1987

3　郑永学. 矿山岩石力学. 北京：冶金工业出版社，1988

4　肖树芳，杨淑碧. 岩体力学. 北京：冶金工业出版社，1988

5　钱鸣高，刘听成. 矿山压力及其控制. 北京：煤炭工业出版社，1984

6　季卫东. 矿山岩石力学. 北京：冶金工业出版社，1991

7　王文星. 岩体力学. 长沙：中南大学出版社，2004

8　刘佑荣，唐辉明. 岩体力学. 武汉：中国地质大学出版社，2006

9　沈明荣，陈建峰. 岩体力学. 上海：同济大学出版社，2006

10　解世俊等. 金属矿床地下开采. 北京：冶金工业出版社，1979

11　王焕文，王继良等. 锚喷支护. 北京：煤炭工业出版社，1989

12　华安增. 矿山岩石力学基础. 北京：煤炭工业出版社，1980

13　科茨著. 岩石力学原理. 雷化南等译. 北京：冶金工业出版社，1978

14　鲍里索夫著. 矿山压力原理与计算. 王庆康译. 北京：煤炭工业出版社，1986

15　中华人民共和国建设部. 建筑地基基础设计规范. 北京：中国建筑工业出版社，2002

冶金工业出版社部分图书推荐

书　名	作　者	定价（元）
中国冶金百科全书·采矿卷	本书编委会　编	180.00
中国冶金百科全书·选矿卷	编委会　编	140.00
选矿工程师手册（共4册）	孙传尧　主编	950.00
金属及矿产品深加工	戴永年　等著	118.00
选矿试验研究与产业化	朱俊士　等编	138.00
金属矿山采空区灾害防治技术	宋卫东　等著	45.00
尾砂固结排放技术	侯运炳　等著	59.00
地质学（第5版）（国规教材）	徐九华　主编	48.00
采矿学（第3版）（本科教材）	顾晓薇　主编	75.00
金属矿床地下开采（第3版）（本科教材）	任凤玉　主编	58.00
应用岩石力学（本科教材）	朱万成　主编	58.00
磨矿原理（第2版）（本科教材）	韩跃新　主编	49.00
边坡工程（本科教材）	吴顺川　主编	59.00
爆破理论与技术基础（本科教材）	璩世杰　编	45.00
矿物加工过程检测与控制技术（本科教材）	邓海波　等编	36.00
矿山岩石力学（第2版）（本科教材）	李俊平　主编	58.00
新编选矿概论（第2版）（本科教材）	魏德洲　主编	35.00
固体物料分选学（第3版）（本科教材）	魏德洲　主编	60.00
选矿数学模型（本科教材）	王泽红　等编	49.00
磁电选矿（第2版）（本科教材）	袁致涛　等编	39.00
采矿工程概论（本科教材）	黄志安　等编	39.00
矿产资源综合利用（高校教材）	张　佶　主编	30.00
选矿试验与生产检测（高校教材）	李志章　主编	28.00
选矿厂设计（高校教材）	周小四　主编	39.00
选矿概论（高职高专教材）	于春梅　主编	20.00
选矿原理与工艺（高职高专教材）	于春梅　主编	28.00
矿石可选性试验（高职高专教材）	于春梅　主编	30.00
选矿厂辅助设备与设施（高职高专教材）	周晓四　主编	28.00
矿山企业管理（第2版）（高职高专教材）	陈国山　等编	39.00
露天矿开采技术（第3版）（高职高专教材）	文义明　主编	46.00
井巷设计与施工（第2版）（职教国规教材）	李长权　主编	35.00
工程爆破（第3版）（职教国规教材）	翁春林　主编	35.00
金属矿床地下开采（高职高专教材）	李建波　主编	42.00
重力选矿技术（职业技能培训教材）	周晓四　主编	40.00
磁电选矿技术（职业技能培训教材）	陈　斌　主编	29.00
浮游选矿技术（职业技能培训教材）	王　资　主编	36.00